愿以此书成为工程安全征途上的一块地基、铺路石

■ 监理人员学习丛书

建设监理警示录

——建设工程质量安全典型案例

中国建设监理协会　组织编写

中国建筑工业出版社

图书在版编目（CIP）数据

建设监理警示录：建设工程质量安全典型案例 / 中国建设监理协会组织编写．—北京：中国建筑工业出版社，2021.12

（监理人员学习丛书）

ISBN 978-7-112-26926-6

Ⅰ.①建… Ⅱ.①中… Ⅲ.①建筑工程—工程质量—质量管理—案例 Ⅳ.①TU71

中国版本图书馆 CIP 数据核字（2021）第 253339 号

责任编辑：边 琨 范业庶 张 磊
责任校对：芦欣甜

监理人员学习丛书
建设监理警示录——建设工程质量安全典型案例
中国建设监理协会 组织编写

*

中国建筑工业出版社出版、发行（北京海淀三里河路 9 号）
各地新华书店、建筑书店经销
逸品书装设计制版
北京圣夫亚美印刷有限公司印刷

*

开本：787 毫米×1092 毫米 1/16 印张：18¼ 字数：364 千字
2021 年 12 月第一版 2021 年 12 月第一次印刷
定价：**65.00** 元

ISBN 978-7-112-26926-6
（38630）

编 委 会

前言

习近平总书记指出，安全生产事关人民福祉，事关经济社会发展大局，要牢固树立发展决不能以牺牲安全为代价的红线意识。党的十九大报告提出要“树立安全发展理念，弘扬生命至上、安全第一的思想，健全公共安全体系，完善安全生产责任制，坚决遏制重特大安全事故，提升防灾减灾救灾能力”。党和国家对保障人民生命财产安全高度重视，为落实安全生产工作指明了前进方向。

近年来，工程建设质量安全形势依然严峻，频频发生的建筑工程质量安全事故引起社会的广泛关注。面对新时代、新形势、新环境、新发展，建筑业要坚持以人为本的安全生产理念，始终把人民群众生命财产安全放在首位，强化源头管理和强化安全生产“底线思维”和“红线意识”，坚持预防为主，吸取教训，举一反三，要高度重视工程质量安全生产工作，牢固树立质量第一和安全发展理念，维护社会稳定。

为了加强警示教育，针对近年来全国发生的建设工程重大质量事故，本书收集了24起案例，原始资料均取自事故发生地省、市级人民政府批复的事故调查报告，每项事故根据工程基本情况、参建单位情况、事故经过、着重点出了由监理责任引起事故的原因、对监理处罚的落实情况等。通过剖析事故发生原因，警示广大监理机构及从业人员依法依规履职，在实际工作中引以为戒，防止建设工程质量事故发生，让警钟长鸣，与安全为伍。

本书可供各级住房和城乡建设主管部门及工程建设相关单位参考，特别是对广大监理企业及从业人员进一步做好监理工作具有警示作用，也可作为相关从业人员加强安全管理的参考用书。

目 录

CONTENTS

一 较大坍塌事故

二 起重机械伤害事故

三　高处坠落事故

四　一般安全事故

附　录

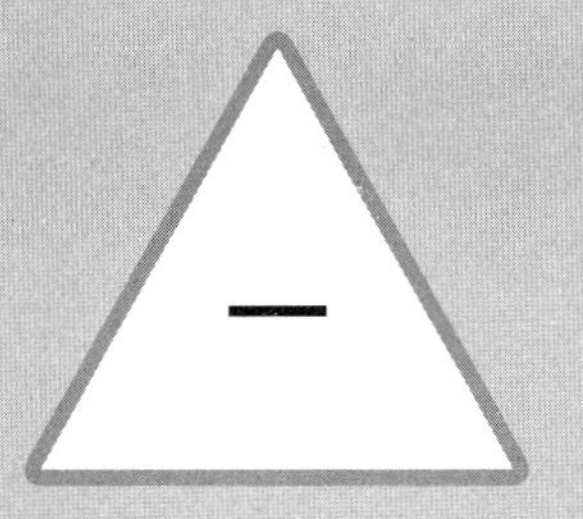

较大坍塌事故

银川市某污水处理厂配套进出厂管道工程二标段较大坍塌生产安全事故

1 工程基本情况

某污水处理厂管道工程位于西夏区文昌南街路西，北起南环高速、南至观平路。根据银川市政府工作安排，由银川市住房和城乡建设局负责实施该污水处理厂BOT项目及进出管网工程建设和审核、验收、安全管理监督。2013年9月26日，银川市住房和城乡建设局委托银川市某开发公司（2016年该公司名称已变更为“银川市某管廊公司”）为项目管理单位（代建）。委托事项包括：项目招标投标、拦标价的编制、安全文明施工管理等工作。

2 相关单位情况

建设单位：银川市某管廊公司。

总包单位：西安市某工程公司。

劳务分包单位：宁夏某工程公司。经调查，2018年1月6日，西安市某工程公司与宁夏某工程公司签订《劳务分包工程合同》，合同签订后，宁夏某工程公司法定代表人李某友雇佣李某三（自然人）及李某三组织的人员进行施工作业。

监理单位：银川市某监理咨询公司，具有住房和城乡建设部颁发的房屋建筑工程监理甲级、市政公用工程监理甲级资质证书。中标项目总监师某某，专业监理彭某某。2016年3月1日，总监变更为底某某，专业监理仍是彭某某。

勘察设计单位：银川市某设计院。

监督管理单位：市住房和城乡建设局于2013年9月26日委托银川市某管廊

公司为污水处理厂进出厂管网工程项目管理单位（代建），银川市住房和城乡建设局负责指导、监管银川市某污水处理厂项目及进出管网工程招标、建设、工程竣工验收和备案以及项目竣工决算审查等工作；负责工程建设的监督、管理及安全生产工作。

3 事故经过

2018年3月13日7时40分左右，于某某、兰某某、王某、王某锋、禹某某、马某某以及于某哈（以上均为李某三组织的人员）到现场继续作业。其中，马某某、兰某某、禹某某在井内清除壁东侧预留的30～50cm土方，于某哈、王某、王某锋在井外拌灰、取钢筋，于某某在井外协调。8时左右，王某、王某锋又下入井内清除内壁预留土方。预留土方清除完后，又继续向外清土24cm，用于砌筑第三层预支护。土方基本清理完毕后开始做预支护，马某某、禹某某砌砖，王某锋递砖，王某铲灰，兰某某继续清除井内壁西侧土方。8时35分左右，井内壁东侧未支护土方坍塌，引发内壁东侧整体坍塌。经调查，3月13日施工期间，银川市某管廊公司、西安市某工程公司、银川市某监理咨询公司的管理人员以及李某三均未到场。

4 事故原因

调查组依法对事故现场进行了认真勘查，及时提取了相关书证和图片资料，对事故相关人员进行了调查询问，并由专家对现场开展技术分析。经事故调查组调查认定，该事故是一起施工单位、劳务分包单位、监理单位、建设单位未依法履行安全生产责任的建筑行业较大生产安全责任事故。

（1）直接原因

经调查认定：西安市某工程公司在无施工变更设计图、施工方案未经专家论证、施工现场无专职安全管理人员的情况下，违规组织宁夏某工程公司未经培训的施工人员深基坑作业，超开挖导致砖砌支护墙体坍塌，是导致事故发生的直接原因。具体情况如下：

1）砖砌圆形倒挂井砖墙断面尺寸不符合《建筑基坑支护技术规程》，且未按规定设置混凝土圈梁、构造柱等补强措施，造成倒挂井墙体截面尺寸、构造措施设计不符合规程。

2）砖砌圆形倒挂井逆作法每层开挖深度、砖墙支墩施工，未按照倒挂井先分段开挖、砌筑砖支墩，再分段开挖、砌筑预留砖墙，后挖出井内土方的方法施工，施工顺序不满足安全需求。

3）开挖第三层土方时，先将中间土方挖除，仅预留砖墙根部的30～50cm，墙体已处于失稳状态下继续掏挖墙根部临时砖支墩，导致东侧墙体失稳坍塌。

（2）间接原因

未按规定对作业人员培训教育、施工安全管理缺失、项目部人员不到位、项目监理人员未按规定履职等是导致事故发生的间接原因。

1）施工安全管理缺失。一是安全培训教育不到位，宁夏某工程公司、西安市某工程公司未按照《建设工程安全管理条例》第三十七条的规定对作业人员实施安全培训教育，施工现场作业人员未经培训上岗作业。二是对施工作业监督不到位，事故发生当日，施工人员到事故现场进行作业，宁夏某工程公司、西安市某工程公司、银川市某监理咨询公司、银川市某管廊公司均无人到场履行管理职责。三是西安市某工程公司未按照《建设工程安全管理条例》第二十六条的规定，组织专家对《施工方案》论证。四是宁夏某工程公司知道施工方案没有论证，设计不符合规定，仍安排劳务人员进行施工。

2）西安市某工程公司项目部人员配备不符合规定。一是西安市某工程公司对项目部项目经理统一调配和协调管理不到位，致使项目经理长期未到岗履行《建筑施工项目经理质量安全责任十项规定（试行）》中的职责。二是西安市政二公司未按《建设工程安全管理条例》第二十三条的规定，配备专职安全生产管理人员。三是西安市某工程公司未按《危险性较大的分部分项工程安全管理办法》（建质[2009]87号）第十六条的规定，安排技术人员对专项方案实施情况进行现场监督和监测。

3）监理不到位。一是银川市某监理咨询公司监理人员在知道W25加井作业情况下，未按《危险性较大的分部分项工程安全管理办法》（建质[2009]87号）第二十三条规定，审核《施工方案》。二是监理人员未按规定履行监理职责，未按《建设工程安全管理条例》第十九条的规定责令停止施工，也未向住房城乡建设主管部门报告危险作业行为。三是银川市某监理咨询公司及其监理人员未按《建设工程安全管理条例》第十四条有关规定，依法对西安市某工程公司项目经理履职、安全技术交底和安全培训教育等强制性标准实施监理。

4）银川市某管廊公司统筹管理不到位。一是银川市某公司未按《建设工程勘察设计管理条例》第二十八条规定，将设计内容重大变更情况报原审批机关。

二是银川市某管廊公司未落实开复工前报告制度，开复工前未组织安全自查，未将某污管道工程开复工情况报住房城乡建设主管部门。三是银川市某管廊公司未按《危险性较大的分部分项工程安全管理办法》(建质[2009]87号)第二十三条规定，责令西安市政二公司停工整改，并向住房城乡建设主管部门报告。

5)行业管理部门监督检查不到位。市住房和城乡建设局作为指导监管银川市某污水处理厂项目及进出管网工程招标、建设、安全、工程竣工验收和备案以及项目竣工决算审查等工作的行业监管部门，2月28日以后对工程项目施工情况不掌握。

5 监理单位及人员责任

银川市某监理咨询公司监理人员在知道W25加井作业情况下，未按《危险性较大的分部分项工程安全管理办法》(建质[2009]87号)第二十三条规定，审核《施工方案》。监理人员未按规定履行监理职责，未按《建设工程安全管理条例》第十九条的规定责令停止施工，也未向住房城乡建设主管部门报告危险作业行为。银川市某监理咨询公司及其监理人员未按《建设工程安全管理条例》第十四条有关规定，依法对西安市某工程公司项目经理履职、安全技术交底和安全培训教育等强制性标准实施监理。

6 事故防范和整改措施建议

各有关部门、各县(市)区人民政府要深刻吸取某污管道工程较大坍塌事故的教训，牢固树立科学发展、安全发展理念，切实贯彻落实市委市政府关于“党政同责、一岗双责”的有关规定，坚守“发展决不能以牺牲人的生命为代价”红线，督促建筑企业严格落实安全生产主体责任，坚定不移抓好各项安全生产政策措施的落实，全面提高建筑施工安全管理水平，切实加强建筑安全施工管理工作。

(1)严格落实企业主体责任

西安市某工程公司要严格规范承建项目经营管理活动，落实对工程项目的安全管理责任，严禁项目经理长期不到岗履职，严禁配备无资质的安全管理人员，对涉及深基坑、地下暗挖工程、高大模板工程的专项施工方案，必须组织专家进行论证、审查后方可组织实施。宁夏某工程公司要建立健全安全生产管理机构，明确安全生产管理责任，建立健全安全生产管理制度，加大安全生产投入，加强分包项目隐患排查治理。银川市某监理咨询公司要切实履行监理责任，要全面审查施工组织设计中的安全技术措施或者专项施工方案，并监督落实，对施工中存在的事故隐患，要及时要求施工单位整改或者暂时停止施工，并如实记录，对拒不整改的安全隐患要及时报住房城乡建设主管部门。银川市某管廊公司要依法履行建设单位职责，对负责建设的市政项目尤其是管廊项目要合理确定工期、造价，协调、督促各参建单位履行各自的安全生产管理职责，组织总包和监理单位对所有发包项目全面排查，严格按照标准化工地要求做好各施工现场安全管理工作，工程设计内容重大变化的，要及时报住房城乡建设主管部门，落实建设单位安全生产主体责任。

（2）加强施工现场管理

全市建筑施工企业要深刻吸取事故教训，严格落实建筑企业安全生产主体责任，严格规范施工现场安全管理，建立、健全并严格落实本单位安全生产责任制，建立完善的安全责任追溯体系。各施工企业要严查工程安全投入情况，组织检查、消除施工现场事故隐患，施工项目负责人、安全管理人员必须具备相应资格和安全生产管理能力，中标的项目负责人必须依法到岗履职，确需调整时，必须履行相关程序，保证施工现场安全生产管理体系、制度落实到位。

（3）加大行政监管力度

各级住房和城乡建设部门要严格落实安全生产监管职责，根据工程规模、施工进度，合理安排监督力量，制定可行的监督检查计划。对重点工程项目，要加大监督检查频次，督促各责任主体落实安全责任。深入开展建筑行业“打非治违”，严厉打击项目经理不到岗履职和未配备专职安全员等行为，严厉打击未按规定进行深基坑作业、监理未履职等行为，建立打击非法违法建筑施工行为专项行动工作长效机制，不断巩固专项行动成果，坚决遏制较大及以上生产安全事故发生。

7　对监理处罚的落实情况

《住房和城乡建设部行政处罚决定书》：依据《建设工程安全生产管理条例》第五十八条规定，给予底某某吊销注册监理工程师注册执业证书，5年内不予注册的行政处罚。

济宁市某学校初中部某操场较大坍塌事故

1　工程基本情况

某操场工程东西长度为53.1m，南北向长度28.5m。基础为C30混凝土独立基础，主体结构为C30混凝土框架梁、柱、网架混合结构，局部有夹层，夹层高度4.8m，层顶高11.25m。屋面网架结构用螺栓球节点连接，正放四角锥体系，上弦支撑。设计图纸中网架设计荷载标准值为：上弦静荷载2.0kN/m^2，下弦活荷载0.5kN/m^2。基本风压值0.45kN/m^2，基本雪压值0.35kN/m^2。

该工程于2017年3月17日开始网架安装，4月11日网架主体结构安装完成，4月13日开始安装檩条支托，吊装檩条，4月23日开始安装屋面板，5月8日完成屋面板安装。

2　相关单位情况

建设单位：山东某开发公司。

施工单位：山东某建设公司。

监理单位：山东某建设管理公司，公司经营范围为建设工程监理、造价咨询、项目管理、建筑工程技术咨询服务。

设计单位：天津某设计研究院。

网架制作单位：济宁某钢结构公司。

网架安装单位：济宁某工程公司。

3 事故经过

2017年6月1日16时30分左右，山东某建设公司12名施工人员到达操场屋面，开始屋面细石混凝土保护层施工。施工采用塔式起重机吊料斗向屋面均布混凝土料的方式，随卸混凝土随抹平，每料斗混凝土为800～900kg。18时30分作业，屋面发生整体坍塌，12名施工人员随坍塌屋面坠落至地面。坍塌前5～6轴间有9名施工人员，正自东向西浇筑屋面保护层混凝土，坍塌时浇筑至1/5轴附近，其余3人在周围从事收边作业，事故造成3人死亡，9人受伤。

根据济宁市人民政府《关于济宁市某学校初中部操场较大坍塌事故有关问题的批复》认定，该事故是一起较大生产安全责任事故。

4 事故原因

（1）直接原因

图纸会审屋面做法超出网架设计允许荷载值；施工单位屋面施工的荷载值超出网架设计允许荷载值，导致部分杆件的强度或稳定性不能满足《钢结构设计规范》GB 50017—2003的要求；加之网架焊接、安装存在的质量缺陷等问题，是造成操场屋面坍塌的直接原因。

（2）间接原因

1）山东某建设公司未认真落实建设工程施工质量责任、安全生产责任。允许周某以山东某建设公司名义承揽工程。项目部未按照工程施工技术和工程质量强制性标准施工，屋面施工荷载值超过了设计图纸的荷载标准。未发现某操场实际荷载超过设计荷载的重大事故隐患。未按规定配备项目部相关人员，项目部中标时项目经理、技术负责人在工程开工后履行职责不到位，未对网架制作图纸进行深化设计，未发现网架制作未能实现设计图纸中“结构找坡”要求的重大质量缺陷。项目实际负责人周某、技术负责人宋某某无相关资格。

2）天津某设计研究院履行设计单位职责严重不到位。在某操场屋面施工前，未就审查合格的施工图设计文件向施工单位做出详细说明。在建设单位向其提出关于某操场屋面做法的问题后，天津某设计研究院答复的图纸会审意见存在超出设计荷载的重大事故隐患，且未组织建筑设计和结构设计人员认真复核，存在过失性错误。在天津某设计研究院无任何人到达施工现场参与验收的情况下，项目负责人在主体结构质量验收报告中签字盖章，确认某操场工程全部符合图纸设计要求及现行工程质量规范。

3）山东某建设管理公司履行监理职责严重不到位。对项目经理长期未到岗履职的问题监理不到位。对网架制作未实现设计图纸要求的“结构找坡”、网架存在焊接质量缺陷和安装质量缺陷监理不到位。对施工单位屋面施工实际荷载超过设计荷载的重大事故隐患监理不到位。对某操场主体结构质量的违规验收行为监理不到位。实际负责该项目的总监与中标备案项目总监不符，未办理项目总监变更手续。

4）济宁某钢结构公司网架制作焊接质量存在缺陷。未严格安装设计图纸而是片面根据山东某建设公司要求制作，为后续的屋面施工埋下了隐患。网架制作无焊缝探伤检验报告，存在焊接质量缺陷。

5）济宁某工程公司网架安装焊接质量存在缺陷。部分支座安装偏差过大，部分支座焊缝有未焊满缺陷，部分檩条连接螺栓孔错位或开孔过大。

6）山东某开发公司履行建设单位职责不到位，对操场项目疏于管理，监督不到位。在图纸会审变更操场屋面做法后，未按规定组织报审。

7）某街道办履行项目施工现场管理职责不到位。未按规定对某操场建设工程进行设计招标。对周某的挂靠施工、施工单位项目经理未到岗到位、监理单位未进行项目总监变更等行为未及时发现并采取有效措施。未制止某操场主体结构工程质量违规验收行为。

5　监理单位及人员责任

山东某建设管理公司，履行监理职责不到位，未按法律、法规和工程建设强制性标准实施监理。对项目经理长期未到岗履职、网架制作未实现设计图纸要求的“结构找坡”、网架存在焊接质量缺陷等问题监理不到位；对屋面施工超过设计荷载的重大事故隐患监理不到位，对某操场主体建构质量的违规验收行为监理不到位；实际负责该项目的总监与中标备案项目总监不符，未办理项目总监变更手续，对事故的发生负有责任。

钟某某，实际行使项目总监理工程师职责，负责项目监理全面工作，未按照职责签发监理指令，对施工单位未按照工程施工技术和工程质量强制性标准施工的行为监理不到位；对网架制作不符合“结构找坡”的设计要求，网架制作、安装存在焊缝质量缺陷监理不到位；对某操场屋面施工实际荷载超过设计荷载的重大事故隐患监理不到位；对某操场主体结构质量的违规验收行为监理不到位，对事故发生负有直接监理责任。

6 防范措施和整改建议

本次事故的发生是由设计、施工、监理、监管层层失守造成的，整改建议如下：

(1) 事故属地政府要汲取事故教训、举一反三，在总结较大坍塌事故的基础上，制定隐患排查治理实施方案，要求相关监管部门把落实企业主体责任作为重点工作来抓，有效督促企业落实主体责任。要健全党政同责、一岗双责、齐抓共管的安全生产责任体系，严格落实属地监管责任，确保安全生产形势稳定。

(2) 全市各级建筑行业监管部门要严格按照国家法律法规履行法定职责，加强建筑市场安全监管，加大对建筑市场的执法检查力度，重点检查项目经理履职情况、工程特别是大网架工程的施工组织、管理情况，对存在严重事故隐患和问题的施工现场，严厉处罚，绝不姑息，切实消除事故隐患，坚决防止此类生产安全事故的再次发生。

(3) 建筑工程各方责任主体要认真贯彻执行建筑施工相关法律法规，真正落实企业安全生产主体责任和施工质量责任。施工单位要严格按照工程设计要求、施工技术标准进行施工，确保施工质量。严禁允许其他单位或个人以本单位的名义承揽工程。落实项目负责人、技术负责人职责，加强对人员的技术培训和安全教育培训，提高技术人员对建设工程质量安全隐患的辨识能力。设计单位要确保建设工程设计文件符合有关法律、行政法规的规定和建筑工程质量、安全标准、建筑工程设计技术规范以及合同的约定；要加强与建设单位、施工单位的沟通联系，确保准确、详细说明建设工程设计意图。监理单位要严格依照法律、行政法规及有关的技术标准、设计文件和建筑工程承包合同实施监理。建设单位要严格落实项目管理责任，加强对施工方、监理方职责履行情况的监督管理。以上建筑工程各方责任主体在建筑工程项目中履行职责不到位，导致工程质量出现问题的，建筑行业监管部门应根据相关法律法规对其单位予以处罚，并追究其项目负责人的质量终身责任。

7　对监理处罚的落实情况

（1）对监理单位的处罚决定：《住房和城乡建设部行政处罚决定书》依据《建设工程安全生产管理条例》第五十七条规定，给予山东某建设管理公司责令停业整顿30日的行政处罚。停业整顿期间，该单位不得在全国范围内以房屋建筑工程监理资质承接新项目。

（2）对总监理工程师的处罚：《住房和城乡建设部行政处罚决定书》依据《建设工程安全生产管理条例》第五十八条规定，吊销钟某某注册监理工程师注册执业证书，自吊销之日起5年内不予注册。

广州市某电厂项目较大坍塌事故

1 工程基本情况

该项目名称为从化固体废弃物综合处理中心项目，地址为广州市从化区。

项目建成后垃圾处理能力达到1000t/d（两台处理能力500t/d的机械式排炉，配套两台12kW的汽轮发电机组；年焚烧生活垃圾36.5万t，年发电量1.42亿kW·h）。项目占地面积131153.333m^2，土建建筑面积为29928.17m^2，建设规模1.270803亿元，结构类型为框架剪力墙、钢结构。事发时，已完成工程总量的80%。

2 参建单位情况

建设单位：广州某能源公司。

监理单位：广州市某监理公司，公司经营范围为专业技术服务业，具有工程监理综合资质。

勘察设计单位：深圳某工程公司和广东省某设计研究院。

电力安装工程单位：某集团广东工程公司。

土建总承包单位：广州市某建筑公司。

3 事故经过

2017年3月25日7时左右，饶某某等15名作业人员前往工地，于7时20分左右到达垃圾储坑卸料平台，因下雨，作业人员在卸料平台避雨未进入作业场所。

7时45分左右停雨后，除2名作业人员杨某和马某通过楼梯步行前往作业地点外，饶某某等13名作业人员乘坐施工项目人货梯提升至7层楼面，再从7层楼面陆续下落至事发操作平台。他们陆续下落操作平台的位置处于屋面板最低点，是该列屋面板所有下落点中距离施工区域操作平台最近最方便的地方，落差约1.3m，该事发操作平台上集中堆放了前一天从相邻列拆除的竹排。

作业人员陈某某和余某某事先佩戴好了安全带，登上事发操作平台后，陈某某将安全带扣在事发操作平台简易桁架上，余某某移动到另一块操作平台为陈某某传递施工材料和工具；屋面防腐板安装作业的部分人员由于前一天下班时他们将安全带放在该操作平台上，未事先佩戴好安全带，他们在到达事发操作平台后再佩戴安全带，站位相对集中。

2017年3月25日7时55分，第1名作业人员余某某已经移动到另一块操作平台上正准备给陈某某递送工具，第2名人员陈某某在事发操作平台正准备接余某某递过来的工具，饶某某等10名屋面防腐板安装作业人员正在进行作业准备工作，第13名人员宁某某正准备登上事发操作平台，此时事发操作平台发生失稳坍塌。

饶某某等10名作业人员随平台一起坠落地面，另外3名作业人员宁某某、余某某和杨某某未坠落：宁某某及时抱住上方屋面桁架东西走向的钢管未坠落；余某某未在事发操作平台故而未坠落；杨某某在事发操作平台坍塌前发觉平台摇晃得厉害，及时采取自救措施，向位于平台下方的消防管跳去，因抱住消防管未坠落到地面，但因剧烈碰撞而受重伤。

坠落地面的10名作业人员中：饶某某等9名作业人员当场死亡；陈某某因事先佩戴了安全带，坠落过程中安全带卡在竹排上，落地前，因竹排垂直先着地，陈某某吊在竹排上得到缓冲，落地后仅受轻伤。事故发生时，施工员、安全员、监理员均未在事故现场。

4 事故原因

（1）事故直接原因

经调查认定，本起事故的直接原因为：用于安装垃圾储坑屋面防腐板的操作平台存在整体稳定性差的结构缺陷；用于组成操作平台的简易桁架存在明显构造缺陷；事发操作平台上的荷载较大且载荷分布不均匀；在雨天环境、人员站位相对集中的情况下简易桁架发生了平面外屈曲失稳，位于45.5m高处的操作平台坍塌，而平台上人员要么未佩戴安全带，要么未正确使用安全带，人员连同物料发生高处坠落导致伤亡事故。

具体分析如下：

1）事发操作平台存在结构缺陷。

①作为操作平台重要支撑构件的各个简易桁架之间基本无横向连系，简易桁架上铺的竹排仅有部分首尾与简易桁架绑扎固定，对增加简易桁架间横向连系作用极为有限，各简易桁架独立受力承载，操作平台的整体性差，特别是侧向稳定性差。

②简易桁架上铺设的竹排柔性大，竖向刚度不足。当人员走动、搬运材料等振动荷载作用在竹排上面时，竹排振动弯曲对简易桁架产生侧向推力，容易造成简易桁架侧向失稳。

③当同一块操作平台的五榀简易桁架中有一榀发生较大变形或侧向失稳时，荷载重新分布，其余四榀的变形将随之增大或随之发生侧向失稳，产生“多米诺骨牌”现象，导致操作平台整体坍塌。

坠落的5榀简易桁架均呈平面外弯曲变形，变形方向一致，印证了上述判断。

2）简易桁架存在明显的构造缺陷。

①简易桁架下弦杆的4个缺口由于采用2片扁钢通过螺栓螺母连接，结构完整性差，不满足当时《钢结构设计规范》GB 50017—2003中第2.1.25条主管在节点处连续贯通的要求。

②简易桁架的上、下弦钢杆的壁厚为2mm，不满足当时《钢结构设计规范》GB 50017—2003第8.1.2条壁厚不宜小于3mm的要求。

③简易桁架在缺口处未设斜腹杆，缺口闭合后形成梯形或矩形单元，此时缺口处桁架的上弦杆、下弦杆不是纯轴向受力，而是同时承受弯扭、剪切作用，造成桁架的承载能力严重削弱。

④简易桁架两端的半圆形鞍座未能与屋面桁架之间形成可靠连接，也未设锁紧或保险装置，一旦简易桁架产生大的变形，就容易从屋面桁架脱落。坠落的事发操作平台中的自编2号简易桁架缺失固定半圆形鞍座，更容易发生侧向失稳，事故中变形也最严重。

3）事发操作平台荷载较大且受力状况不利。

①事发操作平台上的荷载较大且载荷分布不均匀。事发前，从另一块平台拆除的竹排堆放在事发操作平台上，竹排因雨天吸水而增加了重量；屋面防腐板安装作业人员在登上平台后为了佩戴安全带集中在事发操作平台的局部位置；平

台上还堆放有其他物料和工具。

②事发操作平台搭设需要使用简易桁架的跨度为6.5m，是事发简易桁架的最大使用跨度，受力要求最高；而且此时简易桁架4个缺口部位均用扁钢闭合代替方钢参与承载受力，受力薄弱点最多，处于最不利的受力状况。

4）事发操作平台安全警示标志和临边、兜底防护缺失。

经现场核查：一是45.5m高处位置的事发操作平台未设置相关安全警示标志，提醒作业人员小心高处坠落；二是事发操作平台没有设置相关的临边防护和兜底防护，现场未见兜底安全网和临边防护栏杆、扶梯，既无法防止施工物料的飞溅掉落，也无法防护人员失足坠落；三是事发操作平台未设置限载标识，提醒作业人员操作平台的最大荷载和限定允许作业人数，以防止超载情况发生。上述情况不符合《建设工程安全生产管理条例》第二十八条第一款、《建筑施工高处作业安全技术规范》JGJ 80—2016第3.0.4条、第6.1.3条、第6.1.4条的有关规定。

5）事发操作平台生命绳缺失且作业人员未佩戴及未正确使用安全防护用品。

经现场核查和调查询问：一是事发操作平台未设置生命绳，高处作业现场没有稳固的位置可挂扣安全带；二是事故中有10人坠落至地面，但坠落现场仅发现6条安全带，而且5条是单钩安全带，作业人员安全带配备数量明显不足，且未按要求配备双钩安全带；三是屋面防腐板安装作业人员登上高处操作平台才佩戴安全带做法错误。上述情况不符合《建筑施工高处作业安全技术规范》JGJ 80—2016中第3.0.5条的有关规定。

经调查认定，广州市某电厂项目较大坍塌事故是一起生产安全责任事故。

5 监理单位及人员责任

广州市某监理公司，作为监理单位，未按照《建设工程监理合同》约定配备足够的项目监理部人员，且项目监理部人员与合同约定不一致；未按照《建设工程监理合同》约定派驻全程担任项目的总监理工程师，而是于2015年12月7日后指定不具备资格的人员作为总监理工程师负责项目监理部的管理工作；对施工单位的违法违规行为，未及时有效制止和向主管部门报告，对事故发生负有重要责任。

晏某某，广州市某监理公司监理部实际负责人，在项目中实际承担总监理工程师职责，未按相关监理法规履行好岗位职责，明知事发操作平台存在重大事故隐患，未及时督促施工单位消除事故隐患，未要求施工单位停止作业并向政府部门报告，对事故发生负有直接管理责任。

6 事故主要教训

本次事故主要暴露出以下几方面问题：

（1）相关有资质企业允许不具备资质个人使用或租借本企业资质承揽工程，主体责任严重缺失。

某电厂项目中，涉事企业允许不具备资质个人黎某某使用企业资质，以企业名义承揽土建总承包工程。将钢结构、机电安装、装饰装修专业分包资质出借给黎某某，违法将混凝土、钢筋、木工劳务分包资质出借给黎某某，黎某某用来向涉事企业承包相关专业工程和劳务分包工程。而黎某某承包钢结构安装工程后又转包给不具备资质个人曾某某。涉事企业和个人一味追求经济利益，无视法律法规的有关规定，无视安全风险，出借资质、“包上包”问题严重，直接造成主体责任的缺失。

（2）涉事企业和单位无视法律法规，现场施工安全、技术管理极其混乱。

涉事企业未落实安全生产主体责任，违反法律法规有关规定，备案项目经理长期不在岗，专职安全管理人员配备不足，未对土建总承包工程中所有的危险性较大的分部分项工程编制专项施工方案，落实对现场高处作业区域防护措施严重不到位，私自搭设不符合规范的事发简易桁架操作平台，未为作业人员提供符合标准的个人劳动防护用品并指导其正确佩戴使用，现场施工安全、技术管理极其混乱。

（3）监理单位和建设单位履行职责不力，隐患排查整改落实严重不到位。

监理单位未按照《建设工程监理合同》约定派驻具备资格的总监理工程师全程在岗，也未按约定配备足够的项目监理部人员，而是指定了不具备资格人员代为从事总监理工程师工作，且项目监理部人员与合同约定不一致。监理单位在发现曾某某施工队违规搭设事发简易桁架操作平台进行屋面防腐板安装施工且缺乏高处作业防护措施后，也未立即下达整改通知或采取有效措施制止此项施工的进行，仅仅组织监理例会向建设单位和施工方代表反映。而监理单位和建设单位在监理例会后，均未严格督促施工单方落实隐患整改，在施工方不整改继续作业的情况下，未立即制止和向政府有关主管部门报告，放任事故隐患的继续存在，进而导致事故的发生。

（4）属地政府和属地监管部门落实责任制和监管制度不到位，基层监督员监管工作流于形式。

从化区党委、政府落实安全生产责任制和监管制度不到位，未及时发现、协调、解决住房和城乡建设部门安全生产监督工作存在的问题。从化区住房和城乡建设部门和辖区质量安全监督站对于本次土建总承包工程项目未经施工许可就开始施工作业问题、报建报监未提供危险性较大分部分项工程清单问题失察失管。区质安站未依法依规采取监管措施督促事故单位消除生产安全事故隐患，监管工作流于形式，曾多次发出整改通知书和停工整改指令，但并未有效督促该项目按要求实施整改和停工，且未对存在隐患单位做出任何行政处罚；一些工作人员存在失职渎职行为，放任事故隐患存在，致使有关单位长期违法违规实施建设。

7　事故防范措施建议

为全面贯彻习近平总书记重要指示批示精神，落实《中共中央国务院关于推进安全生产领域改革发展的意见》，坚持安全发展，坚守发展决不能以牺牲安全为代价这条不可逾越的红线，深刻吸取事故教训，着力强化企业安全生产主体责任，着力堵塞监督管理漏洞，着力解决不遵守法律法规的问题，提出以下建议：

（1）全面自查自纠，强化建设项目安全生产管理工作。

涉事企业要建立健全安全生产责任制，要把安全生产责任落到实处，要加强对下属施工企业的指导、管理，要督促本单位和其下所有建设项目切实贯彻落实安全生产管理制度，对于本企业和下属企业承发包管理、施工资质管理、施工技术与安全管理工作要采取切实有效措施进行规范。

涉事企业要落实对工程项目的安全生产管理职责，严禁对施工项目“以包代管”，严禁利用任何形式实施出借资质、违法分包等违法行为，要切实做好项目管理人员、作业人员、分包工程承包人资质、危险性较大分部分项工程专项施工方案、高处作业防护措施等内容的审查工作。

广州市某监理公司，要加强技术管理、安全管理、合同履约管理，要严格按照合同约定履行监理责任，按约定派驻总监理工程师，配备人数足够、符合资质条件的专业监理工程师；要严格履行现场监理职责，对于发现的隐患问题要向施工单位及时下发整改通知或暂时停工通知，督促施工单位迅速完成整改，如施工单位拒不整改或者拒不停工的，要及时向建设单位和主管部门报告。

广州某能源公司，要加强对建设项目相关企业的过程监督，协调、督促各参建单位，包括监理单位、施工总承包单位、施工专业分包单位、劳务分包单位依法履行各自的安全生产管理职责，不得以包代管，要督促检查监理单位依法履行监管职责，发现建设项目存在隐患问题要督促监理单位和施工方进行整改，对隐患拒不整改、拒不停工的情形，要进行严厉处罚并报告政府主管部门。

（2）深刻吸取事故教训，组织事故案例剖析。

由市安全监管局牵头组织全市各安全生产委员会成员单位、各企业集团，集中召开广州市从化区广州市某电厂项目较大坍塌事故案例分析会议，介绍本次事故发生经过，详细分析本次事故原因以及本次事故中暴露出的问题。各部门和单位要深刻吸取本次事故教训，认真对照事故单位在安全生产监督管理环节存在的漏洞和缺陷，查摆本行业领域生产经营建设过程中存在的问题和不足，严格督促本行业企业落实安全生产主体责任，全面提高本行业领域安全生产管理水平。

（3）健全落实安全生产责任制，确保监管责任到位。

从化区党委、政府和从化区住房和城乡建设部门要牢固树立安全发展理念，把安全生产工作摆在更加突出的位置，切实维护人民群众生命财产安全。要健全并落实"党政同责、一岗双责、齐抓共管、失职追责"的安全生产责任制。党委、政府要及时发现、协调、解决各负有安全生产监管职责的行业部门在安全生产工作中存在的问题；从化区住房和城乡建设部门和质量安全监督站，要强化对本行业企业的监督监察工作，及时采取监管监察措施督促本行业企业消除生产安全事故隐患；各负有安全生产监管职责的行业部门对国有企业在日常监管监察中发现的隐患问题和执行的行政处罚，要及时知会国资部门，由国资部门按国有企业业绩考核规定进行处置。国资部门要加强安全生产管理人员的配备，加大对国有企业违反安全生产法律法规有关规定的业绩考核力度。

（4）树立红线意识，严格督促落实企业主体责任。

由市住房和城乡建设局、市交通委员会、市城管委、市水务局、市供电局向本行业建设项目印发实施全面落实安全生产主体责任督导检查的工作实施方案。督促各建设项目有关单位（建设单位、监理单位、施工总承包单位、专业分包单位、劳务分包单位）牢固树立红线意识，必须遵守国家法律法规，尤其是要坚决贯彻执行安全生产、建筑有关法律法规的规定。

（5）加强建筑施工现场管理，严格技术安全管理。

市住房和城乡建设局和各区建设主管部门要强化建设项目报建或报监安全技术措施和派驻施工现场管理人员的审查审核工作，对现场作业人员和报备人员不一致的要严肃查处；要严查工程合同履约情况、施工项目配备负责人安全管理人员数量和资质情况、提交危险性较大分部分项工作清单情况，以及相关专项施工方案制订情况，保证施工现场安全生产管理体系、质量技术安全管理体系落实到位，严格执行专项施工方案、技术交底的编制、审批制度，现场施工人员不得随意降低技术标准，违章指挥作业。

（6）强化事故隐患排查整治，切实做到闭环管理。

市住房和城乡建设局、市交通委员会、市城管委、市水务局、市供电局要督促本行业建设项目有关单位认真汲取此次事故惨痛教训，加大风险管控和隐患排查治理，要建立完善本单位生产安全事故隐患排查制度，全过程人员签字确认负责，实施全过程“留痕”记录并公示，要实现对隐患的发现、安全管理人员确认、实施整改、完成整改申请、整改效果核查验收、公示等环节的闭环管理，特别是要切实落实隐患整改的验收和公示，确保隐患整改效果并接受全单位的监督。

（7）加大建筑施工监管执法力度，严厉打击违法出借资质行为。

由市住房和城乡建设局牵头，市交通、水利、电力、燃气等行业主管部门配合，组织开展全市施工单位违法出借资质专项执法检查。各部门要严格落实安全生产监管职责，督促各责任主体落实安全生产责任，对检查中发现的违法行为要立案查处，对发现的违法行为严格按照《建筑法》依法处罚，并纳入诚信体系进行监管，不能只检查不处罚，要严厉打击出借资质、违法转包分包行为，建立打击非法违法建筑施工行为专项行动工作长效机制，不断巩固专项行动成果，确保建筑安全生产监督检查工作取得实效。

（8）完善标准规范，严格高处作业安全培训。

建议市住房和城乡建设局牵头，建立和完善建筑工人高处作业标准规范，建立高处作业人员资格准入制度，高处作业人员必须接受高处作业安全培训，取得高处作业上岗资格后，方可进行高处作业；建筑施工企业要对高处作业人员资格进行严格审查，在作业前组织开展相关安全生产教育培训和技术交底，并对施工现场建筑工人持证上岗负监督管理责任。

8 对监理处罚的落实情况

（1）对监理单位的处罚决定:《住房和城乡建设部行政处罚决定书》依据《建设工程安全生产管理条例》第五十七条规定，给予广州市某监理公司责令停业整顿90日的行政处罚。停业整顿期间，在全国范围内不得以监理综合资质承接新的市政公用工程监理项目。

（2）对监理人员的处罚决定:《住房和城乡建设部行政处罚决定书》依据《建设工程安全生产管理条例》第五十八条规定，给予晏某某吊销注册监理工程师注册执业证书，且自吊销之日起5年内不予注册的处罚。

鄂尔多斯某产业园区某影视拍摄区建设项目较大坍塌生产安全事故

1 工程基本情况

某影视拍摄区建设项目位于鄂尔多斯市伊金霍洛旗某产业园区，由鄂尔多斯某文化产业发展公司建设，共分二期建设，一期某影视拍摄区摄影棚项目，2016年6月开工建设，工程剩余防火涂料施工，后工程停工。二期某影视拍摄区建设项目，建筑面积26877m²，于2017年4月25日完成招标工作，确定施工单位为内蒙古某建设集团公司，2017年5月份开工建设。事故发生项目为二期项目中的某城楼项目，位于影视拍摄区东侧，底部为砖混结构城门，上部建筑为重檐庑殿顶，结构形式为木结构，该城门楼坐落在城台上，一层柱顶标高16m，平座高度21.550m，二层柱顶标高25.050m，建筑总高度30.700m。该工程建筑面积约为532m²，于2017年5月20日开工，预计竣工日期为2017年12月15日。

2 相关单位情况

建设单位：鄂尔多斯某文化产业发展公司。

施工总承包单位：内蒙古某建设集团公司。

施工分包单位：内蒙古某钢结构公司。

施工转包：个人郭某某、个人韩某某。

设计单位：内蒙古某设计公司。

监理单位：内蒙古某项目管理公司，业务范围：房屋建筑工程监理甲级、市政公用工程监理甲级。

3 事故经过

7月11日韩某某雇佣的工人曹某某及其他7名木工在某城门楼约20m处安装作业，地面刘某驾驶吊车，吊用安装所需材料，陈某高、陈某强两名工人在地面做城墙的水泥勾缝作业；16时40分左右，突遇9级大风天气，作业面发生整体瞬间倒塌。8名高处作业工人随部分木结构件坠落地面，造成死亡，2名地面作业工人被落下的木结构件砸伤。

4 事故原因

（1）直接原因

1）已完成的某城门楼木结构梁柱节点削弱较多，节点刚度差，加之施工过程中结构无临时柱间支撑，整体刚度低。在9级大风作用下，结构水平变形过大，引起节点破坏，继而引发结构整体失稳坍塌，造成8名作业工人死亡。

2）大风（9级）的作用：伊旗气象局提供的《伊金霍洛旗气象局大风天气情况说明》显示，“2017年7月11日16时至17时30分之间，事发地区出现大风天气，瞬间大风为21.2m/s，风力等级达9级”，经事故调查专家组对此数据分析认为，“9级大风是导致结构坍塌的主要诱因”。

（2）间接原因

1）韩某某及其施工队无正规的施工图进行施工，工人在施工过程中未认真遵守质量规范和安全操作规程。施工队岗前安全培训教育不足。事发时，韩某某未在施工现场进行指挥及安全管理。

2）无资质个人郭某某与内蒙古某钢结构公司签订工程转包劳务承包合同，但在实际施工过程中，履行的是工程转包作业内容；口头将木结构制作安装工程分包给无资质的韩某某，未对木结构的施工现场进行有效的安全管理。

3）鄂尔多斯某文化产业发展公司（鄂尔多斯某产业园区管理委员会），未办理开工前的有关行政审批手续，未委托设计单位出具符合规范的施工图；未认真督查检查各施工单位及监理单位建设期间的安全管理工作，造成施工现场施工混乱，监理内容不清，对施工现场的安全管理不力，特别是在建设行政主管部门两次下达停工指令并查封断电的情况下，继续组织施工。

4）施工分包单位内蒙古某钢结构公司，未在施工现场设立项目管理机构或派驻项目、技术、质量管理、安全管理等负责人；有关施工过程中的施工方案审核无意见；安全技术交底、施工方案、检查记录缺失，未对分包人郭某某及施工队进行安全管理。

5）总承包单位内蒙古某建设集团公司，虽签订了木结构分包合同，但在实际施工中，主要依托郭某某及其分包的韩某某施工队，未设立项目部进行有效管理，施工现场安全管理混乱，安全资料缺失，相关技术资料、施工方案等主要内容缺失，不能指导施工。

6）监理单位内蒙古某项目管理公司，现场监理人员与中标文件中人员不符，没有办理正式变更；项目监理部未制定监理大纲、规划、实施细则等监理管理资料，未对施工单位人员、资质、施工组织设计、专项方案、模板及支架设计、安全技术措施等内容进行审批，未将没有正式施工图纸以及施工中存在的建设单位、施工单位违规问题向建设行政主管部门进行汇报。

7）某住房和城乡建设局对在建筑工地检查过程中发现的隐患，督促整改力度不足。

8）某人民政府属地监督职责落实不到位，对鄂尔多斯某产业园区管理委员会认真履职监督不力。

经调查认定，鄂尔多斯某产业园区坍塌事故是一起较大生产安全责任事故。

5 监理单位责任

内蒙古某项目管理公司，作为监理单位，现场监理人员与中标文件中人员不符，对其项目监理部未制定监理大纲、规划、实施细则等监理管理资料的行为监督管理不力，未对施工单位人员、资质、施工组织设计等内容进行审批，未将有关问题向主管部门报告，负有监理不力的责任。

6 事故防范和整改措施建议

（1）要求内蒙古某建设集团公司全面停工整改，开展施工区安全大检查，对发现的隐患要立即整改，将在此次事故中暴露的问题要对所有的施工人员进行警示教育，严格执行作业现场安全操作规程。

（2）相关企业要立即开展内部自查工作，从安全制度的执行，施工现场的安全管理、安全生产责任制的严格落实等方面开展自查，要确保各个施工区域和工作区域的安全设备和防护措施的有效实施；要求工人熟练掌握各自作业面的施工技术方案和操作规程，并能严格执行；加强现场安全管理员的巡查力度，要不留死角，不留隐患地进行认真排查。

（3）相关企业要严格遵守国家法律法规，严肃认真对待事故，严格执行事故报告规范程序，严格履行事故上报和应急救援职责。要强化责任意识，及时掌握了解本企业的安全生产动态。

（4）要求该建设项目尽快完善核准批复手续，在没有获得有关单位的核准批复文件前，停止施工。

（5）某旗人民政府和鄂尔多斯某产业园区管委会要深刻吸取事故的沉痛教训，牢固树立科学发展、安全发展理念，牢牢坚守“发展决不能以牺牲人的生命为代价”这条红线。

发展经济要始终坚持安全生产的高标准、严要求，园区招商引资、上项目不能降低安全标准，不能违反相关审批程序搞特事特办，不能违规“一路绿灯”。政府规划、企业生产与安全发生矛盾时，必须服从安全需要；所有工程设计必须满足安全规定和条件。地方政府要严格落实属地管理责任，依法依规，严管严抓。

7　对监理处罚的落实情况

《住房和城乡建设部行政处罚决定书》依据《建设工程安全生产管理条例》第五十七条规定，给予内蒙古某项目管理公司责令停业整顿90日的行政处罚。停业整顿期间，在全国范围内不得以房屋建筑工程监理资质承接新的项目。

石家庄市某管廊运营公司塔北路综合管廊项目坍塌事故

1　工程基本情况

石家庄市塔北路综合管廊工程沿塔北路设置，西起建设南大街，东至东二环南路，全长5.85km，采用4条盾构区间，隧道埋深约为15.7～35.6m，共设19座节点井，包括12座工艺井、7座盾构井。节点井采用明挖法施工，过街通道采用矿山法施工。

事故发生部位为DJ-03盾构井东王街与规划塔北路交叉口东行200m，DJ-03盾构东始发井西侧10m集土坑东挡土墙处，系DJ-03盾构始发井西侧DJ-03～DJ-04-02区间盾构集土坑的东挡土墙。

2　相关单位情况

建设单位：石家庄某管廊运营公司。

施工单位：上海某轨道公司。

监理单位：河北某咨询公司，业务范围为房屋建筑工程、农林工程、市政公用工程和机电安装工程监理甲级，可以开展相应类别建设工程的项目管理、技术咨询等业务。项目总监为杜某某。

3　事故经过

5月12日4时30分许，上海某轨道公司按照工作安排，进行DJ-03～

DJ－04－02区间盾构施工，地面进行龙门吊渣土吊装、倒土作业。夜班值班领导为贺某某，在盾构井端头该项目工人仲某某负责挂钩作业，现场安全员为董某某，指挥门式起重机（后文简称龙门吊）作业司索为安质部长陈某某，操作龙门吊司机为李某某，负责联系管片为钟某。4时40分许，龙门吊正在进行渣土箱吊装作业，当吊车吊挂满载的渣土箱向西移动过程中，渣土箱碰撞挡土墙，司机随即将渣土箱向上提升至一定高度后继续向西行走至渣土坑上方进行卸土，之后将龙门吊向东行走至东始发井并将渣土箱下放至井下电瓶车上，随后东挡土墙向东倒塌。

4 事故原因

（1）直接原因

在盾构施工渣土吊运过程中，挡土墙与溜钩下滑的龙门吊土箱的碰撞而影响了自身的稳定性，并在雨水浸泡集土坑堆土增多的多种因素作用下，导致距离地面7m深处临时挡土墙不足以承载集土坑内渣土的侧向荷载，失稳倒塌，造成违规进入龙门吊作业区域下方的钟某死亡，是事故发生的直接原因。

（2）间接原因

1）上海某轨道公司。《DJ－03盾构井集土坑挡墙施工方案》专项施工方案施工单位审批程序不规范，监理单位在未进行审查、签认的情况下即开始施工；施工现场安全风险评估和防控风险辨识不足，定期开展安全风险辨识分级管控和隐患排查治理不到位。尤其对渣土坑渣土对挡土墙产生侧压力的变化存在的安全风险、龙门吊吊运过程中存在安全风险辨识不足；安全生产培训教育不到位。

2）河北某咨询公司。未严格按照监理规范实施监理，对施工单位挡土墙施工方案未进行审批，未对挡土墙进行安全风险辨识，对未经审批而建的挡土墙未采取有效的安全防范措施。安排不具备资质人员进行监理。

3）石家庄某管廊运营公司。未认真督促施工单位和监理单位履行安全监督管理职责，对管廊项目部的协调、管理存在漏洞。

4）有关监管部门。2016年9月30日市政府授权市轨道交通办公室为该项目实施机构，负责项目准备、采购监管和移交等工作。

龙门吊在作业过程中发生溜钩下滑，吊运的土箱碰到集土坑的挡土墙，对其稳定性造成影响进而导致挡土墙倒塌而引发的一起生产安全责任事故。

5 监理人员的责任

杜某某作为项目总监理工程师，对项目现场监督不到位，未严格按照监理规范实施监理，对事故发生负有主要监理责任。

6 事故防范和整改措施建议

（1）上海某轨道公司

要深刻吸取事故教训，充分认识安全生产工作的重要性。对施工现场安全风险评估和防控风险辨识、培训教育、现场安全管理、施工方案审批和隐患排查及有效治理等方面存在的实际问题，进一步健全完善并严格落实安全生产责任制和各项安全管理制度，严格规范企业内部管理活动，坚决杜绝违章指挥、习惯性违章作业、违反劳动纪律的违规施工行为；特别是要正确处理安全与效益的关系，加强对公司管理人员职责管理，坚决杜绝“赶工期、抢进度”等现象发生。

（2）河北某咨询公司

要进一步完善施工方案审核管理规定，要进一步明确项目监理部安全生产工作职责划分，进一步完善安全生产管理长效机制，确保安全生产管理各项制度落到实处。要根据不同监理项目配备相应专业监理工程师，提高监理人员安全防范意识和履职尽责能力。

（3）石家庄某管廊运营公司

进一步完善对施工单位和监理单位的管理制度加大监督协调力度，确保其认真履行安全管理责任。

（4）市轨道交通建设办公室

进一步完善安全监管制度，加大监管力度，坚决杜绝出现安全监管盲区和死角；严防类似事故的发生。

7 对监理处罚的落实情况

《住房和城乡建设部行政处罚决定书》依据《建设工程安全生产管理条例》第五十八条规定，给予杜某某停止注册监理工程师执业3个月的行政处罚。

广州市黄埔区中铁某局集团隧道工程有限公司较大坍塌事故

1 工程基本情况

广州市轨道交通21号线是为加强科学城及萝岗中心区、东部新城以及增强城市与广州市中心区的快速交通联系，带动高新技术业、先进制造业等功能带的发展，支持中新知识城起步区的建设和城市“东进”战略而进行建设的市政工程。21号线西起天河区，依次经过黄埔区、增城区，止于增城区荔城街增城广场，线路全长61.6km，其中地下线路长约40.1km，穿山隧道6.8km，地上线14.7km；共设17座车站，其中地下车站14座、高架车站3座；共有7座换乘站。

事故发生地的该线10标包括一站、一盾构区间、一明挖区可及出入场线，分别为：水西站、苏元站至水西站区间、明挖区间及水西站停车场出入场线。工程线路总长为3249m，工法涵盖明挖法、盖挖法、矿山法、盾构法及盾构空推法等。合同工期26个月，合同造价5.96亿元。

2 相关单位情况

建设单位：广州某集团公司。

施工单位：中铁某局。

劳务分包单位：广州某土木科技公司。

监理单位：广东某监理公司，具有房屋建筑监理甲级、铁道工程监理甲级资质。营业范围：房屋建筑工程、铁路工程、市政公用工程监理业务、工程招标代理，上述相关技术服务。与业主单位广州某集团公司于2013年10月签订监理服务合同，公司在广州设立了“广州市轨道交通21号线土建工程监理某标监理部”，并制定了监理工作方案。公司派驻施工现场项目总监为谷某某，事发时现场监理为高某某。

勘察单位：广州某工程公司。

监控测量单位：山东某规划设计公司。

3 事故经过

1月25日14时左右，带压开仓换刀作业的第14仓作业人员出仓后，向盾构机长反映：严重变形的17/18号刀箱仍未切割下来，在实施碳弧气刨切割过程中土仓排烟效果不良，然后与第15仓的带班人员进行了工作交接。

1月25日14时45分左右第15仓的带压换刀作业由广州某土木科技公司的朱某龙、石某某、朱某光执行，他们进入左线盾构机前部，首先开始第15仓气压开仓前准备，具体工作任务是继续切割和维修17/18号刀箱。第15仓的操仓员是广州某土木科技公司朱某生，盾构机长是隧道公司刘某。电焊机位于仓外，由仓内人员通过对讲机通知操仓员，操仓员再联系盾构机机长开、关电焊机电源及氧气瓶阀门。该作业所需工具、材料均由施工单位隧道公司提供，具体包括氧气瓶、电焊机、焊条、切割中空焊条、风动工具、压缩空气管、氧气管、焊把、割枪、气动扳手、气动打磨机等物品，进仓的物品和工具大多集中在副仓，压缩空气、氧气、焊机两条电源线均通过仓壁贯穿孔进入副仓，使用2层防水胶与仓壁之间密封连接。

在上述3名工人在土仓切割17/18号刀箱作业的同时，隧道司杨某某受李某某安排带1名维修工人着手调试土仓三根主要排气管，目的是解决14仓人员提出的排烟差的问题。盾构机的排气管共有6根，这6根排气管，个别也可以作为注入管向土仓内加注衡盾泥。杨某某的维修组所调试的3根排气管分别是左边9点位、11点位和右边1点位。在之前的操仓作业中，排气管位于左边9点位，当天准备把排气改到右边操作平台右上方的1点位。杨某某先是在排气管上接了长5～6m的软管，预防调试过程中泥水冲刷操仓员的工作平台，又通过调试安装在土仓隔板左、右两侧的注浆管以观察排气效果，前后调试了1个多小时，但排气效果改善不明显。随后刘某让杨某某停下来，杨某某就和工人到合车上休息。

1月25日17时左右，操仓员朱某生通知仓内作业人员准备减压出仓，仓内人员回应收到。又过了几分钟，操仓员再次联系仓内人员但已没有应答，同时发现仓内排气中烟味较重。

1月25日17时10分左右，操仓员朱某生看到气压表在2.2～2.3bar间持续约30s的波动，此时，仓外可闻到烧焦的味道并看到从排气阀冒出黑灰色的烟。操仓员朱某生先后使用对讲机、手电筒并多次敲打仓壁，未能再与舱内人员取得任何联系。为了救人，操仓员朱某生便通知杨某某关闭进气管球阀、把排气管全部逐一打开进行极速泄压。同时让机长刘某关闭舱内电焊机电源并通知地面。关断电源后，人仓和操仓员操作平台的灯也熄灭了。

地面中控室17时18分左右接到电话通知后，隧道公司左线隧道主管王某某和盾构工区经理李某某于泄压至零之前即赶到前盾。1月25日17时20分左右，仓内气压经10min后从2.0bar降至0.5bar。17时30左右，李某某和王某某赶到并带人打开人仓闸门，人仓内有浓烟溢出，温度较高，救援人员无法进入人仓内进行救援，李某某等人通过打开进气阀、向人仓内用水管洒水降温通风排烟等措施降温排烟。

1月25日18时10分左右，隧道公司盾构工区经理李某某带几个工人用扳手拧开螺丝并踢开土仓闸门，李某某进仓后，发现掌子面坍塌，3名换刀工人被埋。

4 事故原因

（1）事故直接原因

事故调查组认定该起事故的原因为：作业工人在有限空间带压动火作业过程中，焊机电缆线绝缘破损短路引发人闸副仓火灾，引燃副仓堆放的可燃物，人闸主仓视频监控存在故障，未及时发现火灾苗头，人闸主仓、副仓无烟感温感消防监控系统，仓内人员缺乏消防安全与应急防护装备，无法实施有效自救，仓外作业人员极速泄压使衡盾泥泥膜失效，掌子面失稳坍塌将作业工人埋压。

（2）事故间接原因

1）隧道公司项目部未有效排除焊机电缆线绝缘破损、安全设备及监控设施存在故障等安全隐患。调查发现隧道公司项目部存在焊机电缆线无人维护、视频监控系统1月24日损坏后未及时维修、土仓内四台土压传感器只有一台能维持工作等安全隐患。

2）隧道公司项目部应急预案缺乏针对性、应急物资配备不足。虽然项目部制定了盾构作业专项应急预案，带压开仓换刀作业专项方案中也含有事故应急预案的内容，但所有预案内容均未能有效针对土仓动火作业、人闸火灾等情景编制，且从未组织针对人仓、土仓发生火灾的演练，导致应急预案流于形式，对实际发生的火灾事故未能采取有效的安全技术与安全管理措施加以预防和处置。仓内气刨动火作业，未对照《盾构法开仓及气压作业技术规范》CJJ 217—2014中的4.3.1，《盾构法开仓及气压作业技术规范》CJJ 217—2014中的5.3.9和《盾构法开仓及气压作业技术规范》CJJ 217—2014重点3.0.2中相关规定，配备仓内消防应急器材、人员防毒装备、应急呼吸防护装备。

3）施工管理缺位，安全监理未依规定履职。广东某监理公司对盾构带压开仓检查换刀方案审核不认真，未能发现该方案中并未涉及换刀箱以及动火作业等高风险作业内容，未能及时督促施工单位项目部结合实际修订完善《盾构带压开仓检查换刀方案》，对危险性较大的分部分项工程带压换刀作业未按监理方案和规定安排专人旁站监督和填写旁站监理记录，安排未经监理业务培训的实习人员曹某从事监理员工作，未督促施工单位严格实行有限空间作业审批制度，未及时发现并督促排除换刀作业过程中的安全隐患。建设单位广州某集团公司未认真履行建设单位职责，对重点安全风险认识不足，对施工、监理单位疏于督促管理，未能有效督促施工、监理单位及时排除安全隐患。

4）分包单位广州某土木科技公司未履行安全管理责任。广州某土木科技公司未按照分包合同和安全管理协议的约定，严格履行分包单位的安全管理职责，未严格按照安全标准和安全技术交底要求、特种作业规定、技术交底文件及安全交底文件施工，工作时未佩戴符合安全标准的劳动保护用品，也未制定安全教育和安全检查制度，进仓作业前未对参与人员进行培训。

5）开仓检查换刀作业专项方案缺乏针对性且未及时更新。盾构带压开仓检查换刀作业属于危险性较大的分部分项工程，但隧道公司21号线某标项目经理部仅于2015年12月3日编制了《盾构带压开仓检查换刀方案》，该方案虽然按程序组织专家通过了评审，但对土仓内动火作业，刀具焊接、刀箱气刨切割等危险性大的动火作业内容并未提及，且该方案一直未结合实际修改完善。到2018年1月25日事发，左右两线进仓作业377仓次，土仓内进行了多次动火作业，但专项方案始终沿用初始版本，造成危险性极大的土仓内带压动火作业始终缺乏针对性的安全技术措施，施工、监理、建设等单位对这一隐患均未发现并排除。

6）忽视安全技术说明，安全培训和技术交底流于形式。在作业过程中忽视了衡盾泥气压开仓施工法专利说明中关于泥膜稳定性的风险警示，缺乏预防掌子面坍塌事故的安全技术措施。依据规定带压作业时严禁仓外人员进行危及仓压稳定的操作，但事故发生当日3名工人在土仓作业期间，杨某某和另一个工人屡次调试排气管，试图改善排气效果，边气压作业边维修排气管的行为增加了扰动掌子面稳定性的因素。在盾构机操作说明书安全篇第15页明确提出有关开挖面内检查维修的安全注意事项，但隧道公司项目部以及广州某土木科技公司对施工现场人员的安全培训和三级安全教育、安全技术交底内容均未围绕气刨作业等关键内容展开，也未涉及如何有效防范气刨作业导致火灾的内容。

7）未深入开展安全警示教育，吸取同类事故的教训。隧道公司曾在2017年某城市轨道2号线海东区间右线盾构现场，带压换刀作业减压过程中发生过一起火灾，造成3人死亡。按照该事故调查报告要求，人闸应配备火灾探测与报警、视频监控、压力温度在线监测、人员火灾应急防护装备、仓内外人员遵章定期联络等方面的防范措施。但隧道公司仍未深入组织开展事故警示教育，未吸取事故教训和采取积极改进措施，以避免同类事故再次发生。

5 监理单位责任

广东某监理公司，作为监理单位，施工现场监理缺位，风险管控措施不到位，安排未经监理业务培训的监理人员从事监理员工作，开仓作业时未按规定安排专人旁站监督和填写旁站监理记录，未督促施工单位严格实行作业审批制度，未能督促施工单位有效开展隐患排查，及时排除施工中的安全隐患，对事故发生负有责任。

6 事故防范措施及建议

事故暴露出广州市轨道交通工程施工领域对新技术、新工艺推广应用中可能带来不可预见、不可知影响因素的预测、预警能力不足，对危险性较大分部分项工程施工关键工序的管理存在覆盖程度、管控深度不足，专业技术人员短缺等问题。随着广州市轨道交通项目建设的进一步展开，未来短时间内还有大量盾构项目先后开工，市住房和城乡建设部门要落实“管行业必须管安全”的要求，采取有效措施，加强对广州市轨道交通建设项目中重点环节、关键工序的风险管控，指导企业认真学习并严格落实住房和城乡建设部新修订的《危险性较大的分部分项工程安全管理规定》。全市安全生产任务十分繁重，各级各部门各单位要牢牢把握工程施工领域安全生产工作的特殊性和复杂性，认真领会习近平主席、李克强总理关于加强重点领域安全生产的重要批示精神，坚持以人民为中心的发展思想，牢固树立发展决不能以牺牲安全为代价的红线意识，认真贯彻执行省、市领导针对本次事故的批示指示，结合广州市安全生产工作实际，坚守红线意识，坚持安全发展，强化事故防范和风险管控，坚决遏制重特大事故发生，推动全市安全生产全面上水平，促进全市安全生产形势进一步稳定好转，为全市经济社会发展提供有力的安全保障。现就防范措施提出如下建议：

（1）加强党纪法制宣传教育，依法及时如实报告事故

隧道公司要认真执行《生产安全事故报告和调查处理条例》《生产安全事故应急预案管理办法》等法律法规要求，进一步建立完善本单位的事故预防、报告及处理制度，并将制度落到实处，发生事故后不得迟报、漏报，更不能瞒报或谎报。发生事故后，要及时启动应急预案，保证应急处置和抢险救援科学合理、快速有序，最大限度减少事故损失。

中铁某局要针对事故谎报暴露的问题和事故教训，组织全体下属单位及员工开展一次安全警示教育和专题法制教育，深刻吸取事故教训，学习安全生产法律法规，杜绝同类事故再次发生，杜绝瞒报、谎报、迟报事故。中铁某局党组要以此次事故谎报为契机，结合从严治党的方针，全面治理安全生产，加强党性修养教育，教育所属党员做一名对党忠诚老实，依法行事，爱岗敬业的好党员。

（2）统筹推动全面落实企业安全生产主体责任

中铁某局及隧道公司要按照“党政同责、一岗双责、齐抓共管、失职追责”原则，树立安全发展理念，弘扬生命至上、安全第一的思想，完善安全生产责任制，落实企业安全生产主体责任，要按照近期下发的国务院安委办《关于全面加强企业全员安全生产责任制工作的通知》和省委办公厅和省政府办公厅《关于全面落实企业安全生产主体责任的通知》要求，依法依规督促企业建立健全全员安全生产责任制、做细做实岗位安全生产工作。要强化管理人员安全生产责任，纠正企业主要负责人红线意识不强，不会抓、不想抓和不用力、不用心抓安全生产的问题；要健全落实全员安全生产管理制度，推动企业结合实际建立完善并严格落实安委会制度、责任考核制度、例会制度、例检制度、岗位事故隐患排查治理制度、安全教育培训制度、外包工程管理制度、应急救援和信息报告制度等一系列责任制的落实，确保岗位安全责任落到实处；要着力提升企业安全生产管理人员履职能力，加强安全生产管理人员培训教育，提升履职责任心和业务工作能力；要认真抓好推动落实。

中铁某局要深刻吸取事故教训，高度重视安全生产工作，进一步强化全员安

全生产责任，加大考核奖惩力度，推进企业主体责任有效落实。加强全员安全教育培训，强化安全意识，提高安全技能和防范能力；建立施工现场事故隐患排查治理制度，完善事故隐患排查治理机制，及时消除施工现场事故隐患；加强对作业队伍的管理，杜绝员工违章行为，从作业层保障施工安全；加大人力物力财力投入，强化各项措施落实，夯实安全基础，全面提升施工现场管理水平，严防事故发生。

广州某集团公司要牵头设计单位、监理单位、施工单位在现有做法的基础上，制定具体的带压开仓换刀作业操作规程及有限空间带压动火作业操作规程：对开仓前安全条件的确认及进仓人员的检查要更加细化，对准备开仓作业位置地质、水文条件做明确要求；对开仓前验收和审批程序要更加明确，对人员进仓前条件核准工作进行详细说明，人员进仓携带物品进行严格检查；对进仓前各种相关设备准备情况做严格规定，对人员进入开挖仓内的作业流程进行细化；对带压动火作业作出具体明确的规范，电线电缆及时检查更新；作业人员出仓操作规程应进一步细化。

（3）强化盾构施工管理，加强重大安全风险点的安全管控工作

广州市地质条件复杂，轨道交通建设中大范围地应用盾构开挖技术，在技术人才和相应管理人才储备存在一定局限的条件下，重视各相关新技术设备的本质安全显得尤为重要。广州某集团公司和中铁某局要加强安全技术投入，对盾构施工重点工序和关键环节的管理，坚持超前风险辨识评估，提前掌握风险，不断优化施工方案，明晰管理责任，配强施工资源，优选先进工艺，强化过程监控到位。气压进仓作业是一项高风险施工环节，必须引起高度重视，从风险辨识评估开始，到专项施工方案的编制论证审批、开仓作业点位置选择、不良地层预处理、作业前条件验收以及作业过程控制等方面，必须建立严格的工作程序和管理制度，明确工作内容和标准，明确主体责任和监督责任，上一环节不合格不得进入下一环节。

全市地铁施工单位，尤其是中铁某局要从加大盾构掘进关键技术工艺的学习力度，深入掌握泥水盾构机安全技术特性和操作要领；加强危险性较大分部分项工程管理，科学编制严格执行施工方案，具体到作业审批制度、关键节点施工前安全条件验收制度、重要工序验收当日当班必检制度和隐患排查制度等每一个相关环节都不放过。广东某监理公司要严格审查专项施工方案、严格督促现场和设备设施安全管理，督促各项防护监护安全措施的落实。业主单位广州某集团公司要确实加强对危险性较大的分部分项工程安全管理，特别是督促施工单位、监理

单位对盾构掘进过程中涉及供电、通风、高压仓的设备设施和各相关施工工艺的安全条件加强监控和隐患排查整治，督促施工单位通过“技术换人”的方式，降低作业风险。

市住房和城乡建设部门要以此为鉴，督促相关单位加强对盾构工程中的重大安全风险点的安全管控，细化换刀作业注意事项，规范气压动火作业专项方案审批，并在适当的时候，向上级部门建议修订完善《盾构法开仓及气压作业技术规范》。

（4）加强安全设备管理，强化应急处置能力

广州市地铁建设、设计、施工、监理企业要制定和完善应急预案，细化各项预警与应急处置方案措施，不断提高对突发事件的应急处置能力。要针对盾构机带压进仓作业，编制专项应急预案，并经专家评审把关，对作业风险源进行分析并制定预防措施，建立应急救援组织机构及应急处置队伍，完善应急报告、应急响应流程，配置充足的应急物资和医疗保障。要结合专项应急预案的编制，进行实况应急演练，对进仓作业各项操作流程和高压环境下的各种突发状况进行模拟，检验应急预案的可操作性、提高应对突发事件的风险意识、增强突发事件应急反应能力。

广州某集团公司要不断提升应急救援专业化水平，建立盾构施工应急专业救援队伍，配备应急抢险装备，对进入市地铁施工的盾构机实行严格的准入制度，未经检验合格的一律不得申请开工。

中铁某局要强化设备安全管理工作，消防喷淋系统、人闸仓视频监控系统、作业环境有害气体实时检测系统等硬件设施的升级优化或增设。一是保留喷淋系统的固有功能，增设自动检测、启动装置，杜绝紧急状态下仓内人员不能及时启动喷淋系统的情况；二是增加人闸视频监控系统，通过耐高压摄像头捕捉视频，经控制主机将视频信号分配到各监视器，对作业及加、减压过程实施实时监控，提升风险发现及应急处置能力；三是配置作业环境有害气体实时检测系统，将作业环境中的气体持续通过气源管路连接至此系统，连续不间断掌握有害气体浓度，一旦超标，借助传感器反馈启动警报器发出报警信号，提升安全性能。

（5）注重安全知识培训，提升员工安全技能

隧道公司和广州某土木科技公司要对从业人员进行安全生产教育和培训，保证从业人员具备必要的安全生产知识，熟悉有关的安全生产规章制度和安全操作规程，掌握本岗位的安全操作技能，了解事故应急处理措施，知悉自身在安全生产方面的权利和义务。要从落实主体责任的高度，加大盾构掘进关键技术工艺的

学习力度，深入掌握泥水盾构机安全技术特性和操作要领，熟悉安全风险警示，履行用人单位职责，将被派遣劳动者纳入本单位从业人员统一管理，对被派遣劳动者进行岗位安全操作规程和安全操作技能的教育和培训。广州某集团公司要坚持“管业务必须管安全、管生产经营必须管安全”要求，定期组织施工、监理等单位进行安全技能和知识培训，提高关键岗位、关键人员的安全技能，各企业负责人要与普通工人“同堂听课”。地铁施工项目，尤其是关键环节作业，地铁施工单位要推行企业负责人轮流带班制度，管理层要与一线员工深入作业一线，了解一线作业场所的真实状况，督促员工遵守安全操作规程。把生产安全保障落实到每一个工地，每一个环节，每一个工人。

7 对监理处罚的落实情况

《住房和城乡建设部行政处罚决定书》依据《建设工程安全生产管理条例》第五十七条规定，给予广东某监理公司责令停业整顿60日的行政处罚。

深圳市城市轨道交通某号线三期南延工程主体3131标较大坍塌事故

1 工程基本情况

深圳市城市轨道交通某号线三期南延线工程从既有某号线益田站南端引出，侧穿益田村，下穿广深高速、转凤凰道，拐入红花路，上跨广深港客运专线后在红花路和益田路交叉口设福保站，线路全长约1.45km，共设1站1区间，均为地下敷设方式。3号线南延线3131标为该线路的主体工程标，施工内容为1站1区间，全标长1.45km，区间长约890m，采用盾构法施工。

车站即为福保站，位于深圳市福田区益田路与绒花路交界处，为地下两层明挖岛式车站，车站总长569m，基坑围护结构采用800mm厚地下连续墙加4道内支撑，其中第1道为混凝土支撑，第2道为609mm钢管支撑，第3、4道为800mm钢管支撑。基坑标准段宽19.7m，深17.2～18.5m。

2 相关单位情况

建设单位：地铁集团。

勘察、设计单位：深圳市某设计院有限公司。

施工总承包单位：某市政公司。

监理单位：甘肃某咨询公司，为3131标的监理单位，业务范围为铁路工程监理甲级，市政工业工程监理甲级。

专业分包单位：深圳市某工程公司。

土方分包单位：深圳市某建筑公司。

政府部门安全监督单位：市政工程质量安全监督总站（市政总站）。

3 事故经过

（1）地铁集团停工通知传达情况

5月9日下午1点55分，地铁集团建设总部工程二中心工程三部部长袁某某在微信群（3531标[1]危险性较大工程管理群）发出停工通知："即时开始停工认真对照施组（施工组织设计）检查，彻底清查安全隐患，停工至下周一（5月16日）"。群内成员包括地铁集团、某市政公司、甘肃某咨询公司的项目管理人员。

随后，某市政公司项目执行经理周某某将停工通知通过短信发给深圳市某工程公司负责人虎某某和现场生产经理郑某某。

5月10日下午，地铁集团建设总部工程二中心副总经理金某某带队到现场进行停工检查并传达停工通知，检查时未发现现场进行土方开挖。

（2）现场土方开挖情况

在福保站施工过程中，现场由郑某某统一协调土方开挖事宜。5月9日下午地铁集团通知停工后，现场一直未停工，5月10日下午，地铁集团检查期间现场停工，5月10日傍晚，在地铁集团现场检查后，深圳市某建筑公司现场机械班长梁某某打电话问郑某某晚上开不开工，郑某某答复可以开工，随后梁某某又与深圳市某建筑公司现场负责人袁某某电话核实后就一直开工到事故发生。

地铁公司下达停工通知后，基坑现场每天都有进行土方开挖，通过公安天网提供的监控视频统计，5月9日土方外运44车，5月10日土方外运44车，5月11日土方外运26车，从5月9日至11日上午事故发生，共外运土方114车。

（3）事故发生经过

5月10日晚上，深圳市某工程公司现场生产经理郑某某交代现场工长魏某某和于某某带工人下基坑进行抽排水、检查钢支撑、钢围檩作业。5月11日上午7时许，魏某安排杂工班班长陈某某等5人下基坑作业。

事故发生前，深圳市某建筑公司正在开挖面挖土，有4台挖掘机在作业、坡顶有泥头车在装土（上午7时30分至9时30分期间因交通管制现场暂停作业）。深圳市某工程公司陈某某等5名工人在基坑内作业，其中徐某某在15轴附近第

[1] 3531标段工程监理合同服务范围包括3号线南延线3131标（福保站、福保站—益田站（不含）区间、益田站南端头改造工程）和3号线横岗车辆段扩建工程。

四层钢围檩托架上用砂浆抹墙，钟某某、赵某亮在下方拌砂浆，赵某福在检查15～16轴之间的钢围檩，陈某某在基坑底排水。作业现场坑底有积水，垫层浇筑接近14轴，土方挖到底至15轴附近（垫层未施工）。

11日上午10时左右，基坑内15～18轴附近北侧土体突然发生滑塌，滑塌土方约200m^3，导致15轴第四层钢管支撑移位，造成在基坑15轴附近的3名作业人员（钟某某、赵某亮、赵某福）瞬间被埋（后确认死亡），徐某某轻伤，陈某某未受伤。

4　事故原因

（1）直接原因

1）擅自组织实施的土方开挖作业未按照施工方案进行，开挖面开挖坡度偏陡，挖掘机作业时局部超挖，坡顶超载。在此情况下，由于场地地质条件较差，受5月9～10日深圳市普降中到大雨影响，基坑开挖面土体含水量增加，土体强度有不同程度的降低，开挖面失去稳定，造成了本次边坡滑塌事故。

2）深圳市某工程公司、深圳市某建筑公司违反地铁集团停工通知要求，擅自组织施工作业。2017年5月9日14时至11日上午10时，深圳市某工程公司、深圳市某建筑公司违反地铁集团停工通知要求，分别组织部分员工进行土方开挖作业和下基坑进行抽排水、检查钢支撑、钢围檩等作业。期间，共外运土方114车。

事故发生后，事故调查组委托专业单位对事故发生区域进行了补充勘察并出具《深圳市事故现场的补充勘察说明》(以下简称《勘察说明》),《勘察说明》和现场实际开挖情况与该项目勘察单位所提供的地质条件和岩土参数基本一致，可排除项目勘察单位提供地质资料不准确的因素。本项目采用地下连续墙加内支撑的方案，事故发生后基坑支护体系仍处于安全状态，可排除项目设计单位设计方案不安全的因素。本项目发生滑塌事故时，现场正常作业，排除人为破坏的因素。

（2）间接原因

1）地铁集团未认真落实建设单位职责，对施工、监理单位现场人员履职情况检查整改不力，未跟踪落实停工通知。

①未落实施工、监理单位人员履职情况管理要求。

未按施工总承包合同要求对施工单位项目经理、技术负责人、安全主任履职情况进行检查并提出整改；未按监理合同要求对监理单位安全监理工程师人员到岗履职情况进行检查并提出整改。

地铁公司驻3131标业主代表虞某某未按其岗位职责要求定期对施工单位及监理单位管理人员到岗履职情况进行检查，并形成书面记录；也未将项目经理、技术负责人不履职、监理单位安全监理工程师配备不足问题向上级反映。

②未跟踪落实停工通知。5月9日下午下达停工通知后，未对现场是否真正停工进行有效督促落实。

2）某市政公司未认真落实施工单位职责，项目主要管理人员未完全履职，违法分包、对分包单位管理不力，对土方开挖工程现场监督整改不力，未有效督促落实建设单位的停工通知。

①项目管理人员配置不符合合同约定，主要管理人员未完全到岗履责。某市政公司按合同组建了3131标项目经理部，但项目经理胡某某同时担任某市政公司隧道分公司经理，后又被某某集团任命为某水务EPC项目专职副总指挥；项目总工程师李某某同时兼任某市政公司布龙路龙景立交至龙华段城市化公路改造项目总工程师。项目经理及项目总工程师任职不符合合同中不得兼职的约定，项目经理胡某某及项目总工程师李某某都未履行其岗位职责，施工资料中部分项目经理签字由项目部人员假冒签名。

②违法分包工程。未经建设单位认可，某市政公司与深圳市某工程公司签订了《深圳市市政工程总公司工程施工专业分包合同》，违反了《房屋建筑和市政基础设施工程施工分包管理办法》第九条的规定。

③未履行对分包单位的管理职责。分包单位深圳市某工程公司及深圳市某建筑公司未设置健全的管理机构，现场负责人无相应资质证书。某市政公司未按《房屋建筑和市政基础设施工程施工分包管理办法》第十七条规定履行对分包单位的管理职责。

④对危险性较大的土方开挖工程安全隐患未进行有效监督。对土方开挖工程未进行现场监督，对超挖现象未采取有效整改措施，违反了《危险性较大分部分项工程安全管理办法》第十六条的规定。

⑤未按要求落实地铁集团停工通知。在地铁集团下达停工通知后，未将停工通知下达给深圳市某建筑公司；未按通知要求对照施工组织设计开展现场安全隐患排查；也未对现场是否实际停工进行检查。

⑥某市政公司未落实对项目部的管理。某市政公司对3131标项目部的管理，主要依托其下属部门隧道分公司进行，未对项目部人员履职情况、分包单位人员配备情况、项目部对分包单位管理情况进行检查。

3）深圳市某工程公司违法承包工程，违法分包工程，现场管理架构不健全，不落实停工通知，安排工人到危险区域作业且无相应安全防范措施。

①违法承包工程。深圳市某工程公司超越资质等级与某市政公司签订《深圳市市政工程总公司工程施工专业分包合同》(合同编号：2016—3131—0003)，违反了《房屋建筑和市政基础设施工程施工分包管理办法》第八条的规定。

②违法分包工程。深圳市某工程公司将3131标土方工程分包给深圳市某建筑公司，违反了《房屋建筑和市政基础设施工程施工分包管理办法》第九条的规定。

③未按规定配备项目管理人员。现场未设置健全的管理架构，现场负责人郑某某无任何资质证书，违反了《建设工程质量管理条例》第二十六条的规定要求。

④未按要求停工，在地铁集团通知停工期间擅自开工。深圳市某工程公司3131标现场负责人郑某某，实际负责协调深圳市某建筑公司土方开挖事宜。5月9日下午，郑某某接到某市政公司项目部执行经理周某某传达停工通知后，继续安排深圳市某建筑公司土方开挖作业。并于5月10日下午地铁集团现场检查后，安排深圳市某建筑公司继续施工，直到5月11日上午事故发生。违反《建设工程安全生产管理条例》第二十四条的规定。

⑤安全防范措施缺失。5月11日上午，深圳市某工程公司现场工长魏某安排杂工班长陈某某等5人到土方开挖面作业，在危险区域作业未采取相应安全防范措施。深圳市某工程公司也未与深圳市某建筑公司签订安全生产管理协议，违反了《中华人民共和国安全生产法》(以下简称《安全生产法》)第四十五条的规定。

4)深圳市某建筑公司项目管理人员配备不足，在明知地铁集团停工通知的情况下擅自组织施工，且不按施工方案进行土方开挖作业，现场超挖，未及时消除安全隐患。

①未按规定配备项目管理人员。现场未设置健全的管理机构，负责人袁某某无任何资质证书，违反了《建设工程质量管理条例》第二十六条的规定。

②擅自组织的土方开挖作业未按施工方案要求进行，存在超挖。明知地铁集团已组织检查停工情况，仍擅自组织土方开挖作业。5月11日，现场土方开挖时，处于软土层中的第二级平台收坡较快，形成局部超挖。其现场作业未按《福保站深基坑专项施工方案》要求进行，未按照施工方案要求落实雨期施工土方开挖面保护措施，违反了《危险性较大的分部分项工程安全管理办法》第十四条的规定。

③未及时发现和消除土方开挖面安全隐患。5月11日上午，开挖过程中未采取有效的技术和管理措施及时发现并消除土方开挖坡面的坍塌事故隐患，违反了《危险性较大的分部分项工程安全管理办法》第十六条的规定。

5）甘肃某咨询公司安全监理人员配备不足，对施工单位履职情况监督不力，对施工单位违法分包工程、分包单位违法承包工程失察，对土方开挖工程现场旁站监理缺失。

①未按规定配备监理人员，安全监理力量不足。项目部只配备安全总监张某某，未配置专业安全监理工程师，未按照合同要求和监理规划配备1名安全总监和2名专业安全监理工程师，违反了《深圳经济特区建设工程监理条例》第五章第三十一条规定。

②未履行监理职责。未按照建设工程监理规范要求在分包工程开工前审查分包单位资格报审表和分包单位有关资质资料，对违法分包行为失察。

③未按规定督促、检查施工单位严格执行工程承包合同，对施工单位管理人员配置及履职不到位失察。某市政公司项目经理、技术负责人等主要管理人员未在岗履职，深圳市某建筑公司和深圳市某工程公司未配备符合规定的管理机构，监理单位没有为此提出整改意见，也未将相关情况上报建设单位。违反了《深圳经济特区建设工程监理条例》第八条第五项规定。

④未按规定实施土方开挖现场监理，土方开挖安全监管缺失。监理项目部未按照《深圳市城市轨道交通某号线3531标安全旁站监理细则》和《深圳市城市轨道交通某号线3531标监理规划》要求，安排监理工程师对土方工程实施安全旁站监理，填写旁站记录。违反了《危险性较大的分部分项工程安全管理办法》第十九条的规定。

6）市政总站对3131标的安全生产监管不力。

市政总站于2016年5月成立，作为市住房和城乡建设局直属事业单位，受市住房和城乡建设局委托负责包括在市住房和城乡建设局报建的市轨道交通等工程的质量安全监督执法工作。2016年5月，地铁某号线三期南延工程经报市住房和城乡建设局办理项目质量、安全提前介入监督登记手续。2016年5月至2017年4月，市政总站对地铁某号线三期南延工程3131标开展质量安全监督执法工作，存在未及时制定监督计划，对项目施工管理人员、监理人员到位履职情况和施工总分包情况检查不力等问题。

7）市住房和城乡建设局对3131标的安全执法检查缺乏有效的监督指导。

市住房和城乡建设局依据《深圳市党政部门安全管理工作职责规定》，负责市轨道交通建设工程及其造成的建筑边坡安全生产监督管理，承担监管责任。市住房和城乡建设局内设机构质量安全监管处作为具体监管部门，负责监督执行建设工程质量、安全生产施工的法律、法规和政策。质量安全监管处对市政总站在

3131标的监督检查中存在的未制定监督计划，对项目施工管理人员、监理人员到位履职情况和施工总分包情况检查不力等问题缺乏有效监管，对市政总站的失职问题失察。

经调查认定，深圳市城市轨道交通某号线三期南延工程主体3131标坍塌事故是一起较大生产安全责任事故。

5　监理单位及人员责任

甘肃某咨询公司，作为监理单位，未有效履行企业安全生产主体责任，未按照法律、法规和工程建设强制性标准实施监理，未对土方作业进行旁站监理，未发现现场存在的重大安全隐患，未及时发现制止停工期间的土方开挖作业，对事故发生负有责任。

陈某，作为项目总监，履行监理职责不到位，督促、检查不力，未及时消除生产安全事故隐患，对现场监理人员的工作督导不力，对事故发生负有责任。

6　事故防范措施建议

（1）加强对建设领域施工安全的监管

建设行政主管部门应根据目前建筑施工领域事故多发的严峻形势，制定相应措施，督促企业将安全生产责任真正落到实处，通过诚信体系等手段，对不落实主体责任的单位和个人从严从重处理。建筑施工安全监督部门应强化对建设各方责任单位及个人履职情况等行为的监督检查，并有相应处理措施；应强化对危险性较大分部分项工程的监督，重点抽查危险性较大分部分项工程方案及实施情况，杜绝群死群伤事故。建筑施工安全监督部门应强化对建设各方责任单位及个人履约、履职情况的监督检查，严惩不履行合同、不履职行为；应强化对项目施工总承包及分包的监管，严惩违法分包、“以包代管”等乱象；应强化对危险性较大分部分项工程的监管，重点抽查危险性较大分部分项工程方案及实施情况，有效防范群死群伤事故。

（2）落实企业主体责任，加大建设过程各层级管理

建设、监理、施工等单位应严格遵守安全生产各项法律法规，落实企业主体责任。建设单位应严格对照合同，加强对监理单位、施工单位履约评价管理，特别要严查现场管理组织架构及人员到岗履职情况；监理单位应配备足够安全监理

人员，全面把控现场施工安全情况；施工总包单位除按要求落实自身施工安全管理职责外，还应加大对分包单位的安全管理，通过对分包单位人员履职及现场施工安全进行管控，杜绝总包与分包两层皮及“以包代管”现象。

（3）强化危险性较大分部分项工程安全管控

建设、勘察设计、监理、施工等单位应根据各自职责建立健全危险性较大分部分项工程安全管控体系，特别要落实危险性较大分部分项工程实施过程的管理。应加强危险性较大分部分项工程安全专项施工方案的编制和论证管理，严格专项方案的实施，明确岗位责任并责任到人，在重要环节中要做到留痕且可追溯，真正做到有交底、有检查、有整改、有验收，有效管控好危险性较大分部分项工程，遏制群死群伤事故。

（4）落实企业安全培训主体责任，加大施工操作层的安全教育力度

树立培训不到位是重大安全隐患的理念。要把加强安全培训作为安全生产治理体系的重要内容和保障手段，切实做到员工培训不到位企业不能生产，全面提高从业人员安全素质。对操作工人的安全教育要扎实，不走形式，保证足够课时，让工人真正意识到安全风险，掌握相应的安全常识和操作安全知识；在日常安全检查中，要对工人安全意识淡薄、违章作业等行为做好批评与再教育，逐步提高操作层的安全意识，真正把施工安全各项制度落实到操作层，保证项目的施工安全。

（5）科学合理确定施工工期，提高安全施工水平

建设单位要在确保质量、安全的前提下，充分考虑影响施工进度的因素、建设工程的复杂程度，特别是前期建筑物拆迁、管线迁改等影响，认真、慎重、合理地确定施工合同工期。避免出现因工期紧张，施工单位抢进度，进而风险防控能力下降的情况。施工单位要科学合理安排施工进度，实现以人为本、安全发展的理念，妥善处理工程安全与工程工期的关系，提高安全施工水平。

（6）合法合规，按基本建设程序合理建设

重大项目及民生工程的建设，应根据基本建设程序，合理安排，给项目立项、用地审批、规划许可、建设施工等各阶段合理的时间。应提前规划，依法报建，不盲目计划、仓促上马，减少建设施工阶段赶工期、抢进度的压力，从外部环境为施工安全提供有利条件。

（7）地铁集团应提高深基坑工程设计水平

地铁明挖车站深基坑工程普遍采用一道混凝土支撑加多道钢管支撑的支护方式，因钢管支撑太密，对土方开挖造成很大难度，不按方案开挖、先挖后撑、超

挖成为施工常态，碰到淤泥质土及暴雨季节，很易发生土方坍塌。地铁集团应认真总结该事故的设计不利因素，提高深基坑工程设计水平，寻求施工更便捷更安全的设计方案。

（8）市国资委应加强对下属国有企业的管理

该事故暴露出市属国有企业某某集团及地铁集团都存在内部管理问题，其中某某集团对下属独立法人单位管控过深过细，中层干部人事任命、施工分包队伍确定等都须经集团决定，严重影响下属独立法人单位的正常生产经营；地铁集团安全质量相关岗位设置不合理，现场业主代表安全质量职责较重，但对业主代表履职情况又疏于管理，未真正按岗位职责进行履职考核。市国资委应通过深刻吸取事故教训，举一反三，理顺下属国有企业的内部管理，提高安全质量管理水平。

7 对监理处罚的落实情况

（1）对监理单位的处罚决定：《住房和城乡建设部行政处罚决定书》依据《建设工程安全生产管理条例》第五十七条规定，给予甘肃某咨询公司责令停业整顿60日的行政处罚，停业整顿期间，在全国范围内不得以市政公用工程监理资质承揽新项目，但鉴于当地行政主管部门已给予暂扣资质证书4个月的行政处罚，故不再执行停业整顿的行政处罚。

（2）对总监理工程师的处罚：《住房和城乡建设部行政处罚决定书》依据《建设工程安全生产管理条例》第五十八条规定，给予陈某吊销注册监理工程师注册证书，且自吊销之日起5年内不予注册。

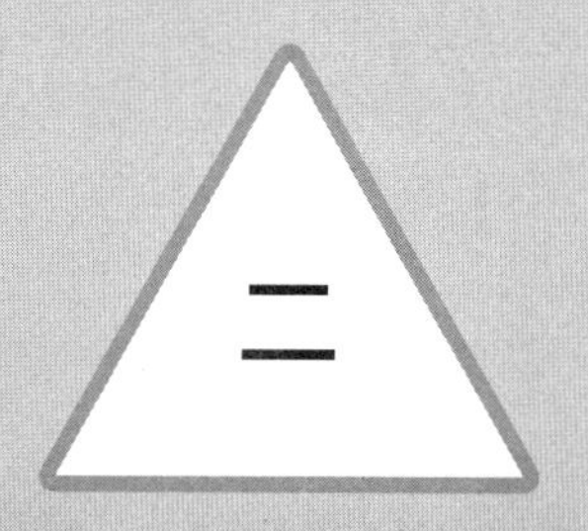

起重机械伤害事故

广州市某集团总部基地B区项目塔式起重机坍塌较大事故

1 工程基本情况

广州市某集团总部基地B区项目（以下简称B区项目）是广州市新城市中轴线上地标建筑物“广州之窗”的一部分。广州之窗由A、B、C三区项目组成，完工后3栋建筑物由东往西排列成“001”的组合，A区是001组合的1，现是某集团总部大厦，已投入使用，B区项目是001组合中间的0。

B区项目属于民用建筑建设工程，为1栋连体的40层办公楼，主要由东、西塔及上、下连体钢结构组成，建筑总面积是192788m^2，其中主体工程合同价格是44663.5万元。事故发生时，该项目已完成总量约30%。

2 相关单位情况

塔式起重机安装顶升单位：北京某公司。

事故塔式起重机承租使用单位：某承包分公司。

监理单位：广州某监理公司，经营范围：专业技术服务业。

3 事故经过

发生事故塔式起重机于2016年6月30日在该工地首次安装使用，在2017年7月19日前共进行了两次顶升作业，共安装顶升11个标准节。第三次顶升作业时间为2017年7月20～22日，7月20日完成了第一道附着装置的安装，21日完成了3个标准节（第12～14个标准节）的安装；7月22日完成了3个标准节（第15～17个标准节）的安装，塔身高度104m，事故发生在第4个标准节（第18个标准节）与顶升套架连接的状态下内塔身顶升过程中，塔式起重机处于加完标准节已顶起内塔身第2个步距的状态，由顶升环节正转换至换步环节，左换步销轴已处于工作位置，右换步销轴处于非工作位置，此时塔身高度约110m。

（1）事发前顶升情况

据现场监控录像记录，事故发生前顶升作业的主要过程如下：

1）22日上午05时59分，塔式起重机司机到达司机室，开始吊运建筑材料。

2）07时42分，8名顶升作业人员抵达现场。6名登塔准备作业，2名在地面准备安全警戒及挂钩工作。

3）10时11分，地面工作人员卸下吊钩，装上顶升专用吊具。

4）11时11分，开始吊装第15个（22日第一个标准节）标准节的1/2组件。

5）12时53分，2名增援的顶升作业人员抵达现场，登塔参与顶升作业。

6）18时03～18时07分，当第18个标准节完成加节，内塔身开始顶升4分钟左右时发生了本起事故。

（2）塔式起重机坍塌过程

通过监控拍摄到的坠落视频显示，塔式起重机坍塌从18时7分8秒开始，有效可见的坠落过程共10秒：

1）7分8秒，圆盘钢筋和吊钩最先落地，起重臂随后斜插到塔身处。

2）7分9秒，起重臂臂端倾斜插入地面，随后各个臂节接连落地、倾倒。

3）7分11秒，起重臂变幅小车落地时，圆盘钢筋再次向西拉动。

4）7分12秒，司机室落地，落到塔身东侧不远处，随后上塔身弯曲下坠后压碎司机室。

5）7分13秒，平衡臂落地，平衡臂坠落在塔身东侧较远处。

6）7分13～15秒，顶升机构的滑板、销轴、爬升走台等散落在塔身附近的地面上，期间有若干作业人员落地。

7）7分16秒，塔帽斜插入地面。

8）7分17秒，顶升套架沿着内塔身向回转支座方向滑动。

9）7分16～18秒，内塔身、顶升套架以塔帽为圆心向东翻转，头朝西坠落在塔帽的东侧，滑动底座位于最东侧。

4 事故原因

（1）直接原因

经调查认定，本起事故的直接原因为：部分顶升人员违规饮酒后作业，未佩戴安全带；在塔式起重机右顶升销轴未插到正常工作位置，并处于非正常受力状态下，顶升人员继续进行塔式起重机顶升作业，顶升过程中顶升摆梁内外腹板销轴孔发生严重的屈曲变形，右顶升爬梯首先从右顶升销轴端部滑落；右顶升销轴和右换步销轴同时失去对内塔身荷载的支承作用，塔身荷载连同冲击荷载全部由左爬梯与左顶升销轴和左换步销轴承担，最终导致内塔身滑落，塔臂发生翻转解体，塔式起重机倾覆坍塌。

具体分析如下：

1）销轴孔同轴度发生变化。

塔式起重机右顶升销轴对应的摆梁外腹板销轴孔与顶升摆梁内腹板销轴孔发生了非同步塑性变形，导致摆梁内外腹板销轴孔之间的同轴度发生显著偏差，右顶升销轴难以正常插入与拔出，这属于事故发生前重要的安全隐患。塔式起重机安拆人员在销轴孔发生变形、销轴插拔困难的情况下，未意识到这一隐患的严重后果，选择用锤击的方式解决销轴插拔困难的问题，继续顶升作业。据痕迹检测，塔式起重机在多次顶升过程中，存在锤击销轴端面，致右顶升摆梁上内外腹板销轴孔同轴度偏差变大，导致销轴不易插拔。

2）爬梯踏步座变形。

塔式起重机在多次顶升后，爬梯踏步板孔表面也受销轴挤压发生塑性变形，造成爬梯踏面厚度增大，相邻踏步步距发生变化，左右爬梯同孔位踏步板孔的同轴度发生变化。致使左右爬梯踏面在换步时不在同一水平线上，当一边换步销轴插入后，另外一边换步销轴插入就存在一定的难度。

3）销轴插拔操作辅助确认装置结构不完整。

据塔式起重机制造单位提供的图纸显示，操作导向滑杆及弹簧销是销轴正常插入与拔出位置的辅助确认装置。顶升系统应有4套销轴插拔操作手柄导向及弹簧销，但现场只安装有1套销轴插拔操作手柄导向系统，并代之以铁丝或葫芦链条临时绑扎滑竿插孔。另依据事故塔式起重机供货包装清单显示，新塔式起重机初次发货时仅提供2套销轴插拔操作手柄导向滑杆与弹簧销。

4）顶升作业工人违章冒险作业。

根据《广东省广州市公安司法鉴定中心检验报告》显示，经对死者血液中乙醇定性定量检验，龚某某、陈某某、褚某某、张某、卢某某的血液中均有乙醇成分，含量分别是：龚某某64.5mg/100mL、陈某某34.9mg/100mL、褚某某（新增援顶升作业）5.1mg/100mL、张某（新增援顶升作业）149.7mg/100mL、卢某某8.9mg/100mL。上述行为违反了《塔式起重机操作使用规程》JG/T 100—1999第2条的规定。

根据现场监控录像记录显示，事故部分伤亡人员坠落着地前已与塔式起重机分离，表明事故发生时有的顶升作业人员未佩戴安全带。上述行为违反了《塔式起重机操作使用规程》JG/T 100—1999第3.2.7条的规定。

5）人为破坏等因素排除情况。

经事故调查组现场勘查、计算分析，排除了人为破坏、气象、地基沉降、塔身基础、结构及其连接失效、非原制造厂主体构件、外部冲击荷载、顶升油缸失效等因素引起事故发生的可能。

（2）事故间接原因

1）事故塔式起重机安装顶升单位北京某公司安全生产管理不力，未能及时消除生产安全事故隐患。

北京某公司安全技术交底落实不力；编制的塔式起重机顶升专项施工方案存在严重缺陷；安全生产检查巡查和安全生产培训教育不到位；未及时消除事故隐患；塔式起重机安全使用提示警示不足等。

2）事故塔式起重机承租使用单位某承包分公司没有认真履行安全生产主体责任，对事故塔式起重机安装顶升单位监督管理不力。

某承包分公司具体实施将该项目主体工程施工违法分包给中建某局；未健全和落实安全生产责任制和项目安全生产规章制度，放任备案项目经理长期不在岗，并任命不具备相应从业资格的人员担任项目负责人；未认真审核塔式起重机顶升专项施工方案等。

3）工程监理方广州某监理公司履行监理责任不严格，未按照法律法规实施监理。

广州某监理公司旁站监理员无监理员岗位证书上岗旁站，且事发时不在顶升作业现场旁站；未认真审核塔式起重机顶升专项施工方案；未认真监督安全施工技术交底等。

4）某航局、中建某局、厦门某公司、某起重设备（中国）公司等涉事企业不认真落实安全生产责任制，事故预防管控措施缺失。

某航局未履行建设单位监管职责，对下属单位安全生产工作监管不力；中建某局未严格执行安全生产法律法规，承接了事故项目主体工程的施工；厦门某公司未能有效指导塔式起重机顶升作业；某起重设备（中国）公司未就同型号事故塔式起重机曾发生的事故原因以及所暴露出的操作问题发函提醒警示相关客户重点关注此类操作问题等。

5）行业主管部门及属地政府安全生产监管不力。

行业主管部门及属地政府对违法分包、项目经理挂靠等问题监管不力；对塔式起重机重点环节安全监管不够细致；对上级批转的投诉举报不及时认真查处；未能督促事故单位消除安全隐患等。

广州市某集团总部基地B区项目塔式起重机坍塌事故是一起较大生产安全责任事故。

5 监理单位及人员责任

广州某监理公司，作为监理单位，未健全和落实安全生产责任制和项目安全生产规章制度，施工现场安全生产保障不力；未能正确实施项目监理规划和细则，事发时旁站监理员不在顶升作业现场旁站；未认真审核《塔式起重机附着、顶升专项施工方案》，造成专项施工方案的内容不符合事故塔式起重机产品说明书的设备性能要求，未能监督到安全施工技术交底部分内容不符合事故塔式起重机实际情况，对事故发生负有重要责任。

李某某，作为该项目监理总监，未能落实安全生产管理职责；对事发时监理员脱岗等问题失察失管，且其本人事发时休息，未明确指定项目监理负责人，对事故发生负有责任。

6 事故防范措施建议

为全面贯彻落实《中共中央 国务院关于推进安全生产领域改革发展的意见》，坚持安全发展，坚守发展决不能以牺牲安全为代价这条不可逾越的红线，深刻吸取事故教训，着力强化企业安全生产主体责任，着力堵塞监督管理漏洞，着力解决不遵守法律法规的问题，提出以下建议：

（1）增强安全生产红线意识，进一步强化建筑施工安全工作

各区党委政府、各有关单位和各建筑业企业要进一步牢固树立新发展理念，坚持安全发展，坚守发展绝不能以牺牲安全为代价这条不可逾越的红线，充分认识到建筑行业的高风险性，杜绝麻痹意识和侥幸心理，始终将安全生产置于一切工作的首位。各有关部门要督促企业建立健全安全生产责任制，完善企业和施工现场作业安全管理规章制度，严格按照有关法律法规和标准要求，按照施工实际，拟定安全专项方案，配备足够的技术管理力量。要督促企业在施工前加强安全技术培训教育，加强施工全过程管理和监督检查，督促各施工承包单位、劳务队伍严格按照法律法规标准和施工方案施工。

（2）健全落实安全生产责任制，确保监管主体责任到位

各级党委、政府要建立完善安全生产责任体系，严格落实“党政同责、一岗双责、齐抓共管、失职追责”的安全生产责任制。党委、政府要采取有效措施，及时发现、协调、解决各负有安全生产监管职责的部门在安全生产工作中存在的重大问题，认真排查、督办重大安全隐患，切实维护人民群众生命财产安全。各级专业建设行业主管部门要切实落实行业监管责任，推动监管人员压住、压实、压强一线，依照法定职责加强现场监管。特别是要高度重视危险性较大工程施工全过程的安全监管工作，细化措施要求，加强检查督导，协调解决重大隐患问题。各负有安全生产监管职责的部门，要强化对本行业本领域企业的监督监察工作，着力采取预防性执法手段，督促本行业领域企业消除生产安全事故隐患。

（3）严格落实行业监管责任，督促建筑施工相关企业落实主体责任

市住房城乡建设委牵头，市交通委员会、市城管委、市水务局、市林业和园林局、市供电局等专业建设行业主管部门参与，督促全市建设行业相关单位加强危险性较大工程的安全教育、安全培训、安全管理，特别是要求工程建设、勘察设计、总承包、施工、监理等参建单位严格遵守法律法规要求，严格履行项目开工、质量安全监督、工程备案等手续。各级专业建设行业主管部门要加强现场监督检查，对发现的问题和隐患，责令企业及时整改，重大隐患排除前或在排除过程中无法保证安全的，一律责令停工，并通过资信管理手段对施工企业进行限制；针对信访投诉案件，要深入调查，及时处理。

（4）组织事故案例剖析，加强建筑施工人员安全教育

市住房城乡建设委、市交通委员会、市城管委、市水务局、市林业和园林局、市供电局等专业建设行业主管部门组织本行业建设项目，开展全市建筑施工领域的安全生产警示教育，召开本起事故案例分析会，观看本起事故警示片。市住房城乡建设委牵头组织编制建筑施工作业的安全培训教材和事故案例汇编，组织全市所有在建工地进一步加强对建筑施工作业人员的安全教育，重点是学习、掌握建筑施工作业的危险因素、防范措施以及事故应急救援措施。同时，各级专业建设行业主管部门要充分利用广播、电视、报纸、网络等媒体，大力宣传违法建设、违法发包、违法施工、违章指挥、强令冒险作业的危害，引导建筑领域从业人员特别是广大外来务工人员，不要参与违法建设工程，避免造成人身伤害和财产损失，进一步提高建筑施工作业人员的安全意识和防范技能。

（5）加大行政监管执法力度，严厉打击非法违法行为

市住房城乡建设委、市交通委员会、市城管委、市水务局、市林业和园林局、市供电局等专业建设行业主管部门要进一步加强建设领域的“打非治违”工作，重点集中打击和整治以下行为：建设单位规避招标，将工程发包给不具备相应资质、无安全生产许可证的施工单位的行为；建设单位不办理施工许可、质量安全监督等手续的行为；施工单位弄虚作假，无相关资质或超越资质范围承揽工程、转包工程、违法分包工程的行为；施工单位不按强制性标准施工、偷工减料、以次充好的行为；施工单位主要负责人、项目负责人、专职安全生产管理人员无安全生产考核合格证书，特种作业人员无操作资格证书，从事施工活动的行为；施工单位不认真执行生产安全事故报告、主要负责人及项目负责人施工现场带班、生产安全隐患排查治理等制度规定的行为；施工单位不执行《危险性较大的分部分项工程安全管理办法》的规定，不按照建筑施工安全技术标准规范的要求，对深基坑、高支模、脚手架、建筑起重机械等重点工程部位进行安全管理的行为；施工单位不制定有针对性和可操作性的作业规程、施工现场管理混乱，违章操作、违章指挥和违反劳动纪律的行为等。

（6）明确施工各方责任，切实提升总承包工程安全管理水平

各建筑企业要研究制定与工程总承包等发包模式相匹配的工程建设管理和安全管理制度。重点按照工程总承包企业对总承包项目的安全生产负总责，分包企业对工程总承包企业服从管理的原则和模式，明确总承包、分包施工各方的安全责任。强化建设单位对建设工程过程管理责任，严禁以包代管、以租代管、违法发包，高度重视总承包企业安全生产管理的重要性，保障项目施工过程安全生

产投入，完善规章规程，加强全员安全教育培训，扎实做好各项安全生产基础工作。各项目参建单位，在勘察设计、采购验收、安装施工、建章立制、人才配备等各环节强化安全生产工作，确保分包领域本质安全。

（7）开展防范建筑起重机械事故专项整治，切实做到闭环管理

各建筑业企业要对建筑起重机械的安装、顶升、拆卸等作业进行专项整治，重点是：安装单位是否按照安全技术标准及建筑起重机械性能要求，编制建筑起重机械安装、顶升、拆卸工程专项施工方案，并由本单位技术负责人签字；是否按照安全技术标准及安装使用说明书等检查建筑起重机械及现场施工条件；是否组织安全施工技术交底并签字确认；是否制定建筑起重机械安装、拆卸工程生产安全事故应急救援预案；是否将建筑起重机械安装、拆卸工程专项施工方案，安装、拆卸人员名单，安装、拆卸时间等材料报施工总承包单位和监理单位审核后，告知工程所在地县级以上地方人民政府建设主管部门。监理单位是否审核建筑起重机械特种设备制造许可证、产品合格证、制造监督检验证明、备案证明等文件；是否审核建筑起重机械安装单位、使用单位的资质证书、安全生产许可证和特种作业人员的特种作业操作资格证书；是否审核建筑起重机械安装、拆卸工程专项施工方案；是否审核建筑起重机械安装、拆卸工程专项施工方案；是否监督安装单位执行建筑起重机械安装、拆卸工程专项施工方案情况；是否监督检查建筑起重机械的使用情况。严把方案编审关、严把方案交底关、严把方案实施关、严把工序验收关。

（8）全面推行安全风险管控制度，强化施工现场隐患排查治理

各建筑业企业要制定科学的安全风险辨识程序和方法，结合工程特点和施工工艺、设备，全方位、全过程辨识施工工艺、设备施工、现场环境、人员行为和管理体系等方面存在的安全风险，科学界定确定安全风险类别。要根据风险评估的结果，从组织、制度、技术、应急等方面，对安全风险分级、分层、分类、分专业进行有效管控，逐一落实企业、项目部、作业队伍和岗位的管控责任，尤其要强化对存有重大危险源的施工环节和部位的重点管控，在施工期间要专人现场带班管理。要健全完善施工现场隐患排查治理制度，明确和细化隐患排查的事项、内容和频次，并将责任逐一分解落实，特别是对起重机械、模板脚手架、深基坑等环节和部位应重点定期排查。施工企业应及时将重大隐患排查治理的有关情况向建设单位报告，建设单位应积极协调施工、监理等单位，并在资金、人员等方面积极配合做好重大隐患排查治理工作。

7 对监理处罚的落实情况

（1）对监理单位的处罚决定：《住房和城乡建设部行政处罚决定书》依据《建设工程安全生产管理条例》第五十七条规定，给予广州某监理公司责令停业整顿90日的行政处罚。停业整顿期间，在全国范围内不得以监理综合资质承担新的房屋建筑监理项目。

（2）对监理人员的处罚决定：《住房和城乡建设部行政处罚决定书》依据《建设工程安全生产管理条例》第五十八条规定，给予李某某吊销注册监理工程师注册执业证书，且吊销之日起5年内不予注册。

山东省临朐县冶源镇棚户区改造项目
某社区31号安置楼起重伤害事故

1　工程基本情况

山东省临朐县冶源镇某社区31号安置楼，建筑面积10966m^2，剪力墙结构，地上17层，地下2层。

2　参建单位情况

建设单位：临朐县冶源镇某建设指挥部。

施工总承包单位：山东某建设集团公司。

监理单位：山东某项目管理公司，具有房屋建筑工程监理甲级资质。

3　事故经过

2018年10月3日7点左右，山东某建设集团公司使用该塔机吊运砂浆作业，工程处于槽底施工阶段，高某某、傅某某2人佩戴安全帽在槽底的西电梯井基坑内对侧壁抹灰，另1人在槽底接放砂浆，施工现场没有塔机信号指挥。吊运第一斗砂浆时未发生异常，7点40分左右，吊运第二斗砂浆时，塔机前臂前拉杆突然断裂，塔机前臂折弯，垂向基坑底部，将高某某、傅某某2人碰伤，送入医院后高某经抢救无效死亡；傅某某左臂受伤，经医院积极治疗，后伤愈出院。

4 事故原因

（1）直接原因

塔机前臂前拉杆与塔帽连接连板根部焊接热影响区疲劳断裂造成前臂折弯。

（2）间接原因

1）施工总承包企业山东某建设集团公司落实企业安全生产主体责任不到位，施工现场未配备塔机信号指挥。

2）监理企业山东某项目管理公司未尽到安全监理责任，未及时发现施工现场安全管理隐患。

3）项目经理公某某，安全员张某，事故发生时不在施工现场，未尽到安全管理职责；项目总监朱某某，未尽到安全监理职责。

经调查认定，临朐县冶源镇棚户区改造项目某社区31号安置楼起重伤害事故为一起一般生产安全责任事故。

5 监理人员的责任

朱某某作为项目总监理工程师，未认真履行总监理工程师职责，对事故发生负有责任。

6 事故防范建议

（1）牢固树立安全发展理念，落实政府属地管理责任

冶源镇政府要切实提高对安全生产重要性的认识，牢固树立安全发展理念，深刻吸取事故教训，举一反三，落实安全生产属地管理责任，及时发现和解决存在的问题，严防事故发生。

（2）深刻吸取事故教训

在全县范围内开展建筑工程安全生产大检查，督促企业认真抓好各项安全生产措施落实，特别是加强起重机械、深基坑、高大模板等危险性较大分部分项工程的安全管理，严防类似事故发生。

（3）严格落实企业安全生产主体责任

建筑施工企业要坚决贯彻执行建筑行业安全生产方面的法律法规，依法依规

进行建筑施工活动。建立完善安全管理体系，完善各项规章制度，克服重效益、轻安全的思想，保证安全投入，加强安全教育培训和应急管理，提高从业人员自我防护和应对处置事故的能力。

（4）加大监管执法力度

住房和城乡建设行政主管部门要严格落实安全生产监管职责，督促各责任主体落实安全责任，严格贯彻执行《山东省房屋市政施工危险性较大分部分项工程安全管理实施细则》的相关规定，认真开展建筑行业“打击整治危险性较大分部分项工程违规施工百日集中行动”，对建筑施工违法违规行为保持高压态势，确保建筑安全生产监督工作扎实有效。

7 对监理处罚的落实情况

《住房和城乡建设部行政处罚决定书》依据《建设工程安全生产管理条例》第五十八条规定，给予朱某某停止注册监理工程师执业3个月的行政处罚。

太原市某建筑设备租赁公司塔式起重机坍塌较大事故

1 工程基本情况

某广场项目位于太原市小店区。占地37877m²，总建筑面积156982.69m²，由1号楼、2号楼、3号楼、4号楼、地库组成；其中1号楼地下3层，地上6层，建筑高度33m²；2号楼建筑高度34.6m、3号楼建筑高度40m、4号楼建筑高度33.4m，均为地下1层，地上8层。当时项目施工打桩已完成，深基坑以及深基坑维护工程已完成，现场分别安装了3台塔式起重机，发生事故地点位于项目1号楼施工现场。

2 相关单位情况

设备租赁单位：太原某建筑设备租赁公司。

建设单位：太原某房地产公司。

施工单位：中铁某局第五工程公司。

监理单位：山西某监理公司，具有房屋建筑甲级、机电安装甲级等工程监理资质。

安装、拆除单位：某重工机械公司。

3 事故经过

2017年5月8日，太原某建筑设备租赁公司擅自决定将更换的型号为

QTZ250（C7032）的起重机分散拆零后进入施工现场。在不具备安装此型号起重机资质情况下，于5月11日初次安装作业完毕后，又分别在5月12日、13日两天进行了安装作业。

2017年5月14日，太原某建筑设备租赁公司员工贾某某、王某某、张某某、申某某、常某某5人根据公司调度安排，由班组长贾某某带队到五公司项目部承建的某广场项目1号楼施工现场安装3号塔式起重机。9时30分左右，在安装顶升过程中，因发现顶升油泵提升特别慢、压力不足，勉强顶完一个行程后，在保险到位、顶升横梁挂接到位的前提下进行检修。班组长贾某某安排申某某下去取工具和配件，并让常某某（无建筑施工特种作业操作资格证）上机协助作业，随后贾某某进入司机室，为更换液压泵站，违规操作旋转大臂，造成塔式起重机倾覆坍塌，导致起重机上的常某某高空坠落，经抢救无效后死亡。砸塌施工区外的办公区活动板房后，导致办公区活动板房内五公司职工胡某某当场死亡，杨某某经抢救无效后死亡。任某某、王某某2人受轻伤。

4 事故原因

（1）直接原因

太原某建筑设备租赁公司班组长贾某某在组织塔式起重机顶升作业过程中，违反《建筑施工塔式起重机安装、使用、拆卸安全技术规程》JGJ 196—2010规定，在液压泵站出现故障后，擅自组织更换液压泵站过程中进入塔式起重机驾驶室，违章操作并回转起重臂，致使套架塔身弯曲破坏，造成上部结构整体倾覆坍塌，是导致此次事故发生的直接原因。

（2）间接原因

1）太原某建筑设备租赁公司，私自安装未办理特种设备安装拆除告知手续的起重机；购买伪造虚假资质手续，组织不具备相应资质等级的队伍施工作业；未编制有效的塔机安拆方案，对安装现场的安全管理和作业人员安全教育和培训不到位，致使公司员工在安装过程中违章指挥、违章操作，是导致此次事故发生的主要原因。

2）山西某监理公司，对虚假资质手续审核把关不严，监理人员未按规定在施工现场进行旁站，是导致事故发生的重要原因。

3）太原某房地产公司有关人员对承包单位的安全生产未进行统一协调，是导致事故发生的原因之一。

4）太原市建筑安全监督管理站，对特种设备备案手续审核把关不严，建筑工地特种设备安全监管存在漏洞，是导致事故发生的原因之一。

根据《太原市人民政府关于对太原某建筑设备租赁公司塔式起重机坍塌较大事故调查报告的批复》认定，该事故为一起生产安全责任事故。

5　监理单位及人员责任

山西某监理公司，作为监理单位，对虚假资质手续审核把关不严，监理人员未按规定进行旁站，对事故发生负有责任。

周某某，作为项目总监理工程师，未认真履行总监理工程师工作职责，对事故的发生负有主要监理责任。

6　事故防范和整改措施建议

（1）太原某建筑设备租赁公司要认真吸取此次事故的教训，举一反三，严格按照《中华人民共和国建筑法》（以下简称《建筑法》）《建设工程安全生产管理条例》及《建筑起重机械安全监督管理规定》中有关规定，落实安全生产企业主体责任，进一步完善安全管理制度。加强施工现场的组织管理，坚决杜绝违反操作规程、无证上岗、违章作业的“三违”行为。加强安全教育培训，提高从业人员安全意识，确保安全施工，杜绝类似事故再次发生。

（2）建设、施工和监理单位要进一步贯彻落实《安全生产法》《建筑法》等相关的法律法规，落实企业安全生产责任制，建立健全安全生产规章制度，把安全生产各项工作真正落实到位，打牢安全管理基础。依法认真履行有关安全职责，承担相应的法定责任。建设单位要严格履行安全生产工作统一协调管理的义务，依法加强对安全生产的监督管理，落实全程安全监管。监理单位要严格按照有关法律法规、工程强制性标准和《监理合同》《监理实施细则》等规定实施监理，认真督促施工单位落实各项安全防范措施，及时发现和消除安全隐患，切实履行好施工监理旁站作用。

（3）市住房和城乡建设委员会等行政主管部门要加强内部管理，认真履行行业安全监管职责。建立健全责任追究制度，对落实责任追究及防范措施情况实行跟踪督查。要加大对建设领域安全生产的监管力度，继续深入开展工程建设领域安全生产隐患排查治理和“打非治违”专项行动。重点整治施工现场无专项施工方案、违章指挥、违规操作、违反劳动纪律等行为。要采取强力措施，加强对监理单位的管理工作，严格规范建筑施工监理市场。要健全安全生产责任制，强化安全管理，治理各类事故隐患，有效防范安全事故。

7 对监理处罚的落实情况

（1）对监理单位的处罚决定:《住房和城乡建设部行政处罚决定书》依据《建设工程安全生产管理条例》第五十七条规定，给予山西某监理公司责令停业整顿30日的行政处罚。停业整顿期间，在全国范围内不得以房屋建筑工程监理资质承揽新项目。

（2）对监理人员的处罚决定:《住房和城乡建设部行政处罚决定书》依据《建设工程安全生产管理条例》第五十八条规定，给予周某某吊销注册监理工程师注册执业证书，且5年内不予注册的行政处罚。

安徽省某建筑公司起重伤害较大事故

1 工程基本情况

一品江山9～12号楼商业及地下车库项目位于铜陵市铜官区长江二路以南，俞家村路以东的一品江山小区内。工程规模：建筑面积1万m^2，其中9～12号楼商业及地下车库工程地上面积8.17万m^2，地下面积2.96万m^2。事故发生时，11号楼正在施工地下室一层。2018年5月31日，该工程的建设单位铜陵某房地产公司未取得施工许可证，擅自组织施工；经责令整改后于2018年7月19日在市住房城乡建设局办理了施工许可证。春节后，市住房城乡建设局对该工地组织了复工检查。

2 参建单位情况

建设单位：铜陵某房地产公司。

施工总承包单位：安徽省某建筑公司。

工程监理单位：铜陵某监理公司，具有房屋建筑工程甲级资质。

塔式起重机产权单位：安徽省某物资公司。

塔式起重机安装维保单位：铜陵某安装公司。

3 事故经过

2019年2月26日下午，安徽省某建筑公司承建的铜陵铜冠一品江山项目部在1号楼地下车库开展施工。13时40分左右，项目部钢筋班管某胜安排钢筋班成员管某斌在钢筋堆料场吊运几捆钢筋到地下室底板堆放区以便备用。管某胜随即来到位于11楼地下车库施工处顶上方的钢材堆料场，管某斌在钢筋堆料场将钢筋用索具捆扎完毕后，用对讲机通知塔式起重机司机俞某某将捆扎好的钢筋起吊至指定地点，随后，管某斌离开钢筋起吊现场。

14时08分左右，当塔式起重机起吊2.16t钢筋（120根马鞍山某钢铁公司生产的规格为18/9000热轧带肋钢筋）由西向东逆时针回转时（此时起吊重量已超过允许起吊重量44%，小车变幅在4m位置时，允许起吊重量为1.5t），QTZ80基础井字梁承重板焊接处发生拉裂，塔机整体向东偏北倒塌，致使塔式起重机司机和现场施工的1名木工、1名钢筋工3人死亡，1人受伤。

4　事故原因

（1）直接原因

塔式起重机司机俞某某违章违规作业。未按起重作业的安全规程规定要求，对塔式起重机开展必备项目及内容的日常检查，致使起重机力矩限制器等安全设施失效的重大安全隐患未及时得以发现。起重机带病运行，超载吊运，是造成此次事故的直接原因。

（2）间接原因

1）铜陵某安装公司及维保人员严重失职。未按照规定要求对该塔式起重机进行必备的维护保养，且出具虚假维保记录。

2）安徽省某建筑公司施工作业现场安全管理失责。未建立危险性较大设备日常安全隐患排查等基本制度，塔式起重机操作现场也未按规定要求配备安全员、指挥、司索信号工等，塔式起重机操作人员违章违规未及时发现和纠正制止施工单位的安全生产主体责任及日常安全管理制度措施缺失。

3）铜陵某监理公司监理职责履行不力。未建立和实施塔式起重机作业等危险性较大作业的安全监理规定，违章违规操作行为也未及时发现和纠正制止，作业现场监理缺失，履职尽责不到位。

4）铜陵某房地产公司项目建设安全管理薄弱。未严格履行建设项目建设、施工、监理各环节安全生产统一协调管理的职责，安全隐患排查工作组织不力，存有典型的以包代管行为。

5）属地政府和行业监管部门安全监管存有漏洞。节后施工工地复工安全标准要求审核把关不严，施工工地重点环节的日常安全监管存有疏漏，对塔式起重机作业等危险性较大设备的安全监管制度和措施有待进一步加强和改进。

这是一起严重违反塔式起重机危险性较大作业安全规程规定要求而导致的较大生产安全责任事故。

5 监理单位及人员责任

铜陵某监理公司，作为监理单位，在承担该工程施工监理过程中，对施工单位及施工人员违规违章行为检查处理不力，未依照法律、法规和工程建设强制性标准实施监理，其行为违反了《建设工程安全生产管理条例》第十四条规定，对该起事故的发生负有监理责任。

易某某，作为项目总监理工程师，未能认真履行总监职责，对事故的发生负有监理责任。

邵某某，作为项目总监代表，未能认真履行安全监理职责，对施工单位施工人员违章行为没有及时发现和处理，未依照法律、法规和工程建设强制性标准实施监理，对事故的发生负有监理不力的直接责任。

6 事故防范和整改措施

（1）严格落实安全监管责任

地方政府要深刻吸取事故教训，牢固树立“发展决不能以牺牲安全为代价”的理念，认真贯彻落实国家、省、市对安全生产的工作部署和责任分工，全面开展安全生产大检查，深入排查治理各类事故隐患。要加强对本行政区内建筑项目的安全监管。要采取切实可行的措施，从源头上进行管理，防止类似事故再次发生。建设部门要加强安全监管队伍建设，切实履行安全监管职责，建立长效工作机制，加强日常监督检查以及工地复产复工、特种设备等方面的安全监管，严肃查处违法、违规的建设项目。切实把建筑施工安全监管责任落实到位，有效防范和遏制建筑施工事故的发生。全市建设、施工、监理和技术服务机构，要深刻吸取事故教训，守住法律底线、诚信底线、安全底线，依法规范企业内部经营管理活动，建立健全并严格落实本单位安全生产责任制。各施工企业要组织检查、消除施工现场事故隐患，保证施工现场安全生产管理体系、制度落实、培训教育到位。严格执行专项施工方案、技术交底的编制，加强对特种设备的安装、检测、维保过程的安全管理，确保安全生产。

（2）加强特种设备安全管理

要在全市范围内组织开展塔式起重机专项整治工作，对全市建筑市场塔式起重机进行全面排查摸底。采取政府购买服务，引进起重机械第三方检测机制，对全市起重机械进行包保，责任到人，并对起重机械实行“四位一体”管理，建立起重机械微信管理平台，严厉打击塔式起重机租赁安装单位违法违规行为，禁止个人购买塔式起重机挂靠租赁、安装单位行为。从严要求租赁、安装单位建立健全安全管理制度，按规定配齐配强安拆操作工、安全员、司索信号工和司机，对自有塔式起重机进行常规维护保养。

（3）加强起重机械安全管理

经检测，该台塔式起重机底部焊接裂缝过大，导致铁水流失，存在缺陷，建议慎重使用该种型号塔式起重机。由市住房城乡建设局将检测出的问题反馈至该台起重机生产厂家。

7 对监理处罚的落实情况

（1）对监理单位的处罚决定：《住房和城乡建设部行政处罚决定书》依据《建设工程安全生产管理条例》第五十七条规定，给予铜陵某监理公司责令停业整顿60日的行政处罚。停业整顿期间，不得在全国范围内以房屋建筑工程监理资质承接新项目。

（2）对总监理工程师的处罚：《住房和城乡建设部行政处罚决定书》依据《建设工程安全生产管理条例》第五十八条规定，给予易某某吊销注册监理工程师注册执业证书，5年内不予注册的行政处罚。

依据《建设工程安全生产管理条例》第五十八条规定，给予邵某某吊销注册监理工程师注册执业证书，5年内不予注册的行政处罚。

案例 12

太和县大新镇某安置区施工现场较大起重机械拆除事故

1 工程基本情况

安徽省太和县某安置区工程建设项目（以下简称“某安置区项目”），是政府投资安置性高层住宅项目，建筑规模：总用地面积约118710m^2，总建筑面积：354950m^2，其中地下建筑面积49850m^2，包括22栋高层住宅，一层地下车库，一个幼儿园、一个服务中心，以及配套商业等，合同建设安置工程量约4.9118亿元。太和县某安置区项目一期工程在建193754.94m^2，事故发生时，工程主体结构、二次结构施工完成，门窗施工完成。

2 参建单位情况

建设单位：太和县某工程管理局。

施工总承包单位：某集团天津公司。下设某集团天津公司太和县大新镇河西某安置区项目经理部（以下简称“某安置区项目部”）。

监理单位：安徽省某监理公司太和县河西安置区工程项目监理部（以下简称“某安置区监理部”）。

涉事施工升降机出租单位：太和县某设备公司。2016年7月10日，太和县某设备公司与某集团天津公司签订《施工机械设备租赁合同》和《施工机械设备租赁安全管理协议》，约定出租型号为SC200/200的施工升降机22台（实际出租15台），并负责施工升降机的日常维修保养。

其他有关单位：安徽省某工程公司，许可范围：建筑施工，起重设备安装工程专业承包三级。

3 事故经过

2018年1月5日，由于12号楼施工工程结束，某安置区项目部向施工升降机出租单位法定代表人毛某下达《停工报告》，告知其12号楼施工升降机停止作业，毛某收到《停工报告》并签字。

2018年1月21日14时左右，3名施工升降机拆卸作业人员金某某、石某、史某某驾驶车辆，到达某安置区项目工地。某安置区项目部门卫张某某在简单询问后，未得知3人真实意图、未要求登记即任其开车进入工地。张某某也未向某安置区项目部有关负责人进行报告。于是在某安置区项目部、监理部不知情的情况下，在没有专业技术人员进行技术交底和采取安全管理人员现场管理、监理人员旁站式监理等必要的措施下，该3名作业人员冒险、违规拆除12号楼施工升降机。当天下午15时32分左右，3人违反操作规程，在连接施工升降机的第四标准节和第五标准节（从上往下数）螺栓的两颗螺母已被拆卸的情况下，将吊笼向上起升（3人位于吊笼内，此时距地面有18层楼高），造成吊笼发生失稳、倾斜。3人随同吊笼及顶部标准节一同坠落。事故发生后，某安置区项目部有关人员闻讯赶往现场，采取应急救援措施，拨打了120电话并保护现场。医护人员赶到后发现3名伤者已无生命特征，随即宣布3人死亡。

毛某接到项目部事故通报后，赶到现场，16时32分拨打110报警，并在通知死者金某某的家人后逃匿。太和县大新派出所民警到现场后将相关人员带回派出所调查。

4 事故原因

（1）直接原因

金某某、石某、史某某三人安全意识淡薄，未持有效证件上岗，不具备特种作业操作资格冒险作业，并且违反操作规程在连接施工升降机的第四标准节和第五标准节（从上往下数）螺栓的两颗螺母已被拆卸的情况下，将吊笼向上起升，造成吊笼发生失稳、倾斜，进而导致事故发生。

（2）间接原因

1）毛某未经安徽某工程公司授权，涉嫌伪造公司印章及《法人代表授权委托书》，在不具备资质的情况下非法承揽施工升降机安装与拆卸工程，未按规定履行安全生产管理职责，表现在：在拆卸前未按照安全技术标准及安装使用说明书等组织检查施工升降机及现场施工条件，未组织安全施工技术交底并签字确认，未将施工升降机拆卸工程专项施工方案、拆卸人员名单、拆卸时间等材料报某安置区项目部和监理部进行审核，也未告知太和县住房和城乡建设局，未按照施工升降机拆卸工程专项施工方案及安全操作规程组织拆卸作业，进行拆卸作业时未安排专业技术人员、专职安全生产管理人员进行现场监督。

2）某安置区项目部安全生产主体责任落实不到位：项目负责人和项目部安全管理人员未依法履行安全生产管理职责；未建立健全安全管理制度，对施工工地封闭管理不到位；未严格履行封闭管理责任导致外来人员、车辆随意出入；未及时发现和制止无施工升降机拆卸资格的人员从事特种作业。在与毛某签订合同时，未尽到谨慎审查投标人资质的义务，对毛某提供的所谓《法人代表授权委托书》不加审核，始终未与安徽某工程公司联系以验证《法人代表授权委托书》和合同真伪，未发现《施工升降机安装与拆卸合同》乙方公司名称与乙方公司印文不符的问题，也未对安徽某工程公司机械分公司和安徽某工程公司机械设备分公司的资质进行审查，对施工升降机安装专项施工方案未进行严格审查；未落实安全生产教育培训和考核制度；未如实记录安全生产教育和培训的参加人员以及考核结果等情况；未对安装拆卸人员陈某某、金某某等进行安全教育培训，且未按规定在施工升降机安装前对安装人员进行培训，对门卫安全教育培训不到位；未认真教育和督促从业人员严格执行本单位的安全生产规章制度和安全操作规程；未按照规定和合同约定落实“IFA系统”（建筑施工现场关键岗位人员广域网考勤系统）考勤制度，也未采取签到、指纹打卡等考勤方式。

3）某安置区监理部落实建设工程安全生产监理责任不到位：对施工单位停工整改期间，未严格落实封闭管理监督不到位；对12号楼建筑施工升降机机械使用备案及企业资质等相关资料审核不到位，对起重机械安装和拆卸未经监理单位审核和监督的行为持放任态度；对施工单位未及时整改建设主管部门下发的隐患整改通知却签署整改完毕意见，管理不力，对施工单位开展安全生产教育培训和考核情况审查不到位；对监理日志未按规范记录监管不力，对考勤制度落实不到位。

4）太和县某工程建设局未认真履行建设单位安全生产管理职责：对驻项目代表长期不参加监理例会监管不到位；对施工、监理单位未认真落实安全生产主体责任监管不到位，对项目经理和项目总监未按规定和合同约定落实“IFA系统”

考勤制度监管不到位。

5）县住房和城乡建设局未认真履行行业主管部门安全监管职责，对本辖区建筑施工领域安全监管不到位：对某安置区项目工地在停工整改期间施工、监理单位未落实安全生产主体责任监管不力；对上报的建设工程安全监督备案申请表未签字、盖章和签署意见，未及时关注学习、贯彻落实上级主管部门下发的涉及安全生产的相关文件，对上级主管部门下发的涉及安全生产的相关文件未及时进行部署安排；对建设工程的安全隐患排查治理未实行闭环管理，对辖区范围内建筑起重机械安装和拆卸未办理告知手续存在监管漏洞；对2011年以来由于部门内设科室发生变化导致本部门内设科室和下属机构安全生产工作职责分工不明确，未采取有效措施。

经调查认定，太和县大新镇某安置区施工现场较大起重机械拆除事故是一起生产安全责任事故。

5 监理单位及人员责任

安徽省某监理公司，作为监理单位，落实建设工程安全生产监理责任不到位，对事故发生负有监理责任。

6 防范措施

（1）某集团天津公司太和县大新镇河西某安置区项目经理部应当深刻吸取事故教训，全面落实建筑施工企业和从业人员安全生产主体责任，必须建立健全并严格贯彻实施安全生产责任制度、安全生产教育培训制度、安全生产规章制度和操作规程，必须具备《安全生产法》和有关法律、行政法规和国家标准或者行业标准规定的安全生产条件，要根据工程的特点组织制定安全施工措施，进一步强化施工现场安全管理，特别是针对危险性较大的分部分项工程，认真严格审核专项施工方案和现场作业人员特种作业资格，及时发现和消除安全事故隐患，严防类似事故的再次发生。

（2）安徽省某监理公司太和县河西安置区工程项目监理部应当严格落实对建设工程安全生产管理的工程监理责任，要组织或参加各类安全检查活动，掌握施工现场安全生产动态，按照有关规定对施工单位重点安全管理事项严格进行检查、审查和监督，尤其是对建筑起重机械使用备案登记等相关材料要严格把关。

并督促监理人员切实履行《建设工程安全生产管理条例》和《安徽省建设工程安全生产管理办法》中规定的监理安全生产责任，并依照有关法律、法规和工程建设强制性标准实施监理。

（3）县重点工程建设局要加大对施工、监理单位的安全检查频次和力度，按时参加监理例会，认真履行建设单位监管职责，对拒不履行职责的，要及时向建设行政主管部门报告；落实对建设工程项目经理和项目总监的“IFA系统”考勤管理，不定期对单位驻地代表工作开展情况进行检查。

（4）县住房和城乡建设局要结合此次事故中暴露出的在监管工作中存在的问题，加大对本辖区建筑市场监管力度，深入开展风险管控和隐患排查治理工作，组织对建筑起重机械的专项检查，督促项目各方落实主体责任。加大对安全监督等需要备案的相关资料审核力度，完善本辖区建筑起重机械安装和拆卸告知程序并抓好落实，及时关注学习、贯彻落实上级涉及安全生产的相关文件精神，尽快明确本部门内设科室和下属机构的安全生产工作的职责分工，避免存在监管漏洞，严防此类事故的再次发生。

（5）市住房和城乡建设委员会要加强对下级住房和城乡建设部门的督促检查和业务指导，指导下级住房和城乡建设部门建立健全相关组织机构，解决安全生产工作职责分工不明确的问题，进一步完善文件传送程序，加大对下级住房和城乡建设部门落实文件精神情况的检查，督促下级住房和城乡建设部门按照要求及时将检查中发现的问题进行反馈并做好汇总工作，认真开展市建筑施工安全专项治理两年行动，履行行业主管部门的职责，全面提升建筑施工安全生产水平。

（6）县人民政府要认真吸取此次事故的惨痛教训，将建设工程安全工作纳入重要议事日程，进一步加强组织领导，认真抓好落实。深刻分析建筑施工事故特点和暴露出的问题，认真查找建设工程安全管理方面存在的薄弱环节和漏洞，解决政府监管方面存在的问题。进一步加大对建设工程安全治理力度，督促行业主管部门切实落实监管责任，切实把保障人民群众生命财产安全放在首位，确保辖区内建筑施工领域安全。

7 对监理处罚的落实情况

对监理单位的处罚决定：《住房和城乡建设部行政处罚决定书》依据《建设工程安全生产管理条例》第五十七条规定，给予安徽省某监理公司责令停业整顿60日的行政处罚。

桐城市某阳光城较大塔式起重机安装事故

1　工程基本情况

桐城市某阳光城7号楼工程位于桐城市龙眠街道，该工程为框剪结构27层，建筑面积约21287m^2，工程造价约935万元。该工程于2017年3月23日在桐城市住房和城乡建设局获得施工许可。办理了塔式起重机安拆告知手续，计划安装时间为2017年3月24日。

2　参建单位情况

建设单位：安徽省桐城市某开发公司。

施工单位：南通某集团公司。

监理单位：安徽省某项目管理公司。

塔式起重机租赁安装单位：安庆某设备公司。

3　事故经过

3月27日上午7时许，安庆某设备公司安装班组负责人何某某带3名安装工李某、段某某、朱某某到某阳光城三期工地7号楼安装塔式起重机。江苏南通某集团公司项目执行经理梁某安排安全员仇某某、林某某、项目技术负责人汤某某对4名安装工进行安全教育、签了安全技术交底书，并安排仇某某、林某某2人在安装现场监督。8时许，安庆某设备公司4名安装人员和配合塔式起重机安装的安徽某起重吊装公司汽车式起重机司机一起进入施工现场，仇某某在场监督。

上午完成了8节标准节和套架的安装。12时50分左右现场已安装完成11节标准节（最上部标准节），此时套架已安装在最上部标准节上，李某、段某某、朱某某3名安装工在套架作业平台上准备进行上下支座与套架连接耳板销轴安装时，上下支座与套架耳板相接触，上下支座对套架施加了作用力，导致顶升横梁的销轴从标准节支承块上滑脱，套架滑脱下坠至塔基支撑处，3名安装工随套架下坠后甩落至基坑内，1人当场死亡，另2人重伤经送医院抢救无效后死亡。

4 事故原因

（1）直接原因

塔式起重机顶升横梁未设置防脱功能，塔式起重机安装人员违章操作，未按施工方案施工，安装人员未正确使用安全带。顶升横梁的销轴从标准节支承块上滑脱导致套架整体滑落。

（2）间接原因

1）事发塔式起重机经多次转场使用，未按照规定要求进行维护保养。

2）塔式起重机安装单位现场未按施工方案要求安排安全员、司索信号工到场配合安装。

3）监理单位履行监理职责不到位，未认真履行塔式起重机安装现场旁站职责，未审查进场设备安全技术性能，未严格审查塔式起重机安装告知书中相关内容。

4）总包单位现场安全员未对塔式起重机安装人员违章操作行为予以纠正和制止。

5）建设单位对塔式起重机安装作业未能实施有效统一协调管理。

6）属地管理和行业监管不力。

这是一起因塔式起重机顶升横梁未设置防脱功能，操作人员违法操作规程，不按规定佩戴安全防护用品，施工现场组织管理不力，有关部门监督管理审查不到位而引发的较大建筑施工安全责任事故。

5 监理单位及人员责任

毕某某，作为该项目的总监理工程师，未能认真履行监理职责，其行为违反了《建设工程安全生产管理条例》第十四条规定，对事故发生负有责任。

6 事故防范和整改措施

为深刻吸取此次事故教训，进一步加强建筑市场安全监管，提出如下事故防范及整改意见：

（1）各级建设主管部门要认真履行行业安全监管责任，依法监督建设、施工、监理及各参建单位按照《安全生产法》《建设工程安全生产管理条例》等法律法规，落实企业主体责任，建立健全各项安全生产制度，加强对从业人员的安全教育培训和特种作业人员的资格审查。强化本辖区在建工程执法巡查力度，加强施工现场安全管理，严肃查处未批先建、违章指挥、违规操作、违反劳动纪律等行为。

（2）市建设主管部门要在全市范围内组织开展塔式起重机专项整治，对全市建筑市场塔式起重机进行全面排查摸底，对已经报备在册的塔式起重机档案资料进行重新审查，对不符合设计规范要求、报备材料审查有问题或是报备材料和实物不符、超过最高使用年限等塔式起重机，立即责令停止使用。严厉打击塔式起重机租赁安装单位违法违规行为，禁止个人购买塔式起重机挂靠租赁安装单位行为，从严要求租赁安装单位建立健全安全管理制度，按规定配齐配强安拆操作工、安全员、司索信号工和司机，对自有塔式起重机进行常规维护保养，确保进入施工现场每台塔式起重机性能质量完好。

（3）各级住房和城乡建设部门要强化治本和源头管理，督促指导施工单位加强安全生产基础工作，全面推进建筑行业安全生产标准化建设，深入开展风险管控和隐患排查治理工作。针对建筑工程领域事故多发的情况，深入一线进行检查调研，找准问题症结所在，谋划转变监管方式，力求标本兼治、速见成效。

7 对监理处罚的落实情况

《住房和城乡建设部行政处罚决定书》：依据《建设工程安全生产管理条例》第五十八条规定，给予吊销注册监理工程师注册执业证书，5年内不予注册的行政处罚。

菏泽市定陶区某小区较大起重伤害事故

1 工程基本情况

菏泽市定陶区某小区项目为房地产开发项目，位于定陶区府北路南侧、陶驿路东侧，包括13栋住宅和相关配套建筑工程，总开发面积26.8万m^2。发生事故的1号楼工程建筑面积16036m^2，剪力墙结构，地上28层、地下1层。该工程于2018年4月开工建设，事发前已施工至主体23层，计划2020年6月竣工。

2 参建单位情况

建设单位：定陶区某置业公司。

施工单位（塔式起重机使用单位）：定陶区某开发总公司。

监理单位：菏泽市定陶区某监理公司，具有房屋建筑工程监理甲级、市政公用工程监理甲级资质。

塔式起重机安装单位：菏泽市某设备租赁公司。

塔式起重机安装资质挂靠单位：山东省某设备安装公司。

塔式起重机检测单位：山东省某检测公司。

出租方：孔某某，山东省某集团公司材料员，塔式起重机出租方、原产权人。

3 事故经过

2018年10月5日早晨，菏泽市某设备租赁公司法人李某某通知葛某某、杨某某、高某某到某小区项目1号楼工地，对塔式起重机进行顶升加节作业。8时左右，3人到达施工现场，开始作业。9时许，在第33节顶升1个行程（1.25m）后，由于顶升套架西南角销轴（比标准件细20%以上）抽出，而北面销轴未抽出，顶升套架北侧顶升踏步被顶升横梁蹬断，造成塔式起重机整体向西北方向倒塌，套架解体，3名作业人员从高处坠落，2人当场死亡，1人经抢救无效死亡。

4 事故原因

（1）直接原因

操作人员在塔式起重机顶升中，违章上岗作业，顶升套架两侧换步销轴直径相差0.3cm，塔式起重机重心向北侧偏移，造成顶升横梁换步时北侧标准节耳板受力过大断裂（事发标准节耳板比下部标准节耳板薄20%以上），塔式起重机上部下蹲，顶升套架解体，塔式起重机上部失去支撑力，整体向西北方向翻滚倒塌。

（2）间接原因

1）事故塔式起重机安装单位菏泽市某设备租赁公司无起重机械安装资质，违规挂靠山东某设备安装公司资质。安排未取得建筑起重机械安装拆卸特种作业资格证的人员进行塔式起重机安装作业；编制的塔式起重机安装专项施工方案存在严重缺陷；未派驻技术负责人和安全负责人进行现场安装指导等。

2）山东某设备安装公司违规授权菏泽市某设备租赁公司使用本单位起重机械安装资质，并主动向菏泽市某设备租赁公司提供承揽塔式起重机安装业务所需资质材料。

3）出租方孔某某违规出租和转让塔式起重机。孔某某不具备塔式起重机租赁资格；向某洲城一期项目部提供虚假塔式起重机技术档案资料和产权备案证书用以签订塔式起重机租赁合同；明知塔式起重机存在严重质量缺陷，在完成11个标准节安装后，将塔式起重机转让给薛某某。

4）出租方薛某某违规出租塔式起重机。薛某某不具备塔式起重机租赁资格，接受转让后继续违规出租事故塔式起重机；擅自在塔式起重机上安装非原厂制造的标准节；未履行塔式起重机检查、维修和保养职责。

5）工程监理单位菏泽市定陶区某监理公司未严格履行监理责任。工程监理员事发时未在顶升作业现场旁站；未认真审核塔式起重机安装专项施工方案；未监督安全施工技术交底；向该项目部派驻的4名监理人员有2名（甘某某、刘某）无监理人员从业资格。

6）施工单位定陶区某开发总公司未认真落实安全生产主体责任。定陶区某开发总公司对某小区项目部管理不到位，项目部安全管理中违法违规问题突出。项目副经理马某某违法挂靠、塔式起重机安装项目违法发包；项目部未认真审核塔式起重机的特种设备制造许可证、产品合格证、制造监督检验证明、备案证明等塔式起重机技术档案材料，未认真审核塔式起重机安装工程专项施工方案，未指定专职安全生产管理人员监督检查建筑起重机械安装作业情况，未对塔式起重机安装作业人员进行教育培训和安全施工技术交底，塔式起重机初装完毕和加装附着后未组织监理、安装、出租等单位进行验收。

7）建设单位定陶区某置业公司未严格履行建设单位监管职责。对施工单位安全生产工作监督不力，未对项目发包情况进行有效监督；未监督工程监理单位认真履行监理职责。

8）山东某检测公司未按照规定方法和程序要求，对事故塔式起重机进行检测检验，违规出具虚假塔式起重机检验报告，致使事故塔式起重机在不具备安全条件的情况下投入使用。

9）定陶区某街道办事处履行安全生产属地管理责任不到位。未对辖区内建筑施工单位进行安全生产监督检查。

10）区住房和城乡建设局对施工、监理等单位安全生产监督管理不到位。贯彻落实菏泽市住房和城乡建设局《关于进一步加强建筑起重机械安全管理工作的通知》（菏建办[2018]113号）不认真；对塔式起重机安装告知手续审查不够细致；对菏泽市定陶区某监理公司未认真履行工程监理职责情况监管不力；对定陶区某开发总公司安全生产主体责任落实情况监督检查不到位。

经调查认定，菏泽市定陶区某小区较大起重伤害事故，是一起生产安全责任事故。

5　监理单位及人员责任

菏泽市定陶区某监理公司作为监理单位，未严格履行监理责任，未认真审核塔式起重机安装专项施工方案，未监督安全施工技术交底，对事故发生负有责任。

丁某某，作为项目总监理工程师，未依法履行监理职责，未安排监理人员旁站监理塔式起重机安装作业，未认真审查塔式起重机安装专项施工方案，对事故的发生负有责任。

6 事故防范和整改措施

（1）立即开展建筑起重机械安全生产专项整治行动

要认真吸取此次事故的教训，举一反三，严格按照《建设工程安全生产管理条例》《建筑起重机械安全监督管理规定》中有关规定，在全市组织开展建筑起重机械安全生产专项整治行动，重点排查起重机械是否存在质量缺陷，是否满足安全使用条件；起重机械租赁单位、安拆单位是否依法取得有关资质；安拆人员是否持有特种作业操作证；起重机械安装尤其是顶升作业是否制定专项施工方案；安装前是否办理告知手续等问题。要通过专项整治，曝光一批重大安全隐患、查处一批典型违法违规行为、淘汰一批不符合安全生产条件的起重机械，有效治理建筑施工领域起重机械安装使用乱象。

（2）持续开展建筑施工领域打非治违工作

鉴于定陶区某小区较大起重伤害事故暴露出的建筑施工领域违规挂靠、非法转包、违规租赁、无证上岗等诸多问题，要持续开展建筑施工领域打非治违工作，重点打击无资质施工、超资质范围承揽工程和违法违规发包、承包、转包、分包建设工程等行为。整治不按专项设计方案施工、无相应资质证书从事建筑施工活动等问题；打击无证、证照不全或证照过期从事生产经营建设的；停工整顿未经验收擅自开工和违反建设项目安全设施“三同时”规定的；重点打击未依法进行安全培训、未取得相应资格证或无证上岗的；重点打击群众举报和上级督办存在重大事故隐患的，重大隐患不按规定期限予以整治的；重点打击违章指挥、违章作业和违反劳动纪律的；以及其他违反安全生产法律法规的生产经营建设行为。

（3）严格落实企业安全生产主体责任

建设、施工和监理单位要进一步贯彻落实《安全生产法》《建筑法》等相关的法律法规，落实企业安全生产责任制，建立健全安全生产规章制度，把安全生产各项工作真正落实到位，打牢安全管理基础。依法认真履行有关安全职责，承担相应的法定责任。建设单位要严格履行安全生产工作统一协调管理的义务，依法加强对安全生产的监督管理，落实全程安全监管。监理单位要严格按照有关法律法规、工程强制性标准和《监理合同》《监理实施细则》等规定实施监理，认真督促施工单位落实各项安全防范措施，及时发现和消除安全隐患，切实履行好施工监理旁站作用。

（4）强化教育培训和施工现场管理

进一步加强从业人员的安全教育培训，外来施工人员进入施工现场前，必须进行安全教育培训，确保从业人员熟悉施工现场存在的各类安全风险，掌握必备的安全生产知识，着力解决安全生产“不懂不会”问题。要强化作业现场安全管理，按照安全技术标准及安装使用说明书认真检查建筑起重机械及现场施工条件，严格执行作业前技术交底制度，严格审核特种作业人员持证情况，坚决制止“三违现象”，确保安全施工，杜绝类似事故再次发生。

（5）强力推进建筑施工领域安全风险分级管控和隐患排查治理双重预防体系建设

各有关单位要严格按照“党政同责、一岗双责、齐抓共管、失职追责”和“管行业必须管安全、管业务必须管安全、管生产经营必须管安全”的要求，严格落实安全生产管理职责，扎实推进安全生产工作有效落实。各级建设行政主管部门要将正在开展的风险隐患大排查快整治严执法集中行动与“双重预防体系”建设工作有机结合起来，统筹安排、相互促进、共同推进。要按照相关规定的要求，全面辨识建筑施工企业安全生产风险，深入排查安全事故隐患。充分发挥市、区标杆企业的典型带动作用，推进辖区内建筑施工企业“双重预防体系”建设进程，有力提升建筑施工企业本质安全水平。

7 对监理处罚的落实情况

（1）对监理单位的处罚决定：《住房和城乡建设部行政处罚决定书》依据《建设工程安全生产管理条例》第五十七条规定，给予菏泽市定陶区某监理公司责令停业整顿60日的行政处罚。

（2）对总监理工程师的处罚：《住房和城乡建设部行政处罚决定书》依据《建设工程安全生产管理条例》第五十八条规定，给予丁某某吊销注册监理工程师注册执业证书，5年内不予注册的行政处罚。

高处坠落事故

案例15

天津市某建筑装饰公司一般高处坠落事故

1 工程基本情况

（1）工程主体承发包情况

2018年7月1日，天津某医学院与天津某建筑安装公司签订了《2018年女生宿舍楼及校园道路提升改造工程项目施工合同》，合同编号为JF-2015-068，合同价为756.5973万元，其中包括文明施工费23.5813万元。项目主要包括道路改造、宿舍楼卫生间、洗浴室地面改造、瓷砖墙面改造、更换断桥铝门窗等。开工日期为2018年7月10日，竣工日期为2018年11月30日。

（2）工程劳务分包情况

2018年7月6日，天津某建筑安装公司与天津某建筑装饰公司签订了《2018年女生宿舍楼及校园道路提升改造工程项目协议书》，工程款为231万元，双方签订了《安全施工责任书》；分包劳务内容为力工、木工、电工、抹灰等。开工日期为2018年7月10日，竣工日期为2018年11月30日。

（3）工程监理项目委托情况

2018年5月5日，天津某医学院与天津某监理公司签订了《2018年女生宿舍楼及校园道路提升改造工程项目委托合同》，合同编号为JF-2012-062，合同价为10万元，监理服务期限为2018年5月26日到2018年11月26日。

（4）事故多功能电动提升机情况

发生事故的多功能电动提升机生产厂家为河北某机械制造有限公司，型号规格为500～1000kg，产品编号为18053102，起重量为500～1000kg，起重高度为1～100m，出厂检验结果为合格。

随机安装使用说明书中明确安装注意事项及要求：吊楼板架子安装好以后，

为防止起吊楼板时，前重后轻，架子向上翻起发生事故，必须在后半截与下边墙面或地面安装紧固装置（如：手拉葫芦、紧绳器，使用花篮螺丝时两头需配钢丝绳环）。紧固装置安装好以后，需要试吊，试吊几次确认安全可靠后，再正式起吊作业。作业中途，还需勤检查紧固装置是否有松动、损坏，如有再纠正修复，以确保安全施工。

该提升机为天津某建筑装饰公司购买，由木工刘某某安装在某医学院4号女生宿舍楼7楼西侧阳台地面上，安装方法为：用铁管插到提升机底座的孔内，然后在铁管上放三袋水泥和碎石稳固提升机。

（5）事故现场情况

事故发生在某医学院4号女生宿舍楼7楼西侧，事故提升机坠落在某医学院4号女生宿舍楼西侧地面建筑垃圾堆上，提升机坠落后损坏变形，提升机旁有一木箱，木箱中装有三箱瓷砖，提升机钩头钩在木箱的吊索具上。经计量木箱总重量75.8kg。现场勘验时，事故死亡人员已不在现场。

2 相关单位情况

建设单位：天津某医学院。

总包单位：天津某建筑安装公司。

监理单位：天津某监理公司，经营范围包括房屋建筑工程、市政公用工程、工程管理服务。

3 事故经过

根据2018年8月12日事故现场停车场北侧视频监控显示9时38分10秒至9时38分27秒，从7楼西侧阳台上提升机向下吊运的木箱平稳下落；9时38分28秒至9时38分29秒，吊运的木箱突然加速下落；9时38分30秒，提升机坠落，一人紧随其后坠落，经确认坠落人员是施工人员仇某某。

4 事故原因

（1）直接原因

未按照使用说明书的要求安装提升机，提升机与地面固定不稳固，起吊瓷砖时由于重力大于提升机稳固力，造成提升机倾翻坠落，仇某某随同一起坠落，是发生事故的直接原因。

（2）间接原因

1）天津某建筑装饰公司落实企业安全生产主体责任不到位。

①规章制度未建立。未按有关规定建立安全生产责任制和安全生产规章制度。

②安全教育不到位。未建立安全生产教育和培训计划，未对从业人员进行安全生产教育和培训，导致从业人员不具备必要的安全生产知识，不掌握本岗位的安全操作技能，不了解事故应急处理措施。

③安全管理缺失。私自拆除阳台的防护栏杆，在没有安全警示标志、没有临边防护的宿舍楼阳台上安装提升机，且提升机安装不符合安装规定。

④安全检查不到位。未根据本单位提升机的特点及存在的危险因素，对提升机进行经常性检查。

⑤安全告知未落实，未向现场作业人员如实告知安装、使用提升机存在的危险因素和防范措施。

⑥隐患排查不到位。未建立健全生产安全事故隐患排查治理制度，未能采取技术、管理措施，及时发现并消除提升机安装、使用环节存在的事故隐患。

2）天津某建筑安装公司履行总包单位的安全管理职责不到位。

①违规施工。在未取得施工许可证情况下擅自施工。

②作为建筑施工企业，在改造工程中，未设置安全生产管理机构，未配备专职安全生产管理人员，只有一名资料员和公司副总经理在现场管理。

③安全教育不到位。未对仇某某依法进行入场三级教育和培训，在仇某某作业前未对其进行安全技术交底。

④隐患排查不到位。未建立健全生产安全事故隐患排查治理制度，未能采取技术、管理措施，及时发现并消除提升机安装、使用环节存在的事故隐患。

⑤安全管理不到位。项目经理长期不在施工现场履职，未对天津某建筑装饰公司的安全生产工作进行统一协调、管理、检查。

3）天津某监理公司落实监理监督检查工作不到位。

教育、督促和检查本项目部监理人员严格执行《建设工程安全生产管理条例》《天津市建设工程施工安全管理条例》和《建设工程监理规范》GB/T 50319—2013等规定不到位，导致监理工程师未依法依规依标履行监理职责。

①未按《建设工程监理规范》GB/T 50319—2013规定在施工现场派驻项目监理机构，中标总监理工程师、驻场代表吴某某不在现场履职，现场土建监理人员

未经吴某某授权。

②未按《建设工程监理规范》GB/T 50319—2013规定审查项目施工许可条件，对项目未取得施工许可证情况下的擅自施工行为，未下达停工令，也未进行制止，更未向建设行政主管部门报告。

③未采取技术、管理措施，及时发现并消除提升机存在的事故隐患，导致事故隐患长期存在。

4）天津某医学院违规组织施工。

未按照国家有关规定办理工程质量监督安全施工监督手续，在项目未取得施工许可证情况下擅自组织施工。

经调查认定，天津市某装饰公司一般高处坠落事故是一起生产安全责任事故。

5 监理的责任

天津某监理公司总监吴某某，作为项目总监理工程师，长期不在施工现场，未执行法律、法规和工程建设强制性标准，未履行职责，对事故发生负有责任。

6 事故防范和整改措施

（1）天津某建筑装饰公司

天津某建筑装饰公司要深刻汲取事故教训，结合本次事故暴露的问题，举一反三，全面履行安全生产主体责任，进行隐患排查和整改。要认真学习严格执行《安全生产法》《建设工程安全生产管理条例》等法律法规，建立和完善安全管理体系和各项安全管理制度；要根据本单位作业现场的特点及存在的危险因素，对作业现场进行经常性检查；要向现场作业人员如实告知作业现场存在的危险因素和防范措施；要建立健全生产安全事故隐患排查治理制度，采取技术、管理措施，及时发现并消除作业现场存在的事故隐患；要加强对现场作业情况的巡视，及时发现并制止违章操作；要强化安全教育，提高管理人员、作业人员安全责任和遵章守纪意识。

（2）天津某建筑安装公司

天津某建筑安装公司要深刻汲取事故教训，结合本次事故暴露的问题，举一反三，全面履行安全生产管理责任，进行隐患排查和整改。要认真学习严格执行《安全生产法》《建设工程安全生产管理条例》等法律法规，全面履行安全生产总包监管责任，项目取得施工许可证后，方可施工，坚决杜绝违规施工行为；要在施工项目中，要设置安全生产管理机构或配备专职安全生产管理人员，加强日常安全巡查，及时纠正现场人员的不安全行为；要对作业人员依法进行入场三级教育和培训，并在施工前对作业人员进行安全技术交底；要建立健全生产安全事故隐患排查治理制度，采取技术、管理措施，进行安全隐患排查，及时发现并消除作业现场存在的事故隐患；要强化安全教育，提高管理人员、作业人员安全责任和遵章守纪意识；要加强对承包单位安全生产工作的统一协调和管理。

（3）天津某监理公司

天津某监理公司要深刻反省，吸取教训，举一反三。要教育和督促本单位监理人员严格按照《建设工程安全生产管理条例》《天津市建设工程施工安全管理条例》和《建设工程监理规范》GB/T 50319—2013等规定及合同约定实施监理。要按《建设工程监理规范》GB/T 50319—2013规定在施工现场派驻项目监理机构，中标总监理工程师（驻场代表）要在现场履职；不能在现场履职的，要按规定履行变更手续。在监理过程中，要采取技术、管理措施，及时发现并消除作业现场存在的事故隐患。要教育、督促和检查本项目部监理人员严格执行相关规定标准，使监理工程师依法依规依标履行监理职责。要按《建设工程监理规范》GB/T 50319—2013规定审查项目施工许可条件，在项目未取得施工许可证情况下擅自施工行为要及时下达停工令，对施工单位拒不整改的行为，要向建设行政主管部门报告。

（4）天津某医学院

天津某医学院要深刻反省，吸取教训，举一反三，要严格遵守《建设工程安全生产管理条例》《天津市建设工程施工安全管理条例》《建筑工程施工许可管理办法》等规定，开工前应当依照有关规定，向当地行政主管部门申请领取施工许可证，项目相关手续未完成，杜绝擅自进行施工作业。

7 对监理处罚的落实情况

《住房和城乡建设部行政处罚决定书》依据《建设工程安全生产管理条例》第五十八条规定，给予吴某某停止注册监理工程师执业3个月的行政处罚。

河北省沧州市某住宅BZ号施工工地物体打击事故

1 工程基本情况

事故发生建设项目工程名称为某小区西区BZ1号、BZ2号住宅，该项目位于沧州市，总建筑面积48241.3m^2；其中BZ1号建筑面积15904.7m^2，地下2层，地上16层，结构型式为钢筋混凝土框架结构，建筑高度47.8m。2017年5月20日项目开工，预计竣工日期2019年6月10日。截至事故发生时，BZ1号楼已封顶。

2 相关单位情况

建设单位：沧州市某房地产开发公司。

施工单位：河北某建筑公司。

监理单位：河北某项目管理公司，业务范围包括房屋建筑工程监理甲级，市政公用工程甲级。

3 事故经过

4月17日7时20分左右，某住宅BZ1号楼开始进行灰料吊装作业，吊运10余次后，约8时20分，料斗卸完料，屋面施工班组长孟某某用对讲机指挥塔式起重机司机起升料斗，料斗提升过程中，料斗下部支架横撑将通风道盖板兜起，致使通风道盖板向女儿墙外侧滑落，砸中楼下砌块堆放区正在给砌筑施工班组备料的工人代某某头部。

4 事故原因

（1）事故直接原因

塔式起重机料斗卸料完毕提升过程中，料斗下部支架横撑将通风道盖板兜起向女儿墙外侧滑落，砸中楼下1名工人。

（2）事故间接原因

1）孟某某无信号司索工特种作业证上岗，违章指挥塔式起重机作业，风险辨识控制不到位，对卸料位置选择不合理。

2）塔式起重机司机张某某持假证上岗作业，在明知屋面施工班组长孟某某没有信号司索操作资格证的情况仍听从其违章操作。

3）河北某建筑公司施工现场管理不到位。BZ1号楼纵轴35轴至36轴屋面工程作业与楼下砌块搬运同时进行，属于立体交叉作业。BZ1号楼屋面高度47.8m，工人距离BZ1号楼北侧墙面5.5m，在坠落半径范围内，未设置相应的安全隔离措施或警戒隔离区施工中未按施工组织设计堆放砌砖建材；BZ1号通风道盖板未按施工图设计文件要求及时进行固定。

4）河北某建筑公司安全管理不到位。未与部分施工人员签订安全协议；安全教育培训不到位，未如实记录安全生产教育和培训情况；施工作业前未对施工人员进行安全技术交底；未严格审查、监督特种作业人员操作资质，导致塔式起重机司机持假证上岗，信号司索无证指挥。

5）河北某项目管理公司监理不到位。监理人员在施工巡查中，未检查发现信号指挥人员孟某某无证上岗、砌砖建材未按施工组织设计堆放、立体交叉作业无完全隔离措施或警戒隔离区等现场隐患问题，致使事故现场存在重大安全隐患。

6）市建设工程安全生产监督管理办公室安全监督检查不到位，未发现塔式起重机司机持假证上岗作业。

7）据现场作业人员笔录表述，塔式起重机提升过程中有较大阵风，也是事故发生的原因之一。

调查组认定，该起事故是一起一般生产安全责任事故。

5 监理单位及人员责任

河北某项目管理公司监理不到位，监理人员在施工巡查中，未发现信号司索人员无证上岗指挥作业、立体交叉作业无安全保障措施，未发现未按施工组织设计堆放砌砖行为，致使事故现场存在重大安全隐患，对事故发生负有责任。

6 防范及整改措施

（1）各事故相关单位要认真汲取这起事故的沉痛教训，举一反三，牢固树立以人为本、科学发展、安全发展理念，坚持“安全第一、预防为主、综合治理”方针，坚守“发展决不能以牺牲人的生命为代价”这条不可逾越的红线，从维护人民生命财产安全的高度，充分认识加强建筑安全生产工作的极端重要性，始终坚持把安全放在第一的位置，防止类似事故的发生。

（2）施工单位要进一步切实加强施工现场管理，督促各级管理人员严格落实安全生产责任制，把安全生产责任落实到岗位、落实到人；要及时对劳务作业人员进行安全教育培训、技术交底，切实加强施工过程管理，保证施工现场安全生产管理体系、制度落实到位，杜绝“三违”现象的发生；要严格落实建筑施工起重机械使用相关规定和技术规范，严格落实特种作业人员持证上岗规定，严禁违规操作、违章指挥。

（3）监理单位要切实提高监理人员的业务素质和责任心，认真履行监理职责，落实工程监理有关规定和要求，加强对施工过程中的全面监督管理，及时制止“三违”现象；要进一步加强巡查，如实记录存在的隐患问题，及时下达隐患整改通知单，发现的问题要坚决采取有效措施督促整改到位，对施工单位拒不整改的，要及时向建设单位和行业主管部门报告，切实履行好监理单位安全监理职责。

（4）市住房与城乡建设局应进一步加强对建筑施工领域的安全监管。要督促相关企业认真学习安全生产法律法规，特别是要针对建筑施工人员流动性大的特点，强化从业人员安全技术和操作技能教育培训，落实“三级安全教育”，注重岗前安全培训，做好施工过程安全交底，开展经常性安全教育培训，提高从业人员必要的安全专业技能和自我保护意识，杜绝违章冒险作业等违规行为；要强化对关键岗位人员履职方面的教育管理和监督检查，重点加强特种作业人员资格资质以及现场监理、安全员等关键岗位和人员的监督检查。

7 对监理处罚的落实情况

《住房和城乡建设部行政处罚决定书》依据《建设工程安全生产管理条例》第五十八条规定，给予毛某某停止注册监理工程师执业3个月的行政处罚。

保定市莲池区某商务中心建设项目高处坠落事故

1　工程基本情况

某商务中心工程建设项目位于保定市，建设单位为河北某房地产开发公司，总建筑面积：53961.49m^2，其中地下建筑面积：14695.82m^2。建筑层数：地下3层，地上17层，建筑高度：55.800m。结构型式：框剪结构。

事故发生吊篮（配电箱编号36）由悬吊平台、提升机、安全锁、悬挂结构、电气控制箱组成。型号ZLP630，暗红色，长方形，工作平台尺寸（长×宽×高）6000mm×690mm×1180mm，吊篮的开关装置在吊篮中间的位置，开关装置上共4个按钮分别是升、降、急停及吊篮平衡旋转开关。升降速度：9.3m/min，安全锁锁绳角度：3°～8°，整机重量：688kg，配重：900kg，额定载荷：630kg。

该吊篮位于某商务中心大楼东南角一侧，处于11层与12层之间，南端低，北端高，整体严重倾斜。安全锁上面无厂家信息、无安全要求、无标定有效期、外露面没防腐措施、油漆脱落，并有锈蚀。

2　相关单位情况

建设单位：河北某房地产开发公司。

施工单位：河北某建筑公司。

分包单位：邯郸某工程公司。

劳务分包单位：河北某建材公司。

监理单位：保定市某设计院，经营范围包括工业工程、民用建筑、给水、排水工程勘察设计、勘察设计技术研发，工程总承包、工程建设监理；扫画图，建筑材料、建筑配套设备销售。某商务中心工程项目总监理工程师：姚某某，后变更为张某某。

3 事故经过

3月27日，负责外墙保温施工的部分工人来到施工现场，其中工人季某负责商务中心大楼东侧12层外墙保温施工，工人严某新（严某强的父亲）负责16楼楼顶女儿墙外墙保温施工，韩某某、贾某某负责楼顶塔楼（电梯机房）的外墙保温施工。在季某往吊篮上装保温板及施工工具，做外墙保温施工前的准备工作过程中，严某新走过来，说楼内的电梯停电他们3个人要去16楼，想乘坐吊篮上去。经季某同意后，4个人跨进了吊篮。季某戴好安全帽、佩戴好安全带，并将安全带挂在吊篮的独立救生绳上，站在吊篮的最南侧，韩某某、贾某某、严某新依次向北排列站立。4人站稳后，韩某某开始按住开关装置的上升按钮，吊篮一直上升，在升至11层至12层中间位置的时候，吊篮的南侧绳索突然打滑，吊篮南端瞬间向下坠落造成吊篮整体严重倾斜，严某新、韩某某、贾某某3人从季某身边甩出吊篮，摔落地面当场死亡。季某由于佩戴了安全带虽甩出吊篮但悬挂在半空中，其大腿与吊篮护栏相撞，致右侧大腿骨折。

4 事故原因

（1）直接原因

吊篮内作业人员违反了《建筑施工工具式脚手架安全技术规范》JGJ 202—2010 5.5.7、5.5.10，违规使用吊篮运送人员，且3名搭乘人员未系安全带。运行过程中，吊篮南侧的钢丝绳突然打滑，吊篮南端向下坠落，安全锁未能起到制动作用，致使吊篮间倾斜，是造成3人坠落而亡，1人受伤事故的直接原因。

（2）间接原因

1）经营管理混乱、施工现场安全管理缺失。

河北某房地产开发公司将某商务中心建设项目，依法发包给中标单位河北某建筑公司后，又将项目中外墙保温装饰工程部分，违法重新发包给邯郸某工程公司。中止施工后未向发证机关（市住房和城乡建设局）报告自行恢复施工。邯郸某工程公司承揽外墙保温装饰一体板工程后，没有向现场派出任何工作人员进行安全管理，而将工程转给没有施工资质的河北某建材公司进行施工。

河北某建材公司在施工过程中也未向施工现场派驻专职安全生产管理人员，而是与陈某某签订劳务合同，把现场施工组织、安全管理交由没有任何资质的个人陈某某、严某强负责。

陈某某、严某强的施工队未制定安全生产责任制度、教育培训制度、管理制度和岗位操作规程，导致施工现场安全生产管理缺失。

2）施工单位项目负责人、现场组织管理人员未取得相应执业资质，不具备相应的安全生产管理能力，隐患排查不到位，施工人员安全意识淡薄。

一是河北某建材公司外墙保温装饰一体板工程项目负责人许某、施工队负责人陈某某、严某强未取得相应的执业资格，不具备安全生产管理能力。

二是隐患排查不到位。吊篮使用前未按《建筑施工工具式脚手架安全技术规范》JGJ 202—2010有关高处作业吊篮中8.2.1、8.2.2要求，对操作人员资质及吊篮进行验收。

三是河北某建材公司及陈某某、严某强未对员工进行安全生产教育培训，未书面告知危险岗位的操作规程和违章操作的危害，吊篮操作人员无证上岗，安全意识淡薄，违规使用工作吊篮运送人员，且搭乘人员未系安全带。

3）项目监理不到位。

保定市某设计院监理部，对施工现场监理不到位，对施工单位的违规问题没有及时纠正。商务中心项目施工期间，项目总监由姚某某变更为张某某，保定市某设计院监理部未对张某某进行正式任命，未组织进行工作交接，并存在现场监理人员与备案人员不符的情况，致使监理人员职责不清，对项目情况了解不够。在外墙保温装饰一体板工程专项施工方案未通过审核，且未按《建筑施工工具式脚手架安全技术规范》JGJ 202—2010有关高处作业吊篮中8.2.1、8.2.2的要求，对操作人员资质及吊篮进行验收的情况下，就默许施工单位人员吊篮设备进场施工。对中止施工后未向发证机关报告自行恢复施工的行为，未进行有效制止。

4）行政监管不到位。

市住房和城乡建设局，监督检查不到位，未及时发现并制止商务中心建设项目中，外墙保温装饰一体板工程施工单位无资质、安全管理人员无资质及监理工作不到位等问题。

经事故调查组认定，该起事故是一起较大生产安全责任事故。

5 监理单位及人员责任

保定市某设计院，作为监理单位，存在施工现场监理不到位，对施工单位的违规问题没有及时纠正等问题，对事故发生负有责任。

张某某，作为项目监理总工程师，未认真履行监理职责，对发现的安全隐患没有及时有效的处理，对事故发生负有责任。

6 防范整改措施

（1）切实吸取事故教训

市住房和城乡建设局要深刻吸取莲池区某商务中心建设项目高处坠落事故的沉痛教训，组织一次全市建筑行业安全检查，特别是对各工地使用的吊篮及吊篮出租单位要进行一次拉网式排查，对不符合要求的吊篮要坚决清除出场，对吊篮出租单位要整顿规范，对没有任何手续或经整顿仍达不要求的单位要坚决予以取缔、关闭。同时，加强高处作业吊篮的安拆、使用的检查和监督。

（2）切实落实建筑业企业安全生产主体责任

市住房和城乡建设部门要督促全市建筑施工企业进一步强化安全生产主体责任，强化企业安全生产责任制的落实。严禁将工程违法肢解分包，同时要督促施工单位、监理单位加强施工现场安全管理；施工单位对承包的工程，严禁违法层层转包，施工现场要依法依规配备足够的安全管理人员，严格现场安全作业；监理单位要严格履行现场安全监理职责，按需配备足够的、具有相应从业资格的监理人员，加强对施工组织设计中的安全技术措施或专项施工方案的审查，对监理过程中发现的安全事故隐患，要责令施工单位立即整改，情况严重的，应当要求施工单位暂时停止施工，并及时报告建设单位。

（3）切实加强施工现场管理

市住房和城乡建设局、区政府，要根据分工督促辖区内建筑施工企业严格规范企业内部经营管理活动，建立健全并严格落实本单位安全生产责任制。各施工企业要严查工程合同履约情况，组织检查、消除施工现场事故隐患，施工项目负责人必须具备相应资格和安全生产管理能力，备案项目负责人必须依法到岗履职，确需调整时，必须履行相关程序，保证施工现场安全生产管理体系、制度落实到位。各施工企业要严格技术管理，严格执行专项施工方案、技术交底的编制、审批制度，现场施工人员不得随意降低技术标准，违章指挥作业。对中止施工单位，要建立巡查制度，确保停工到位。

(4) 切实加强安全教育培训工作

市住房和城乡建设局要指导各县（市、区），做好建筑施工企业从业人员的安全教育与培训工作，切实提高建筑业从业人员安全意识；要针对建筑施工人员流动性大的特点，强化从业人员安全技术和操作技能教育培训，落实“三级安全教育”，注重岗前安全培训，特别是要规范吊篮操作人员的培训，做好培训记录，颁发培训合格证明；要强化对关键岗位人员履职方面的教育管理和监督检查，重点加强起重机械、脚手架搭设、高空作业以及现场监理、安全员等关键设备、关键岗位和人员的监督检查，严格实行特种作业人员必须经培训考核合格，持证上岗制度。

(5) 切实加大行政监管力度

市住房和城乡建设局要按照“管行业必须管安全”的要求，严格落实行业安全监管职责，督促各方责任主体落实安全责任，深入开展建筑行业“打非治违”专项行动，严厉打击未批先建、出借资质、违法分包、抢工期、赶进度等行为，建立打击非法违法建筑施工行为专项行动长效机制，不断巩固专项行动成果，确保建筑安全生产监督检查工作取得实效；要加强对施工企业和施工现场的安全监管，根据工程规模、施工进度，合理安排监督力量，制定可行的监督检查计划，严格监管，坚决遏制各类事故发生。

7 对监理处罚的落实情况

(1) 对监理单位的处罚决定：《住房和城乡建设部行政处罚决定书》依据《建设工程安全生产管理条例》第五十七条规定，给予保定市某设计院责令停业整顿60日的行政处罚。

(2) 对监理人员的处罚决定：《住房和城乡建设部行政处罚决定书》依据《建设工程安全生产管理条例》第五十八条规定，给予张某某吊销注册监理工程师注册执业证书，5年内不予注册的行政处罚。

衡水市某住宅施工升降机轿厢坠落重大事故

1 工程基本情况

工程项目及手续办理情况：某住宅工程1号、2号住宅楼、3号商业、换热站及地下车库工程位于衡水市桃城区，建筑面积59103.09m²。2017年11月30日，取得衡水市城乡规划局颁发的建设用地规划许可证。2017年12月4日取得衡水市国土资源局颁发的不动产权证书。2017年12月13日，取得衡水市城乡规划局颁发的建设工程规划许可证。2018年1月15日在衡水市建设工程安全监督站办理河北省房屋建筑和市政基础设施工程施工安全监督备案；2018年3月9日在衡水市住房和城乡建设局办理建筑工程施工许可证。2018年3月15日正式开工建设。

1号住宅楼概况：1号住宅楼结构形式为框架—剪力墙结构；地上31层，地下2层，地下2层层高3.05m，地下1层层高2.9m，1层商业层高3.9m，1层仓储用房和2～30层住宅层高2.9m，顶层层高2.79m，建筑高度91.69m；建筑面积45822.70m²。事故发生时，1号住宅楼工程形象进度施工至16层。

2 参建单位情况

建设单位：衡水某房地产公司。

施工总承包单位：衡水某工程公司。

监理单位：衡水某项目管理公司。

经营范围：工程建设项目招标代理、建设工程项目管理、建设工程监理及相关技术咨询服务；政府采购招标代理。房屋建筑工程监理甲级资质。

事故施工升降机安装单位：某塔机公司。

3 事故经过

根据监控录像显示（已校准为北京时间），2019年4月25日6时36分，衡水某工程公司施工人员陆续到达某住宅项目工地，做上班前的准备工作。步某某等11人陆续进入施工升降机东侧轿厢（吊笼），准备到1号楼16层搭设脚手架。6时59分，施工升降机操作人员解某某启动轿厢，升至2层时添载1名施工人员后继续上升。7时06分，轿厢（吊笼）上升到9层卸料平台（高度24m）时，施工升降机导轨架第16、17标准节连接处断裂、第3道附墙架断裂，轿厢（吊笼）连同顶部第17至第22节标准节坠落在施工升降机地面围栏东北侧地下室顶板（地面）码放的砌块上，造成11人死亡、2人受伤。经查，事故发生时，施工升降机坠落的东侧轿厢（吊笼）操作人员为解某某。解某某未取得建筑施工特种作业资格证（施工升降机司机），为无证上岗作业。

4 事故原因

（1）直接原因

调查认定，事故施工升降机第16、17节标准节连接位置西侧的两条螺栓未安装、加节与附着后未按规定进行自检、未进行验收即违规使用，是造成事故的直接原因。

（2）间接原因

1）某塔机公司。

①对安全生产工作不重视，安全生产管理混乱。违反《安全生产法》第四条规定。

②编制的事故施工升降机安装专项施工方案内容不完整且与事故施工升降机机型不符，不能指导安装作业，方案审批程序不符合相关规定。公司技术负责人长期空缺（自2018年10月至事发当天），专项施工方案未经技术负责人审批。违反了《建筑起重机械安全监督管理规定》第十二条第一项、《危险性较大的分部分项工程安全管理规定》第十一条第二款、《建筑施工升降机安装、使用、拆卸安全技术规程》第3.0.8条和3.0.9条规定。

③事故施工升降机安装前，未按规定进行方案交底和安全技术交底。事故施

工升降机首次安装的人员与安装告知中的“拆装作业人员”不一致。违反了《建筑起重机械安全监督管理规定》第十二条第三项和第五项、《危险性较大的分部分项工程安全管理规定》第十五条规定。

④事故施工升降机安装过程中，未安排专职安全生产管理人员进行现场监督。违反了《建筑起重机械安全监督管理规定》第十三条第二款规定。

⑤事故升降机安装完毕后，由于现场技术及安全管理人员缺失，造成未按规定进行自检、调试、试运转，未按要求出具自检验收合格证明。违反了《建筑起重机械安全监督管理规定》第十四条规定。

⑥未建立事故施工升降机安装工程档案。违反了《建筑起重机械安全监督管理规定》第十五条第一款规定。

⑦员工安全生产教育培训不到位，未建立员工安全教育培训档案，未定期组织对员工培训。违反了《安全生产法》第二十五条第一款和第四款、《建设工程安全生产管理条例》第三十六条第二款规定。上述问题是导致事故发生的主要原因。

2）衡水某工程公司。

①该公司对安全生产工作不重视。未落实企业安全生产主体责任，对二分公司疏于管理，对某住宅项目安全检查缺失。违反了《安全生产法》第四条、《建设工程安全生产管理条例》第二十三条第二款规定。

②未按规定配足专职安全管理人员。违反了《建设工程安全生产管理条例》第二十三条第一款、《建筑施工企业安全生产管理机构设置及专职安全生产管理人员配备办法》（建质[2008]91号）第十三条第一项第三目规定。

③事故施工升降机的加节、附着作业完成后，重生产轻安全，未组织验收即投入使用。收到停止违规使用的监理通知后，仍继续使用。违反了《建设工程安全生产管理条例》第三十五条第一款、《建筑起重机械安全监督管理规定》第二十条第一款、《河北省安全生产条例》第二十条第一款规定。

④项目经理未履行职责。项目经理于某某在衡水某工程公司“挂证”，实际未履行项目经理职责。违反了《建设工程安全生产管理条例》第二十一条第二款规定。

⑤对事故施工升降机安装专项施工方案的审查不符合相关规定要求，公司技术负责人未签字盖章。违反了《建设工程安全生产管理条例》第二十六条第一款、《建筑起重机械安全监督管理规定》第二十一条第四项和《危险性较大的分部分项工程安全管理规定》第十一条第二款规定。

⑥在事故施工升降机安装专项施工方案实施前，未按规定进行方案交底和

安全技术交底。违反了《危险性较大的分部分项工程安全管理规定》第十五条规定。

⑦在事故施工升降机安装时，未指定项目专职安全生产管理人员进行现场监督。违反了《建筑起重机械安全监督管理规定》第二十一条第六项规定。

⑧事故施工升降机操作人员解某某无证上岗作业。违反了《建筑起重机械安全监督管理规定》第二十五条第一款、《建设工程安全生产管理条例》第二十五条规定。

⑨未建立事故施工升降机安全技术档案。违反了《建筑起重机械安全监督管理规定》第九条第一款规定。上述问题是导致事故发生的主要原因。

3）衡水某项目管理公司。

①安全监理责任落实不到位，未按规定设置项目监理机构人员。于某某是该项目总监理工程师，其实际工作单位是衡水市住房和城乡建设局某某办，属于违规兼职；其注册监理工程师证于2019年1月29日被注销后，公司未调整该项目总监理工程师；现场监理人员与备案人员不符；未明确起重设备的安全监理人员。违反了《建筑法》第十二条第二项、《建设工程安全生产管理条例》第十四条第三款和《河北省关于进一步做好建设工程监理工作的通知》（冀建工[2017]62号）中关于“项目监理机构设置要求”规定。

②对事故施工升降机安装专项施工方案的审查流于形式，总监理工程师未加盖职业印章。违反了《危险性较大的分部分项工程安全管理规定》第十一条第一款、《建筑起重机械安全监督管理规定》第二十二条第三项规定。

③未对事故施工升降机安装过程进行专项巡视检查。违反了《危险性较大的分部分项工程安全管理规定》第十八条规定。

④未对事故施工升降机操作人员的操作资格证书进行审查。违反了《建筑起重机械安全监督管理规定》第二十二条第二项规定。

⑤现场安全生产监理责任落实不到位。针对施工单位违规使用事故施工升降机的问题，虽然在监理例会上提出了停止使用要求，也下发了停止使用的监理通知，但是未能有效制止施工单位违规使用，未按规定向主管部门报告。违反了《建设工程安全生产管理条例》第十四条第二款规定。上述问题是导致事故发生的重要原因。

4）衡水某房地产公司。

①未对衡水某工程公司、衡水某项目管理公司的安全生产工作进行统一协调管理，未定期进行安全检查，未对两个公司存在的问题进行及时纠正。违反了

《安全生产法》第四十六条第二款规定。

②收到停止违规使用事故施工升降机的监理通知后，未责令施工单位立即停止使用。违反了《建筑起重机械安全监督管理规定》第二十三条第二款规定。上述问题是导致事故发生的重要原因。

5）衡水市某某办。

负责区域内建筑起重机械设备日常监督管理工作。对区域内建筑起重机械设备监督组织领导不力，监督检查执行不力，未发现衡水某工程公司住宅项目升降机安装申报资料不符合相关规定；未发现升降机安装时，安装单位、施工单位、监理单位的有关人员没有在现场监督；未发现安装单位安装人员与安装告知人员不符，安装后未按有关要求自检并出具自检报告；未发现施工升降机未经验收投入使用，升降机操作人员未取得特种作业操作资格证；未发现安装单位、施工单位施工升降机档案资料管理混乱；贯彻落实上级组织开展的安全生产隐患大排查、大整治工作不到位，致使事故施工升降机安装、使用存在的重大安全隐患未及时得到排查整改。上述问题是导致事故发生的主要原因。

6）市建设工程安全监督站。

负责全市建设工程安全生产监督管理，对区域内建筑工程安全生产监督不到位，未发现衡水某工程公司对某住宅项目工地管理不到位，职工安全生产培训不符合规定，项目经理长期不在岗，项目专职安全员不符合要求、未能履行职责，监理人员违规挂证、监理不到位等问题，对某住宅项目工地安全生产管理混乱监管不力。上述问题是导致事故发生的重要原因。

7）市住房和城乡建设局。

作为全市建筑工程安全生产监督管理行业主管部门，对全市建筑工程安全隐患排查、安全生产检查工作组织领导不力，监督检查不到位；对衡水市建材办未认真履行建筑安全生产监管职责、未认真贯彻落实上级安全生产工作等问题管理不力；对涉事企业安全生产管理混乱、隐患排查不彻底等问题监督管理不到位。上述问题是导致事故发生的重要原因。

8）市委、市政府。

对建筑行业安全生产工作重视程度不够，汲取以往事故教训不深刻，贯彻落实省委、省政府建筑安全生产工作安排部署不到位。

经调查认定，衡水市某住宅施工升降机轿厢（吊笼）坠落事故是一起重大生产安全责任事故。

5 监理单位及人员责任

衡水某项目管理公司，作为监理单位，对事故施工升降机安装专项施工方案的审查流于形式，未对事故施工升降机安装过程进行专项巡视检查，未对施工升降机操作人员的操作资格证书进行审查，安全监理责任落实不到位，对事故发生负有责任。

6 防范措施建议

（1）进一步筑牢安全发展理念

党中央、国务院始终高度重视安全生产工作，习近平总书记多次就安全生产工作作出重要指示批示。各地各部门要认真学习贯彻习近平总书记重要指示精神，牢固树立安全生产红线意识和底线思维。要深刻吸取事故教训，举一反三，坚决落实安全生产属地监管责任和行业监管责任，督促企业严格落实安全生产主体责任，深入开展隐患排查治理，有效防范化解重大安全生产风险，坚决防止发生重特大事故，维护人民群众生命财产安全和社会稳定。

（2）深入开展建筑领域专项整治

各级建筑行业主管部门要严格落实《河北省党政领导干部安全生产责任制实施细则》，切实做好建筑行业三年专项整治工作。突出起重吊装及安装拆卸工程安全管理，紧抓建筑起重机械产权备案、安装（拆卸）告知、安全档案建立、检验检测、安装验收、使用登记、定期检查维护保养等制度的落实，严格机械类专职安全生产管理人员配备以及相应资质和安全许可证管理，严查起重机械安装拆卸人员、司机、信号司索工等特种作业人员持证上岗情况。严格过程监管，督促施工单位按照有关技术规范要求，在工程开工前、单项工程或专项施工方案施工前、交叉作业时以及施工过程中作业环境或施工条件发生变化时等，认真组织相关管理人员及施工作业人员做好安全技术交底工作，严查书面安全技术交底、交底内容针对性及操作性等方面存在的问题。强化执法监察，保持建筑行业领域打非治违高压态势，对非法违法行为严厉处罚，推动企业主体责任落实。

（3）严格落实建设单位安全责任

建设单位要加强对施工单位、监理单位的安全生产管理。与施工单位、监理单位签订专门的安全生产管理协议，或者在合同中约定各自的安全生产管理职责。严格督促检查施工单位现场负责人、专职安全管理人员和监理单位项目总监理工程师、专业监理工程师等有关专业人员资格情况，确保具备资格条件的人员进场施工。认真开展监理单位履约情况考核与评价，对监理公司监理人员不到位等问题及时发现与纠正。切实加强施工现场安全管理，对施工单位、监理单位的安全生产工作要统一协调、管理，定期进行安全检查，发现存在安全问题的要及时督促整改，确保安全施工。

（4）严格落实总承包单位施工现场安全生产总责

按要求配备相应的施工现场安全管理人员，将安全生产责任层层落实到具体岗位、具体人员；与安装等相关分包单位签订的合同中明确双方的安全生产责任，严格按要求对安装单位编制的建筑起重机械等专项施工方案的有效性、适用性进行审核；专项施工方案实施前，按要求和安装单位配合完成方案交底和安全技术交底工作；施工升降机首次安装、后续加节附着作业及拆卸实施中，施工总承包单位项目部应当对施工作业人员进行审核登记，项目负责人应当在施工现场履职，项目专职安全生产管理人员应当对专项施工方案实施情况进行现场监督；建筑起重机械首次安装自检合格后，必须经有相应资质的检验检测机构监督检验合格；建筑起重机械投入使用前（包括后续顶升或加节、附着作业），应当组织出租、安装、监理等有关单位进行验收，验收合格后方可使用；使用单位应当自建筑起重机械安装验收合格之日起30日内，将建筑起重机械安装管理制度、特种作业人员名单，向工程所在地建设主管部门办理使用登记，登记标志置于或附着于该设备的显著位置；强化施工升降机使用管理，建筑起重机械司机必须具有特种作业操作资格证书，作业前应对司机进行安全技术交底后方可上岗；建筑起重机械在使用过程中，严格监督检查产权单位对建筑起重机械进行的检查和维护保养，确保设备安全使用。

（5）切实落实监理单位安全监理责任

监理单位要完善相关监理制度，强化对监理人员管理考核。严格按要求对建筑起重机械安装单位编制的专项施工方案的有效性、适用性进行审查，签署审核意见，加盖总监理工程师执业印章。严格审查安装单位资质证书、人员操作证等；专项施工方案实施前，按要求监督施工总承包单位和安装单位进行方案交底和安全技术交底工作；专项施工方案实施中，应当对作业进行有效的专项巡视检查。参加起重机械设备的验收，并签署验收意见；发现施工单位有违规行为应当给予制止，并向建设单位报告；施工单位拒不整改的应当向建设行政主管部门报告。

(6) 切实加强建筑起重机械安全管控

建筑起重机械安装单位要按照标准规范，编制安拆专项施工方案，由本单位技术负责人审核，保证专项施工方案内容的完整性、针对性；专项施工方案实施前，按要求组织方案交底和安全技术交底工作；专项施工方案实施中，拆装人员必须取得相应特种作业操作资格证书并持证上岗，专业技术人员、专职安全生产管理人员应当进行现场监督；安装完毕后（包括后续顶升或加节、附着作业），严格按规定进行自检、调试和试运转，经检测验收合格后方可投入使用。

(7) 切实抓好安全生产教育培训

要加强员工安全教育培训，科学制定教育培训计划，有效保障安全教育培训资金，依法设置培训课时，切实保证培训效果，不断提高员工的安全意识和防范能力，有效防止"三违"现象，确保建筑施工安全。

(8) 夯实政府及部门监管责任

各地党政领导要认真执行《河北省党政领导干部安全生产责任制实施细则》，严格落实"党政同责、一岗双责"安全生产责任制。地方政府要严格落实属地监管责任，督促相关行业部门及有关企业认真落实安全生产职责，要将安全生产工作同其他工作同部署、同检查、同考核，构建齐抓共管的工作格局。建设行业主管部门要按照"三个必须"的要求，严格落实行业监管责任。衡水市住房和城乡建设局要进一步加强对建筑起重机械等危险性较大分部分项工程的安全监管，完善建筑起重机械安全监督管理制度，改进当前管理体制，切实提高全市建筑起重机械管理水平，坚决防范类似事故再次发生。

7　对监理处罚的落实情况

《住房和城乡建设部行政处罚决定书》：依据《建设工程安全生产管理条例》第五十七条规定，给予监理单位房屋建筑工程监理资质由甲级降为乙级的行政处罚。

案例19

许昌市经济技术开发区施工升降机拆除较大事故

1　工程基本情况

许昌经济技术开发区某家园项目西南侧，建筑面积7762.71m^2，工程造价：1226.21万元，剪力墙结构，地下1层，地上18层。事故发生时，已完成主体和内外粉施工。

2　参建单位情况

建设单位：许昌某投资公司。
施工单位：许昌某建设公司。
监理单位：许昌某工程管理公司。
事故升降机检测单位：河南某检测公司。
事故升降机产权单位：许昌某设备租赁公司。

3　事故经过

因项目进展要求，施工单位需要将5号楼升降机进行拆除，经岳某某介绍，华某联系了王某某，2018年1月23日上午，华某与王某某在某某家园1期项目部监理办公室商定了拆除5号楼升降机的相关事宜，项目总监代表王某纲、土建专业监理工程师吴某某均在现场。2018年1月24日上午9时左右，王某某组织李某民、李某辉、李某伟、王某刚等4名没有施工升降机安装拆卸工操作资格证书的作业人员，违规进行拆除作业，施工方现场负责人刘某某和监理吴某某对拆除作业没有制止。14时47分许，作业至该楼地上17层时，施工升降机部分导轨架及两侧吊笼突然倾翻坠落，4名拆除作业人员随吊笼一起坠落，造成4人死亡。

4 事故原因

（1）直接原因

经调查认定，事故的直接原因是：事故发生时，5号楼施工升降机导轨架第29节和30节标准节连接处的4个连接螺栓，只有西侧1个螺栓有效连接，其余3个螺栓连接失效，无法受力。施工人员在未将已拆除的装载在西侧吊笼内的4节导轨架运至地面的情况下，违规拆除了第7道扶墙架。当东侧吊笼下降至第27节高度时，西侧吊笼在荷载的作用下，重心偏移，致使导轨架在29节与30节连接处折断，西侧吊笼连同9节导轨架（30～38节）一起坠落，坠落高度距离地面约54m。在西侧吊笼的冲击下，导轨架在23节与24节连接处第二次折断，东侧吊笼连同6节导轨节（24～29节）一起坠落，坠落高度距离地面约40.5m。经公安机关现场勘查，排除人为破坏等因素。

（2）间接原因

1）施工升降机拆除安装作业组织者王某某，拆除时无起重设备安装（拆卸）工程专业承包资质，没有制定拆卸工程专项施工方案等资料报审报批，组织4名无安装拆卸工操作资格证书的人员进行拆除作业。安装时，使用伪造的周口某设备安装公司资质、安装拆卸工特种作业资格证等材料报审报批，没有建立施工升降机安装档案，没有与使用单位签订安装合同及安全协议，加节和附着安装未按有关规定进行验收。

2）某家园1期5号楼实际承建者华某，非法承建5号楼工程，安全管理混乱，违章行为严重。施工升降机拆除时，在没有拆卸合同及安全协议、没有拆卸方案等相关资料，没有向监理方和项目部报审的情况下，安排王某某组织拆除。安装时，使用提供伪造资质材料的王某某组织施工，没有签订安装合同和安全协议，没有对加节安装作业进行验收。施工升降机使用时，未向经济技术开发区住房和城乡建设局办理使用登记，没有指定专职设备管理人员进行现场监督检查，没有进行经常性和定期检查、维护和保养，没有检查维护保养记录，未发现施工升降机存在的安全隐患。

3）某家园1期项目部违法将3号5号楼转包给华某承建，没有认真落实安全生产责任制度、安全生产规章制度，对施工升降机安装拆除管理失职。拆除时，在没有拆除方案等报审资料的情况下，没有制止违规拆除行为。安装时，对虚假报审资料审查把关不严，对初次安装、加节安装、维护保养检查缺失；未发现施工升降机存在的安全隐患。安全审批申报资料签字混乱、时间错误明显、代签现象严重，安全管理人员不认真履行职责。

4）某家园1期项目总承包单位许昌某建设公司默认3号5号楼违法转包行为，没有认真履行安全生产主体责任。任命非本公司人员担任项目技术负责人，对项目部安全管理不力。没有发现5号楼升降机在安装、拆除维护、保养、使用过程中存在的安全隐患和问题。

5）项目监理单位许昌某工程管理公司没有认真履行监理职责。拆除时，在没有拆除方案等报审资料的情况下，没有制止违规拆除行为；安装时，对项目部报审的虚假资料审核把关不严，对施工升降机使用情况监督检查不力，没有发现事故升降机存在的安全隐患。

6）检测单位河南某检测公司在5号楼施工升降机安装检测时，没有认真审查该设备的报审资料，出具的检测报告有缺陷，报告中未显示该施工升降机备案证号，“超载保护装置”检验结论为“无此项”。

7）设备租赁单位许昌某设备租赁公司，未建立5号楼施工升降机技术档案，未对该设备进行管理。

8）项目建设单位许昌某投资公司对3号5号楼违法转包行为失察，对工程复工把关不严。

9）项目监管单位某区住房和城乡建设局对施工单位报备的安全措施审查不严，对3号5号楼违法转包行为失察，对5号楼施工升降机安装、拆除和日常维护保养监督检查不力。

10）许昌市城乡规划局某区分局对该项目在未办理《建设工程规划许可证》的情况下复工建设，没有有效制止。

11）许昌经济技术开发区在某家园项目1期工程未办理《建设工程规划许可证》和《建筑工程施工许可证》的情况下，要求该项目开工建设。

经调查认定，许昌经济技术开发区施工升降机拆除较大事故是一起生产安全责任事故。

5 监理单位及人员责任

姚某某，作为项目总监理工程师，没有认真履行监理职责，在没有拆除方案等报审材料的情况下，没有制止违规拆除行为，对项目部报审的虚假资料审核把关不严，对施工升降机使用情况监督检查不力，没有发现事故升降机存在的安全隐患，对事故发生负有责任。

6 防范整改措施建议

（1）建筑工程相关企业要切实履行安全生产主体责任

许昌某投资公司作为建设单位要依法取得工程规划许可证、施工许可证，未经许可严禁复工建设；许昌某建设公司要严格落实安全生产主体责任，加强对项目部的监督管理，严禁违法转包、以包代管，安全管理人员要依法严格履行职责，尤其要加强对起重机械设备安装、使用和拆除全过程管理，严禁使用无资质单位和人员施工作业；许昌某工程管理公司要严格履行现场安全监理职责，强化对起重机械设备安装、使用和拆除作业的审核把关、监督管理；设备租赁单位要建立健全设备技术档案，加强日常管理，严禁挂靠经营、挂而不管；设备检测单位要严格依规检测，严禁图形式走过场。

（2）建设主管部门要依法强化监管

开发区建筑工程建设主管部门要严格落实安全生产监管责任，严厉打击未经许可擅自施工、非法转包、伪造资质和设备挂靠等违法违规行为，尤其要加强对起重机械设备等重大危险源的监督管理，严格落实住房和城乡建设部《关于进一步加强危险性较大的分部分项工程安全管理的通知》《关于印发起重机械、基坑工程等五项危险性较大的分部分项工程施工安全要点的通知》和河南省住房和城乡建设厅的相关要求，特别是方案编审、方案交底、方案实施、施工资质、特种作业人员持证上岗等环节要加大监督检查力度。要督促施工相关企业切实落实安全生产主体责任，坚持扬尘治理和安全监管两手抓、两手都要硬，对工程复工要严格按程序审批。

（3）切实加强建设工程行政审批管理

要从源头抓起，对建设工程用地、规划、报建等行政许可事项，严格按照国家有关规定和要求办理，杜绝未批先建、违建不管的非法违法建设行为。国土、规划部门要进一步加强建设用地和工程规划管理，严格依法审批；建设部门要加强工程建设审批，严格报建程序，坚决杜绝未批先建现象；城管综合执法部门要加大巡查力度，严厉依法查处违法建设行为。

（4）严格落实安全生产属地管理责任

经济技术开发区管委会要深刻汲取事故教训，处理好民生问题和安全发展的关系，坚守发展决不能以牺牲安全为代价这一底线。坚持以人为本，严格落实安全生产属地管理责任，大力推进党政同责、一岗双责、齐抓共管、失职追责。要迅速组织开展建筑施工领域专项治理，立即纠正未批先建、非法转包、违章施工等违法行为。要严格工程复工审批，督促各有关部门加强监管执法，把想办好的民生问题在安全的前提下办快办好，以实际行动践行习近平新时代中国特色社会主义思想。

7 对监理处罚的落实情况

《住房和城乡建设部行政处罚决定书》依据《建设工程安全生产管理条例》第五十八条规定，给予姚某某吊销注册监理工程师注册执业证书，5年内不予注册的行政处罚。

一般安全事故

天津市宝坻区某家园二期项目较大触电事故

1 工程基本情况

天津宝坻区某家园二期项目坐落在天津宝坻某工业园区，总建筑面积22.8万m^2，工程总投资15亿元人民币，框剪结构，建筑层数为地下1层、地上17层。该项目建设单位天津某房地产投资公司于2008年5月16日取得宝坻区规划局发放的《建设用地规划许可证》；于2018年1月29日取得宝坻区行政审批局发放的《关于天津某房地产投资公司某家园二期项目备案的证明》；于2018年4月4日取得宝坻区行政审批局批复的《建设工程设计方案通知书》；于2018年6月26日取得宝坻区行政审批局发放的《建设工程规划许可证》；于6月28日通过天津市建筑市场监管与信用信息平台办理工程施工直接发包登记。截至事故发生前，宝坻区某家园二期项目未取得施工许可证。

2 相关单位情况

建设单位：天津某房地产投资公司。

施工总包单位：广东某工程承包公司。

施工分包单位：天津某工程集团公司。

监理单位：广东某监理公司，成立于1998年，经营范围是建筑工程监理。具有房屋建筑工程监理甲级资质，有效期：2013年12月31日至2018年12月31日。

北京某房地产开发公司（广东某投资公司和广东某工程承包公司共同出资成立）。

广东某投资公司（广东某工程承包公司股东之一）。

3 事故经过

2018年4月24日，某工业园区管委会安全生产监督管理办公室负责人王某某等人按照《印发〈宝坻区关于开展建设工程转包和违法发包专项治理月实施方案〉的通知》对广东某工程承包公司进行监督检查过程中，因广东某工程承包公司无法提供企业自查表等文字材料，对其下达了现场处理措施决定书，责令其立即停止施工。5月初，承揽天津某家园二、三期桩基础工程的韦某某联系司机将发生事故的配电箱等设备设施运到施工现场。

5月14日，天津某房地产投资公司组织广东某工程承包公司、天津某工程集团公司有关人员召开天津210项目（即某家园项目）二、三期项目开工启动会，以施工前准备为由，组织天津某工程集团公司当天正式进场施工。至事故发生时已完成打止水桩近1000组，打有钢筋笼的支护桩近50根，打地基处理的CFG桩700余根，打降水井170余眼。5月17日，某工业园区综合执法大队丁某某等人到宝坻区某家园二期项目部了解项目进展情况，获悉天津某房地产投资公司未取得建设工程规划许可和施工许可证，口头告知有关人员未取得建设工程规划许可证等不得开工建设。5月19日，负责某家园二、三期打桩作业的打桩工程队队长韦某某组织的施工人员等将发生事故的配电箱接线通电后投入使用。

6月25日，北京某房地产开发公司的工程月度检查小组对宝坻区某家园二期项目进行抽查时发现“二期临电无防砸措施”的问题并下达整改通知单，要求天津某房地产投资公司于7月2日前落实整改。

6月26日，天津某房地产投资公司组织天津某工程集团公司、广东某监理公司召开工作例会，会上指出对一、二级配电箱要做好防雨、维护工作。

6月27日，韦某某组织的某家园二、三期打桩作业工程队的施工人员张某某使用工地上的螺纹钢筋焊制用于保护配电箱的钢筋笼。

6月29日7时30分许，韦某某组织的某家园二、三期打桩作业工程队的四名施工人员马某某（男，47岁）、张某某（男，37岁）、董某某（男，34岁）、王某某（男，45岁）在采用钢筋笼进行总配电箱防护作业过程中发生触电，造成马某某、张某某、董某某3人死亡，王某某受伤。

4　事故原因

（1）直接原因

经询问目击者、现场勘验、技术鉴定及专家的技术分析，事故调查组认定：在进行配电箱防护作业过程中，4名工人搬运的钢筋笼碰撞到无保护接零、重复接地及漏电保护器的配电箱导致钢筋笼带电是发生触电事故的直接原因。

（2）间接原因

1）天津某房地产投资公司。

在房地产开发资质证书过期后继续从事房地产开发经营活动；将施工项目违法发包给天津某工程集团公司；未依法履行建设工程基本建设程序，在未取得建筑工程施工许可证的情况下擅自开工建设。

2）天津某工程集团公司。

出借资质证书给李某某，签订某家园二、三期桩基础工程施工合同，并将建设项目违法分包给自然人韦某某；对施工现场缺乏检查巡查，未及时发现和消除发生事故配电箱存在的多项隐患问题。

3）广东某监理公司。

未建立健全管理体系，项目总监理工程师、驻场代表未到岗履职，现场监理人员仅总监代表一人且同时兼任建设单位的质量专业总监；未履行监理单位职责，在明知该工程未办理建筑工程施工许可证的情况下，没有制止施工单位的施工行为，未将这一情况上报给建设行政主管部门。

4）广东某工程承包公司。

未依法履行总承包单位对施工现场的安全生产责任。对天津某工程集团公司的安全管理缺失；未及时发现和消除发生事故配电箱存在的多项隐患问题。

5）宝坻区城市管理综合执法部门。

某工业园区综合执法大队未认真履行《天津市城市管理相对集中行政处罚权规定》（2007年津政令第111号）等法规文件规定的法定职责，对发现的辖区内未取得建设工程规划许可的宝坻区某家园二期项目擅自进行开工建设的违法行为未采取切实有效的措施予以制止和依法查处，致使非法建设行为持续存在。

6）宝坻区建设行政主管部门。

宝坻区建设工程质量安全监督管理支队没有认真履行建筑市场监督管理职责，检查巡查不到位，打击非法建设不力，对天津某房地产投资公司未取得施工许可证擅自施工的行为没有及时发现和制止；落实《印发〈宝坻区关于开展安全生产百日行动专项整治实施方案〉的通知》(津宝党办发[2018]24号)要求不到位，对全区房屋建筑和市政基础设施工程开展的专项检查不力，未及时发现和制止宝坻区某家园二期项目存在不按规定履行法定建设程序擅自开工、违法分包、出借资质等行为，致使非法违法建设行为持续至事故发生。

7)天津宝坻某工业园区管委会。

落实《印发〈宝坻区关于开展安全生产百日行动专项整治实施方案〉的通知》(津宝党办发[2018]24号)开展辖区建设工程领域专项整治工作不到位，未及时发现和制止天津某房地产投资公司违法发包行为；超出《印发〈宝坻区关于开展建设工程转包和违法发包专项治理月实施方案〉的通知》(津宝党办发[2018]23号)文件规定要求检查宝坻区某家园二期项目，虽下达立即停止施工的现场处理措施决定书，但未采取有效措施使该施工现场落实停止施工的指令，致使该施工项目持续施工至事故发生。

经调查认定，宝坻区某家园二期项目较大触电事故是一起生产安全责任事故。

5 监理单位及人员责任

广东某监理公司，作为监理单位，存在未建立健全管理体系，项目总监理工程师、驻场代表未到岗履职，未履行监理单位职责，在明知该项目未办理建筑工程施工许可证的情况下，没有制止施工单位的施工行为和上报建设行政主管部门，对事故的发生负有责任。

杨某某，未认真履行总监理工程师职责，对事故发生负有责任。

6 事故防范和整改措施建议

(1)严格落实行业监管职责，严厉打击非法违法建设行为。天津宝坻区委、区政府要痛定思痛，认真贯彻落实市委、市政府关于安全生产的决策部署和指示精神，严格落实“管行业必须管安全、管业务必须管安全、管生产经营必须管安全”的工作要求，坚决实行党政同责、一岗双责、齐抓共管、失职追责。宝坻区建设行政主管部门和城市管理综合执法部门要深刻吸取事故教训，加强对辖区内建设项目的日常检查巡查，对未经规划许可、未办理施工许可擅自进行建设的行为加大打击力度，采取切实有效的措施治理非法建设行为；宝坻区有关部门要进一步深化区委、区政府部署的安全生产百日行动专项整治，严厉打击建设领域违法分包、转包等行为，加大处罚和问责力度，采取有针对性的措施，及时查处非法违法建设行为，真正做到“铁面、铁规、铁腕、铁心”。

（2）认真落实属地监管职责，深入贯彻落实区委、区政府专项整治工作部署。天津宝坻某工业园区管委会要认真落实法定职责和区委、区政府安全生产工作部署，精心组织，周密安排，齐抓共管，采取切实可行的工作措施，加强检查巡查人员力量，深入开展辖区内建设领域专项整治；要加强与区建设、城市管理综合执法等行业领域主管部门的联系沟通，密切配合，信息共享，对于属地发现的非法违法行为要按照职责分工及时通报、移交给有关部门，形成联动机制，共同严厉打击各类非法违法建设行为。

（3）切实落实建设工程各方主体责任，依法依规开展项目建设施工。天津宝坻区某家园二期项目建设单位、施工单位、监理单位要认真吸取事故教训，严格执行《建设工程安全生产管理条例》等有关规定。建设单位要依法履行建设工程基本建设程序，及时办理相关行政审批、备案手续，不得对施工、工程监理等单位提出不符合建设工程安全生产法律、法规和强制性标准规定的要求。施工单位要认真履行施工现场安全生产管理责任，定期进行安全检查，及时消除本单位存在的生产安全事故隐患，自觉接受监理单位的监督检查。监理单位要加强日常安全检查巡查，及时发现隐患问题，及时督促建设单位、施工单位完成整改，对施工单位拒不整改或者不停止施工的，监理单位应当及时向建设行政主管部门报告。建设工程各方生产经营单位要切实落实企业主体责任，杜绝各类事故的发生。

7 对监理处罚的落实情况

（1）对监理单位的处罚决定：《住房和城乡建设部行政处罚决定书》依据《建设工程安全生产管理条例》第五十七条规定，给予广东某监理公司责令停业整顿60日的行政处罚。停业整顿期间，不得在全国范围内以房屋建筑工程监理资质承接新的工程项目。

（2）对监理人员的处罚决定：《住房和城乡建设部行政处罚决定书》依据《建设工程安全生产管理条例》第五十七条规定，给予杨某某吊销注册监理工程师注册执业证书，5年内不予注册的行政处罚。

北京密云某再生水厂配套管网工程“6·12”一般生产安全事故

1 工程基本情况

密云某再生水厂配套管网工程，工程内容包括：管线总长度22350m、包含7.6km污水管线，期间86座竖井14.1km的再生水管线，期间9座竖井。工程地点为北京市密云区，合同工期140日历天，计划开工日期2017年8月23日、计划竣工日期2017年12月31日，实际开工日期为2017年12月。

2 相关单位情况

建设单位：北京市某水务局。

总包单位：北京某路桥集团公司。

劳务分包单位：望都某某公司。

监理单位：北京某工程管理公司，经营范围为建设工程项目管理；工程监理；专业承包。企业资质：房屋建筑工程监理甲级；水利水电工程监理甲级；农林工程监理甲级；市政公用工程监理甲级。

3 事故经过

2018年6月8日，水厂管网工程Z2-45竖井发生一起起重伤害事故。北京某路桥集团公司项目部通过项目部微信工作群发布工程全面停工的指令，左某某（承包人李某某雇佣的现场管理人员）收到停工信息后，转发给李某某。

6月9日，项目部组织全部劳务单位召开安全培训会议，下达停工指令。左某某会后电话联系李某某，告知其停工情况，李某某安排左某某负责停工期间的施工现场事宜。

左某某未按照项目部停工要求，要求李某某组织工人进行P8～P9竖井注浆作业。李某某与周某某联系，让其安排工人进行P8～P9注浆作业。周某某组织张某某、王某某两人进行P8～P9竖井注浆作业。6月11日20时左右，P9竖井注浆作业完毕后，张某某、王某某到P8竖井底部进行脚手架搭设作业。

6月12日8时左右，张某某、王某某到P8竖井内搭设用于注浆的脚手架，左某某在施工现场巡查时发现了2人作业，左某某将P8竖井的通风设备开启，张某某、王某某继续进行搭设脚手架作业。9时左右，北京某工程管理公司土建监理陈某某对P8竖井施工现场进行巡查，发现竖井内张某某、王某某正在进行搭设脚手架作业，陈某某要求张某某、王某某2人撤离现场，并口头告知左某某项目部已经下达停工指令，停止一切施工作业。陈某某离开P8竖井施工现场后，张某某、王某某继续作业至10时30分左右，离开P8竖井。两人离开后，左某某将通风设备关闭。

6月12日14时左右，左某某到P9竖井施工现场。15时45分，左某某听到施工现场有敲击声，经确认是张某某和王某某在P9竖井施工现场修理注浆机。

6月12日17时左右，在未开启通风设备的情况下，张某某、王某某先后进入到P8竖井内进行作业。17时10分，张某某走至P8竖井最下部爬梯时，突然晕倒并坠至竖井底部，王某某发现后立即给周某某打电话，让其立即赶到现场。随后，王某某到达竖井底部对张某某施救，也晕倒在竖井底部。

王某某给周某某打电话时，李某卫和周某某在一起（朝阳区的出租屋内）李某某得知张某某的情况后，立即给左某某打电话，让其到P8竖井施工现场确认情况。左某某到达事发现场后，发现张某某、王某某2人晕倒在竖井底部，其立即开启现场通风设备，并与其他施工人员将2人救出，经120医护人员现场抢救后，送至北京市密云区医院进行抢救，经抢救无效死亡。

4 事故原因

（1）事故的直接原因

在停工期间，作业人员违章作业、违规施救、事发竖井底部缺氧，是造成事故发生及事故扩大的直接原因。

经检测，事发竖井底部属于严重缺氧环境（竖井底部东南角1m位置氧气含量为13.7%，西南角1m位置氧气含量为14.6%）。经专家组讨论认定，因P8竖井内环境缺氧，导致2名作业人员急性缺氧窒息死亡。

（2）事故的间接原因

1）施工现场负责人在接到项目部停工指令后，未向劳务人员传达停工指令，仍安排工人进行注浆作业。对施工现场检查不到位，未及时发现作业人员在P8竖井通风设备未开启、个人未配备作业防护设备和个体防护用品的情况下，进入P8竖井底部进行作业的事故隐患。

2）望都某公司将P8～P9竖井暗挖作业违法发包给不具备安全生产条件的个人，以包代管，未对劳务作业人员实施有效管理，未对作业人员进行安全教育培训；未向作业人员告知作业场所的危险因素、防范措施和事故应急措施；未为作业人员配备有限空间作业防护设备及个体防护用品；未制定有限空间施工方案。

3）北京某路桥集团公司未对部分有限空间作业人员进行安全生产教育和培训；未督促从业人员严格执行本单位有限空间施工方案；对劳务分包单位的安全生产工作检查不到位，未发现其在有限空间作业过程中存在的安全问题；在下达停工指令后，对施工现场检查不到位，未及时发现工人进行有限空间作业的事故隐患。

4）北京某工程管理公司未切实履行监理职责，对工程项目监督检查不到位，项目监理人员发现工人在停工期间进行有限空间作业的行为未及时报告建设单位。

鉴于上述原因分析，根据安全生产有关法律法规的规定，事故调查组认定，该起事故是一起一般生产安全责任事故。

5 监理单位及人员责任

北京某工程管理公司总监宋某某，作为项目总监理工程师，未切实履行自身安全生产监理职责，未能做到检查安全生产管理的监理工作落实情况，对事故发生负有责任。

6 事故防范和整改措施建议

该起事故给人民生命财产带来了损失，造成了较大社会影响，教育深刻。为防止类似事故再次发生，事故调查组结合调查的情况，针对事故中暴露的问题，提出如下整改建议措施：

（1）望都某公司应立即全面排查，停止将劳务作业项目发包给不具备安全生产条件的个人的违法行为，坚决杜绝层层转包的现象。确保应当具备的安全生产条件所必需的资金投入。按照国家和行业标准的有关规定，为从业人员配备有限空间作业安全警示标志、通风设备、检测设备等劳动防护用品，并配备必要的应急救援装备；结合本企业的生产经营特点制定有限空间作业制度、操作规程和应急救援预案，向从业人员告知有限空间作业的危险因素、防范措施和事故应急措施；严格有限空间的审批制度，落实各项安全管理措施，坚决杜绝“三违”现象的发生。

（2）北京某集团公司应加强公司内部工程项目风险管控，严格审核分包单位资质，坚决杜绝转包行为和“以包代管”，对分包单位执行施工方案情况开展督促检查，不折不扣落实安全交底和监理指令。要立即开展安全生产大排查，重点检查劳务分包单位的安全生产管理情况，加强对劳务分包单位的管理，督促劳务分包单位按照相关制度和操作规程进行施工。将被派遣劳动人员纳入本公司从业人员统一管理，对被派遣劳动者开展岗位安全操作规程和安全操作技能的教育和培训。

（3）北京某工程管理公司应配增监理人员，加强对项目监理部的监督检查，督促项目监理部实施有效监理；加强对项目监理部监理规划、监理实施细则的监督检查，完善各项安全监理内容；加强对项目监理部监理人员管理，督促其切实履行监理职责；严格落实现场监理各项制度，有效发现和制止施工中违章作业行为；加强对吊装、有限空间作业等危险作业的专项巡视检查，强化对施工单位执行施工方案情况的检查；督促项目监理部对于检查发现的各项安全隐患及时下达书面监理指令并督促整改。

（4）区水务局要加强对水厂管网工程的安全管理，加大检查力度，严格督促施工单位按照施工进度、工序进行施工，确保各项安全措施落实到位；加强对相关监理单位的监督管理，督促监理单位按照相关规定要求正确履职，落实安全监理责任；采取有效手段，确保工程项目在停工期间的各项安全措施落实到位。

（5）区建设行政主管部门要严格履行行业监管职责，督促企业落实安全生产主体责任；认真剖析事故原因、切实汲取事故教训，重点检查从业人员安全教育培训考核、特种作业人员持证上岗、危险作业安全管理、违法分包情况，针对发现的违法问题，依法严肃处理；加强对被责令停工建设项目的监管，督促参建单位落实主体责任，确保各项停工措施落实到位；制定切实可行的解决措施，坚决遏制建筑行业生产安全事故的发生。

（6）各相关部门要认真履行“管行业必须管安全、管业务必须管安全、管生产经营必须管安全”要求，切实维护职工群众生命财产安全。政府投资项目的建设单位应当加强建设过程中的组织协调，督促监理单位、施工单位严格落实各项安全措施，确保安全管理与工程质量、进度同步推进。

7 对监理处罚的落实情况

《住房和城乡建设部行政处罚决定书》依据《建设工程安全生产管理条例》第五十八条规定，给予宋某某停止执业1年的行政处罚，合并执行2年。

德州市经济技术开发区某工程模板较大事故

1 工程基本情况

工程地点位于德州经济技术开发区三八路以北，经二路以西，发生事故的部位为该项目区域内的某工程三期项目⑤～⑧轴/R1轴～N1轴地下人防工程。

2016年11月9日，德州某置业公司与德州某监理公司签订了《建筑工程监理合同》，委托德州某监理公司对某工程三期项目工程进行监理。

2017年2月17日，德州某置业公司与某集团公司签订《施工承包合同》，某集团公司承揽了某工程三期22号、29号、30号、31号楼、综合楼及地下车库建设施工。

2017年2月17日，某集团公司与沧州市某劳务公司签订《建筑工程施工劳务分包合同》，劳务分包范围为某工程三期22号、29号、30号、31号楼、综合楼及地下车库木工、砌筑、钢筋、焊接、护坡、抹灰、混凝土、油漆、水暖电安装、脚手架的劳务作业。

2017年5月23日，德州某置业公司与北京某工程管理公司山东分公司签订了《建设工程监理合同》，委托北京某工程管理公司山东分公司对工程三期项目人防工程进行监理。

2 相关单位情况

施工单位：某集团公司。

建设单位：德州某置业公司。

施工劳务分包单位：沧州市某劳务公司。

人防工程监理单位：北京某工程管理公司山东分公司。

监理单位：德州某监理公司，具有房屋建筑工程甲级资质。

3 事故经过

8月31日8时左右，某集团公司组织人员开始在某工程三期地下车库出入口处区域浇筑顶板混凝土。9时30分左右在该区域混凝土基本浇筑完成时，施工班组发现模板跑浆，班组长带领工人下去堵漏。在堵漏过程中发现架体下沉，随之安排工人进行架体加固。9点37分，一名工人（王某某）用千斤顶对底部工字钢进行顶撑，造成架体失稳，发生模板支架整体坍塌（坍塌面积20多m^2）。事故发生时，4名混凝土工在顶板作业，6名木工在底部加固模板支架，2名木工在事故区域之外寻找加固材料。坍塌事故发生后，在顶板作业的混凝土工坠落，在底部加固模板支架的6名木工被掩埋后致死亡（王某某、刘某某、李某阳、李某志、李某艳、成某）。

4 事故原因

（1）直接原因

未按国家标准进行模板施工，立杆支承点的工字钢承载力不足导致支撑体系变形过大后，人员违规操作，导致模板支架整体坍塌，是导致事故发生的直接原因。

（2）间接原因

1）某集团公司及某工程三期项目部管理混乱，安全生产主体责任不落实。

①某集团公司内部安全生产层级管理混乱，安全生产责任制和安全管理规章制度落实严重不到位，安全检查流于形式，未认真开展“质量安全隐患排查治理”等专项行动。施工项目部管理机构不健全，未按合同约定派驻具备资格的人员担任项目经理，派驻现场的安全员等关键岗位人员人证不符，质量安全保证体系不能有效运转。未对新进场工人开展全员安全教育和培训。未按规定定期组织事故应急演练。

②某集团公司某工程三期项目部形同虚设，未能有效履行项目部管理职责，安全管理基本失控。专职安全生产管理人员配备不足，安全员谢某行项目经理职责。将工程全部劳务分包给沧州市某劳务公司后，对承包人承建的施工现场“以

包代管”。事故发生部位的模板支撑未按施工方案搭设，搭设前未对工人进行安全技术交底，模板支撑施工无人监管，搭设完毕未组织有关人员进行验收，对存在的大量安全隐患未能及时发现并浇筑混凝土。安全资料管理不善，部分资料人员签字失实。

③事故工程施工承包人李某德安全意识极其淡薄，未组织进场施工人员安全教育培训，私自更改施工方案，未进行必要的班组安全技术交底。未按照模板支撑所需提供足够数量合格的钢管、扣件和模板，致使现场产生大量事故隐患。在未对该部位的模板分项工程进行验收的情况下即浇筑混凝土，且发现事故隐患不上报，违章指挥工人违规操作。

2）沧州市某劳务公司未履行安全生产管理职责。该公司安全保障体系不健全，施工现场未派驻管理人员；作为某集团公司的全资子公司，自主经营权受母公司限制，对所承接的某工程三期劳务工程仅是财务走账，未履行任何管理职责。

3）德州某置业公司安全生产职责落实不到位。作为建设单位，对施工监理单位统一协调管理不力。未按规定发包工程监理，以明显低于市场价格发包工程监理，且监理范围界定不清。对所委托的人防监理单位项目总监未到岗履责未提出意见。默许施工单位不按合同约定派驻项目管理机构和人员。对施工中的违章指挥和违规操作行为未及时制止。

4）北京某工程管理公司山东分公司未依照有关法律、法规、技术标准、设计文件实施监理业务。未按监理合同约定派驻项目监理机构和人员，工程开工至事故发生前，项目总监未到岗履职，任命的两名监理员，仅有一人在现场参与过关键部位的验收，未对工程的重要部位实施旁站监理。监理合同签订不规范，刻意规避法定监理义务。

5）德州某监理公司履行监理职责不到位。对监理的工程三期地下车库，公司派驻项目总监只负责签署所施工资料、配合各类检查，未对施工现场实施安全监理。未对施工单位人员资格和方案编制落实进行实际把关，现场仅派驻1人整理资料，且在实施监理过程中未发现所监理的范围存在人防工程，也未向建设单位提出监理范围变更要求，继续依据房屋建筑工程进行监理。

6）市人民防空办公室（以下简称市人防办）监管职责落实不到位。作为人防工程的行业主管部门，未按照《中华人民共和国安全生产法》等有关法律、法规的规定对行业、领域的安全生产工作实施监督管理。落实安全生产“管行业必须管安全、管业务必须管安全、管生产经营必须管安全”的要求不到位。对人防工程监理承发包行为未实施有效监管。对人防工程各方参建主体和人员资格检查不严，对施工、监理单位项目管理人员不到岗履职监督不力。未按照监督计划对人防工程施工中的重要部位进行重点监管。

7）市经济技术开发区城乡住房和建设管理部（以下简称区建管部）安全监督工作不到位。作为房屋建筑工程监管部门，安全生产网格化监管和建筑施工行业"大排查快整治严执法全资格"活动开展不深入、不彻底，对辖区建设施工单位监督检查力度不够。对某集团公司工程三期项目部主要管理人员资格检查不严，对其不到岗履职情况监督不到位；对德州某置业公司管理监督不到位；对德州某监理公司派驻的管理人员不到岗履职情况监督不到位。

8）德州经济技术开发区辖区内发生安全生产较大责任事故，造成人民群众生命财产损失严重，社会影响恶劣。存在"重发展、轻安全"的问题，落实各级安全生产责任制不到位。

经调查认定，德州经济技术开发区某工程模板坍塌事故是一起较大生产安全责任事故。

5　监理单位及人员责任

田某某，作为项目总监理工程师，未认真履行安全监理职责，未对施工现场进行安全监理，对事故发生负有责任。

6　事故防范措施

（1）加强教育培训，提升本质安全

加强企业从业人员的安全教育与培训工作，切实提高建筑业从业人员安全意识，不断提升本质安全。通过开展行之有效的宣传教育活动，切实增强建筑施工企业和工人的安全生产责任意识。积极开展安全技术和操作技能教育培训，认真做好经常性安全教育和施工前的安全技术交底工作，重点加大对危大部位模板支撑搭设、混凝土浇筑、高空作业等技术工人的培训教育力度。进一步强化对现场监理、安全员等重点岗位人员履职方面的教育管理和监督检查，严格实行持证上岗制度。

（2）完善安全管理，落实主体责任

各有关建设、施工、监理单位要认真落实安全生产主体责任，确保安全生产。建设单位要进一步规范各项承发包行为，依法依规履行告知备案义务，严格履行安全职责；施工单位要加强施工现场安全生产管理，严格落实企业负责人、项目负责人现场带班制度，认真遵守有关规定和技术规范，严格落实人员持证上岗规定，全面实施全员安全教育制度，严禁违规操作、违章指挥；监理单位要严格履行安全监理职责，按需配备足够的、具有相应从业资格的监理人员，加强对施工过程中重点部位和薄弱环节的管理和监控，保证监理人员能及时发现和制止施工现场存在的安全隐患。

（3）强化监管职责，严格执法检查

各县（市、区）党委、人民政府（管委会）要坚持党政同责，切实履行属地监管责任，进一步厘清各职能部门的安全职责分工，加强安全监督机构建设，提高安全监督人员配备和设施装备，严格依法监管。按照“管行业必须管安全、管业务必须管安全、管生产经营必须管安全”的原则，人防部门要重新厘清部门监管职责，建立健全各项安全监管措施，认真落实行业监管职责，全面加强人防工程施工过程的安全监督；建管部门要深入开展房屋建筑领域施工安全整治，按照法定监管范围，扎实组织开展“大检查快整治严执法全资格”和“打非治违”等专项行动，督促各责任主体落实安全责任。

（4）全面举一反三，吸取事故教训

各县（市、区）及有关部门要深刻吸取此次事故教训，牢固树立安全发展理念，切实贯彻落实市委市政府关于“党政同责、一岗双责、齐抓共管、失职追责”的要求，坚守“发展决不能以牺牲人的生命为代价”的红线，从维护人民生命财产安全的高度，充分认识加强安全生产工作的极端重要性，定期研究分析安全生产形势，真正把安全生产纳入经济社会发展的总体布局中去谋划、去推进、去落实，及时发现和解决存在的问题。

7 对监理处罚的落实情况

《住房和城乡建设部行政处罚决定书》依据《建设工程安全生产管理条例》第五十八条规定，给予田某某吊销注册监理工程师注册执业证书，5年内不予注册的行政处罚。

厦门市轨道交通某号线一期工程1标段某某站较大事故

1　工程基本情况

事故项目名称：厦门市轨道交通某号线一期工程

项目内容：厦门市轨道交通某号线一期工程1标段某某站—某某站区间盾构YDK19+138处带压进仓作业。

2　参建单位情况

建设单位：厦门某集团公司。

监理单位：上海某咨询公司，具有房屋建筑工程监理甲级，市政公用工程监理甲级资质。在厦门设立了“厦门市轨道交通某号线一期工程土建施工监理1标段监理部”。

施工总承办单位：中国某股份公司。

施工单位：中铁某某局隧道公司。

劳务分包单位：淮安某技术公司。

设备厂商及设备型号：泥水平衡盾构机，型号MIX－6990。供货方广州某机械公司。

3　事故经过

2017年2月12日下午，在厦门市轨道交通某号线一期工程1标段某某站—某某站区间右线盾构现场，13时30分左右，3名工人带压进仓进行仓内清理碎石作业；16时30分左右，3名工人作业完成后进入减压仓吸氧减压；18时10分左右，减压仓副仓起火；18时30分左右，在采取打开应急排气口、关闭氧气管路阀门、开仓后使用灭火器喷射等紧急措施后，施救人员进行减压舱施救；19时30分左右，施救人员使用隧道电瓶车将受伤人员送至井口，并紧急送海沧长庚医院抢救；20时30分左右，进仓作业的3名工人经送医院抢救无效死亡。

4 事故原因

（1）直接原因

综合技术分析，以及施工程序、专项方案、事故过程、设备技术资料等分析表明：盾构机减压舱在富氧环境下，连接部位均为金属构件的仓内自动翻折式座椅，在反复翻折、摩擦碰撞的情况下产生静电、火花；非阻燃材料在两座椅直接起火，导致该位置人员着火；该位置人员起火后未启动手动喷淋装置，在向盾构减压仓主仓逃生时，将火种带入主仓，引起主仓瞬间燃爆。

（2）间接原因

1）减压仓内座椅配有非阻燃材质坐垫；操作人员未严格遵守带压进仓作业规程，未正确穿着、佩戴阻燃材质的劳动防护用品；当班人员未严格落实作业审批制度，未对带压进仓作业的非阻燃材质物品进行点验、甄别，致使仓内留存有非阻燃材质化纤衣服、编织袋、饮用水塑料瓶、抹布等，具备事故发生的可燃物条件。

2）减压仓未配备固定式气体实时检测系统，对氧气浓度检测方法不科学；当班人员未严格遵守相关安全生产规范及安全操作规程，未采取相应的安全防护监护措施；带压进仓作业时未对作业场所气体实时检测和氧气浓度进行有效控制，致使事故发生时减压舱内处于富氧状态，具备事故发生的助燃物条件。

某某站事故是一起较大生产安全事故。

5 监理单位及人员责任

上海某咨询公司，作为该项目的工程监理单位，监理监督责任不到位，监理责任缺失，对事故发生负有责任。

6　防范措施建议

厦门市轨道交通某号线一期工程1标段某某站较大事故暴露出厦门市轨道交通工程施工领域对新技术、新工艺推广应用中可能带来不可预见、不可知影响因素的预测、预警能力不足，对危险性较大分部分项工程施工关键工序的管理存在覆盖程度、管控深度不足，专业技术人员短缺等问题。

各级各部门各单位要牢牢把握工程施工领域安全生产工作的特殊性和复杂性，认真领会习近平同志在国家安全工作座谈会议上关于加强重点领域安全生产的重要批示精神，认真贯彻执行省、市领导针对此次事故的批示指示，以维稳安保、"万无一失、绝对安全"为总目标，克服麻痹思想和侥幸心理，举一反三吸取事故教训，遏制类似事故的再度发生。现就防范措施提出如下建议：

（1）紧扣生产安全优化新技术设备的本质安全

厦门轨道交通建设中大范围地应用盾构开挖技术，在当前技术人才和相应管理人才储备存在一定局限的条件下，重视各相关新技术设备的本质安全显得尤为重要。座椅、减压吸氧系统、作业环境有害气体实时检测系统、消防喷淋系统、人闸仓视频监控系统等硬件设施的升级优化或增设，都是提升盾构机本质安全的、具体的、可行的措施。在座椅上安装具有阻燃特效的隔离防护装置，将座椅靠背、坐垫采用聚氯乙烯等阻燃材料代替。将减压吸氧系统升级为"独立式吸氧系统"，与人闸通风换风系统各自独立循环运行，在供气管路不变的同时，设置专用排气管路与面罩连接，将呼出气体通过排气管路直接排放至人闸外，既确保医用氧气不渗入通风换风系统，又避免呼出氧气在人闸内富集。配置作业环境有害气体实时检测系统，将作业环境中的气体持续通过气源管路连接至此系统，连续不间断掌握有害气体浓度，一旦超标，借助传感器反馈启动警报器发出报警信号，提升安全性能。保留喷淋系统的固有功能，增设自动检测、启动装置，杜绝紧急状态下仓内人员不能及时启动喷淋系统的情况。增加人闸视频监控系统，通过耐高压摄像头捕捉视频，经控制主机将视频信号分配到各监视器，对作业及加、减压过程实施实时监控，提升风险发现及应急处置能力。

（2）细化安全生产操作规程

建立健全配套可行的生产安全操作规程，创造"人、机、物"环境的和谐，是安全生产"以人为本"的体现形式之一，厦门轨道交通建设中盾构机开仓、带压安全操作，同样离不开操作规程的具体细化。业主单位、设计单位、监理单位、施工单位应在现有做法的基础上，协同就以下具体内容进行细化并确保落地：对开仓前安全条件的确认及进仓人员的检查要更加细化，对准备开仓作业位置地质、水文条件做明确要求。对开仓前验收和审批程序要更加明确，对人员进仓前条件核准工作进行了详细说明。对进仓前各种相关设备准备情况做严格规定，对人员进入开挖仓内的作业流程进行细化。对超过3bar的高压进仓规定要更为严格，供氧系统应专人监管，作业前应气密性试验，作业过程中监管仓内人员用氧，实时监测医用氧气压力和人闸内氧气浓度，防止压力过低造成罩内单向阀逆向导通，使氧气渗入人闸情况发生。作业人员出仓操作规程应进一步细化。

（3）强化责任担当进一步提升安全生产水平

工程施工安全，一直以来受到社会各界的广泛关注。针对工程施工生产安全，这一特定领域的“准公共产品供给”，已形成施工单位主体责任、监理单位监理责任、业主单位管理责任、行业部门监管责任、安监部门综合监管等共同构成的安全生产责任体系。虽然一些新技术、新工艺在施工领域的应用，会给生产安全带来不可预见、不可知的影响因素，但有关各作业方、管理方、监管方仍应本着对厦门轨道交通建设责任担当、负责的态度，在扎实做好基础工作的同时，跟上技术更新、技术进步的步伐。施工单位，要从落实主体责任的高度，加大盾构掘进关键技术工艺的学习力度，深入掌握泥水盾构机安全技术特性和操作要领；加强危险性较大分部分项工程管理，科学编制严格执行施工方案，具体到作业审批制度、关键节点施工前安全条件验收制度、重要工序验收当日当班必检制度和隐患排查制度等每一个相关环节都不放过。监理单位要严格审查安全方案、严格督促现场和设备设施安全管理，督促各项防护监护安全措施的落实。业主单位要确实加强对危险性较大的分部分项工程安全管理，特别是督促施工单位、监理单位对盾构掘进过程中涉及供电、通风、高压舱的设备设施和各相关施工工艺的安全条件，加强监控，并隐患排查整治。厦门市市政园林局、厦门市建设局要积极为强化自身和业主单位的人才配备和人才储备，尤其是与盾构掘进、机电设备等专业的人才配备创造条件，用专业人做专业事，进一步提升厦门轨道建设安全生产监管水平。厦门市建设工程质量安全监督站应进一步加强监管工作，按《福建省建设工程质量安全监管办法》，“双随机”监管机制等监管要求，针对盾构施工等新工艺、新技术的运用，一方面要加大现有监管人员的培训和再教育，另一方面要加大专门人才的吸收或引进，以购买服务等方式创新轨道交通工程质量安全监管工作。

（4）加强应急管理筑牢生产安全的最后一道防线

厦门轨道交通建设的各相关单位要认真执行《生产安全事故报告和调查处理条例》（国务院令第493号）、《生产安全事故应急预案管理办法》（国家安监总局令第88号）等法律法规要求，进一步建立健全事故预防、报告及处理制度，并将制度落到实处。事故发生单位要及时报告险情，同时组织第一时间的抢险救援，严禁瞒报迟报。相关部门要加强值守，认真做好接报、上报以及救援组织工作。各区政府要加强辖区地铁事故灾难应急救援指导和落实工作，确保及时妥善处置事故，防止次生灾害的发生。各建设单位和设计、施工、监理企业要制定和完善应急预案，细化各项预警与应急处置方案措施，不断提高对突发事件的应急处置能力。要针对盾构机带压进仓作业，编制专项应急预案，并经专家评审把关，对作业风险源进行分析并制定预防措施，建立应急救援组织机构及应急处置队伍，完善应急报告、应急响应流程，配置充足的应急物资和医疗保障。要结合专项应急预案的编制，进行实况应急演练，对进仓作业各项操作流程和高压环境下的各种突发状况进行模拟，检验应急预案的可操作性、提高应对突发事件的风险意识、增强突发事件应急反应能力。

7 对监理处罚的落实情况

对监理单位的处罚决定：《住房和城乡建设部行政处罚决定书》依据《建设工程安全生产管理条例》第五十七条规定，给予上海某咨询公司责令停业整顿60日的行政处罚。

德宏州瑞丽市某开发区较大建筑施工安全事故

1 工程基本情况

事故工程项目为瑞丽市某开发区污水处理厂及配套管网工程项目。该工程项目用地总面积40.35亩（26900m²），批复项目总投资14090.2万元，工程规划总规模处理能力为3.0万t/d，分期建设。其中一期计划新建0.5万t/d的污水处理厂一座，包含构筑物、设备、工艺管道及附属设施建设，新建DN400—1200的污水管网约68km。

防腐工程总面积：10000m²，计划于2017年8月至2017年12月底完成，现已基本完成防腐工程。事故发生在一期工程污水处理池（OA池）防腐施工过程中。

2 相关单位情况

建设单位：市住房和城乡建设局。

设计单位：中国市政某设计研究院。

施工单位：云南某工程集团公司。

监理单位：云南某项目管理公司。是一家集建设工程项目管理、环境影响评价、建设工程、施工图设计、施工图审查、招标咨询、造价咨询、监理咨询、工程承包及建设工程其他相关技术服务为一体的公司。具有资质：房屋建筑工程监理甲级；市政公用工程监理甲级。

分包单位：赣州某工程公司。

3 事故经过

2017年12月22日下午14时20分，梁某某（防腐事故现场负责人，负责在建瑞丽市某污水处理厂的防腐作业）安排5名工人（中国籍工人刑某某和缅甸籍男子貌某、奈某、丹某，缅甸籍女子麻某）对污水处理池（OA池）(井口长2.7m、宽1.1m、高7m的一个池子）进行防腐作业。刑某某将电风扇和电插板拿进池子内，然后爬出井口和梁某某在井口使用搅拌器对固化剂和配备好的有机溶液（其中有机溶剂为甲缩醛，属危险化学品，易挥发，易燃，与空气混合达到爆炸极限易爆）进行搅拌混合，搅拌好后刑某某带领3名缅甸籍男子一起戴上安全帽和口罩下到井内进行作业，麻某负责在井外向井内传递工具和涂料，14时40分井内忽然发生爆炸并迅速燃烧，造成在井内开展防腐作业的4名作业人员当场死亡，井外作业人员1人轻微伤。

4 事故原因

（1）事故直接原因

结合事故现场勘查的诸多痕迹资料，本次事故的直接原因是4名施工人员在进行防腐作业，作业环境为高7m、宽1.1m、长2.7m、容积20.79m^{3}的半封闭狭窄空间，作业时未进行有效通风，防腐材料稀释剂中不断挥发出有机易燃气体，该易燃气体的分子比重大于空气，在狭窄空间内不断聚集，当易燃有机气体与空气混合达到爆炸极限时，遇点火源（现场违规使用非防爆电风扇和电插板产生电火花）发生爆炸与燃烧。

（2）事故间接原因

1）市住房和城乡建设局（建设单位和行业主管部门)。未能严格按照“管行业必须管安全，管业务必须管安全、管生产经营必须管安全”的要求，切实落实好安全生产责任和监督管理职责。在该工程项目施工监督管理过程中，对项目附属工程及装饰工程监管力度不够，对防腐材料性能、施工技术要求安全认识不足。对项目部把防腐工程进行专业分包作业情况不掌握。对项目从业人员审查不严，安全教育不到位。

2）云南某工程集团公司（项目施工单位)。企业安全生产主体责任不落实，未建立科学的符合本工程建设施工的安全生产管理制度，安全管理不到位。在该工程项目施工管理过程中违反安全生产法第四十六条规定，将专业性较强的防腐工程分包给不具备相应资质的单位作业，对承包防腐工程施工的承包单位和承包人的专业资质审核把关不严。对深基坑作业、受限空间作业和危险品作业的危险因素未进行辨识，未向从业人员告知作业场所和工作岗位存在的危险因素，防火、禁烟、防爆、通风等监督管理责任未落实。对工程的安全生产工作检查不到位、隐患排查治理工作不到位。没有开展“三级”安全教育培训，管理人员和从业人员的安全意识淡薄。施工现场安全防护、安全警示、安全设施设备不完善，对现场基本情况底数不清，对施工班组、人数不明，审查不严。现场管理混乱，施工用物品堆放、临时用电等管理不规范，违章作业行为突出。

3）云南某项目管理公司（监理单位）。监理职责落实不到位。在实施监理的过程中，对深基坑作业、受限空间作业、危险化学品作业等的危险因素认识严重不足，未要求对深基坑、危险化学品作业等危险因素进行辨识。对防腐工程方案的可行性审核不严，未编制防腐工程安全监理实施细则，也未向市住房和城乡建设局进行备案，对污水处理池防腐施工未进行旁站监理。现场监管不到位，对现场存在的安全隐患未发现，并要求施工单位进行及时整改消除。

4）防腐工程具体承包责任人：梁某某。未经赣州某工程公司同意，私自借用赣州某工程公司营业执照与云南某集团公司签订《防腐合同》，合同中法定代表人：“王某”和委托代理人“梁某臣”的签名均为梁某某一人所签，其无建筑安全生产许可证及防腐工程专业承包资质，非法承包该项目防腐工程。对受限空间作业和危险品作业的危险因素未进行辨识，对使用中涉及的危险品理化性质不清，未采取有效的防火、禁烟、防爆、通风等安全防范措施。无视安全管理，在未对易燃易爆混合气体进行检测，做好安全防范的前提下，违章指挥、冒险作业。存在非法使用缅籍员工，对所用从业人员未进行安全教育，从业人员安全意识淡薄。现场管理混乱，直接将不具备防爆功能的电风扇、电插板放入受限空间底部通风，导致事故的直接发生。

经调查认定，瑞丽市某开发区污水处理厂较大建筑施工事故是一起生产安全责任事故。

5 监理单位责任

云南某项目管理公司作为监理单位，履行安全生产监理职责不力，未按要求对深基坑、危险化学品作业等危险因素进行辨识；未编制防腐工程安全监理实施细则；对污水处理池防腐施工未进行旁站监理；现场监管不到位，对防腐材料辅料稀释剂的监管不力，对此次事故负有监理责任。

6 事故防范和整改措施

针对事故暴露出来的问题，为进一步强化建筑施工等行业（领域）安全管理工作，有效落实安全大检查和隐患排查治理工作，有效防范类似事故再次发生，现提出以下防范措施和工作建议：

（1）加强领导、落实责任

各级各部门严格落实安全生产“党政同责、一岗双责、齐抓共管、失职追责”安全生产责任制和“三个必须”要求，切实加强对安全生产领导。

（2）吸取事故教训，多措并举，严防事故发生

各级各部门要以此事故为鉴，举一反三，进一步加强对建筑施工行业（领域）安全生产工作的重视，严格按省州主要领导批示精神，进一步完善各项安全生产预防措施，严防此类事故的再次发生。

（3）进一步强化组织领导，落实安全监管责任

各级各部门要进一步提高认识，认真贯彻落实《德宏州政府办关于深入开展安全生产大检查工作的紧急通知》《州安委办关于做好2018年元旦春节期间有关工作的通知》《州安委办转发省安委办关于切实做好工程建设安全生产工作的紧急通知》文件精神，严格政府统一领导，相关职能部门各司其职，相互沟通、协作，形成合力，齐抓共管，共同抓好建筑施工等行业（领域）安全。

（4）突出重点，全面开展拉网式检查，确保安全生产

根据省、州有关文件精神，德宏州各级各部门立即行动，按照“全方位、无死角、零容忍”的要求，在全州范围内立即开展一次拉网式的安全生产大检查，重点加大对非煤矿山、危险化学品、烟花爆竹、道路交通、建筑施工、旅游、水利、电力、特种设备等重点行业（领域）及铁路、高速公路等重点建设项目的大检查，着力抓好各行业（领域）的安全隐患排查。特别是加强对施工坍塌、高处坠落、脚手架、基坑开挖、模板工程、施工用电、施工防火、临建设施、起重设备、施工机械、危险品使用、动火作业、受限空间作业等施工中危险性较大部位防护措施落实情况的检查，督促企业落实主体责任，强化工程施工现场管理。并加强执法检查，严厉打击施工现场各类违法违规行为，严格查处施工现场无设计、无施工方案、不按施工方案施工、非法分包转包、冒险作业、无应急预案等

违法行为。通过安全大检查和各专项整治行动，集中整治一批安全隐患和问题，取缔一批违法场所，关闭一批违法违规和不符合安全条件的企业，切实将省州主要领导的批示精神落到实处，进一步完善各项安全生产预防措施，严防各类事故的发生。

（5）加大执法检查，督促企业主体责任落实

各级各部门要加大执法检查和执法查处力度，以高压态势，督促企业进一步建立健全安全管理机构，完善安全生产规章制度加大安全投入、强化安全教育，加强安全检查和隐患排查治理工作，切实履行好企业安全生产主体责任。

（6）加强外籍人员管理，严厉打击非法用工

各级人民政府，各级公安、外事、人社、卫生等相关部门要加强对外籍人员，特别是缅甸人员的管理，严防失管、漏管现象和非法用工行为。同时，保障好外籍人员的合法权益，共同维护好与周边国家的胞波情谊。

（7）加强应急值守和信息报送工作

严格应急预案管理，认真落实24h应急值守、领导干部到岗带班、信息报告制度，加强舆论引导，切实做好事故应急救援处置工作准备，为地方经济社会的快速发展提供安全保障。

7　对监理处罚的落实情况

《住房和城乡建设部行政处罚决定书》依据《建设工程安全生产管理条例》第五十七条规定，给予云南某项目管理公司责令停业整顿60日的行政处罚。

附　录

法律

中华人民共和国建筑法

1997年11月1日第八届全国人民代表大会常务委员会第二十八次会议通过 根据2011年4月22日第十一届全国人民代表大会常务委员会第二十次会议《关于修改〈中华人民共和国建筑法〉的决定》第一次修正 根据2019年4月23日第十三届全国人民代表大会常务委员会第十次会议《关于修改〈中华人民共和国建筑法〉等八部法律的决定》第二次修正

目 录

第一章　总　则

第一条　为了加强对建筑活动的监督管理，维护建筑市场秩序，保证建筑工程的质量和安全，促进建筑业健康发展，制定本法。

第二条　在中华人民共和国境内从事建筑活动，实施对建筑活动的监督管理，应当遵守本法。

本法所称建筑活动，是指各类房屋建筑及其附属设施的建造和与其配套的线路、管道、设备的安装活动。

第三条　建筑活动应当确保建筑工程质量和安全，符合国家的建筑工程安全标准。

第四条　国家扶持建筑业的发展，支持建筑科学技术研究，提高房屋建筑设计水平，鼓励节约能源和保护环境，提倡采用先进技术、先进设备、先进工艺、新型建筑材料和现代管理方式。

第五条　从事建筑活动应当遵守法律、法规，不得损害社会公共利益和他人的合法权益。

任何单位和个人都不得妨碍和阻挠依法进行的建筑活动。

第六条　国务院建设行政主管部门对全国的建筑活动实施统一监督管理。

第二章　建筑许可

第一节　建筑工程施工许可

第七条　建筑工程开工前，建设单位应当按照国家有关规定向工程所在地县级以上人民政府建设行政主管部门申请领取施工许可证；但是，国务院建设行政主管部门确定的限额以下的小型工程除外。

按照国务院规定的权限和程序批准开工报告的建筑工程，不再领取施工许可证。

第八条　申请领取施工许可证，应当具备下列条件：

（一）已经办理该建筑工程用地批准手续；

（二）依法应当办理建设工程规划许可证的，已经取得建设工程规划许可证；

（三）需要拆迁的，其拆迁进度符合施工要求；

（四）已经确定建筑施工企业；

（五）有满足施工需要的资金安排、施工图纸及技术资料；

（六）有保证工程质量和安全的具体措施。

建设行政主管部门应当自收到申请之日起七日内，对符合条件的申请颁发施工许可证。

第九条 建设单位应当自领取施工许可证之日起三个月内开工。因故不能按期开工的，应当向发证机关申请延期；延期以两次为限，每次不超过三个月。既不开工又不申请延期或者超过延期时限的，施工许可证自行废止。

第十条 在建的建筑工程因故中止施工的，建设单位应当自中止施工之日起一个月内，向发证机关报告，并按照规定做好建筑工程的维护管理工作。

建筑工程恢复施工时，应当向发证机关报告；中止施工满一年的工程恢复施工前，建设单位应当报发证机关核验施工许可证。

第十一条 按照国务院有关规定批准开工报告的建筑工程，因故不能按期开工或者中止施工的，应当及时向批准机关报告情况。因故不能按期开工超过六个月的，应当重新办理开工报告的批准手续。

第二节 从业资格

第十二条 从事建筑活动的建筑施工企业、勘察单位、设计单位和工程监理单位，应当具备下列条件：

(一) 有符合国家规定的注册资本；

(二) 有与其从事的建筑活动相适应的具有法定执业资格的专业技术人员；

(三) 有从事相关建筑活动所应有的技术装备；

(四) 法律、行政法规规定的其他条件。

第十三条 从事建筑活动的建筑施工企业、勘察单位、设计单位和工程监理单位，按照其拥有的注册资本、专业技术人员、技术装备和已完成的建筑工程业绩等资质条件，划分为不同的资质等级，经资质审查合格，取得相应等级的资质证书后，方可在其资质等级许可的范围内从事建筑活动。

第十四条 从事建筑活动的专业技术人员，应当依法取得相应的执业资格证书，并在执业资格证书许可的范围内从事建筑活动。

第三章 建筑工程发包与承包

第一节 一般规定

第十五条 建筑工程的发包单位与承包单位应当依法订立书面合同，明确双方的权利和义务。

发包单位和承包单位应当全面履行合同约定的义务。不按照合同约定履行义务的，依法承担违约责任。

第十六条 建筑工程发包与承包的招标投标活动，应当遵循公开、公正、平等竞争的原则，择优选择承包单位。

建筑工程的招标投标，本法没有规定的，适用有关招标投标法律的规定。

第十七条 发包单位及其工作人员在建筑工程发包中不得收受贿赂、回扣或者索取其他好处。

承包单位及其工作人员不得利用向发包单位及其工作人员行贿、提供回扣或者给予其他好处等不正当手段承揽工程。

第十八条 建筑工程造价应当按照国家有关规定，由发包单位与承包单位在合同中约定。公开招标发包的，其造价的约定，须遵守招标投标法律的规定。

发包单位应当按照合同的约定，及时拨付工程款项。

第二节 发包

第十九条 建筑工程依法实行招标发包，对不适于招标发包的可以直接发包。

第二十条 建筑工程实行公开招标的，发包单位应当依照法定程序和方式，发布招标公告，提供载有招标工程的主要技术要求、主要的合同条款、评标的标准和方法以及开标、评标、定标的程序等内容的招标文件。

开标应当在招标文件规定的时间、地点公开进行。开标后应当按照招标文件规定的评标标准和程序对标书进行评价、比较，在具备相应资质条件的投标者中，择优选定中标者。

第二十一条 建筑工程招标的开标、评标、定标由建设单位依法组织实施，并接受有关行政主管部门的监督。

第二十二条 建筑工程实行招标发包的，发包单位应当将建筑工程发包给依法中标的承包单位。建筑工程实行直接发包的，发包单位应当将建筑工程发包给具有相应资质条件的承包单位。

第二十三条 政府及其所属部门不得滥用行政权力，限定发包单位将招标发包的建筑工程发包给指定的承包单位。

第二十四条 提倡对建筑工程实行总承包，禁止将建筑工程肢解发包。

建筑工程的发包单位可以将建筑工程的勘察、设计、施工、设备采购一并发包给一个工程总承包单位，也可以将建筑工程勘察、设计、施工、设备采购的一项或者多项发包给一个工程总承包单位；但是，不得将应当由一个承包单位完成的建筑工程肢解成若干部分发包给几个承包单位。

第二十五条 按照合同约定，建筑材料、建筑构配件和设备由工程承包单位采购的，发包单位不得指定承包单位购入用于工程的建筑材料、建筑构配件和设备或者指定生产厂、供应商。

第三节 承 包

第二十六条 承包建筑工程的单位应当持有依法取得的资质证书，并在其资质等级许可的业务范围内承揽工程。

禁止建筑施工企业超越本企业资质等级许可的业务范围或者以任何形式用其他建筑施工企业的名义承揽工程。禁止建筑施工企业以任何形式允许其他单位或者个人使用本企业的资质证书、营业执照，以本企业的名义承揽工程。

第二十七条 大型建筑工程或者结构复杂的建筑工程，可以由两个以上的承包单位联合共同承包。共同承包的各方对承包合同的履行承担连带责任。

两个以上不同资质等级的单位实行联合共同承包的，应当按照资质等级低的单位的业务许可范围承揽工程。

第二十八条 禁止承包单位将其承包的全部建筑工程转包给他人，禁止承包单位将其承包的全部建筑工程肢解以后以分包的名义分别转包给他人。

第二十九条 建筑工程总承包单位可以将承包工程中的部分工程发包给具有相应资质条件的分包单位；但是，除总承包合同中约定的分包外，必须经建设单位认可。施工总承包的，建筑工程主体结构的施工必须由总承包单位自行完成。

建筑工程总承包单位按照总承包合同的约定对建设单位负责；分包单位按照分包合同的约定对总承包单位负责。总承包单位和分包单位就分包工程对建设单位承担连带责任。

禁止总承包单位将工程分包给不具备相应资质条件的单位。禁止分包单位将其承包的工程再分包。

第四章 建筑工程监理

第三十条 国家推行建筑工程监理制度。

国务院可以规定实行强制监理的建筑工程的范围。

第三十一条 实行监理的建筑工程，由建设单位委托具有相应资质条件的工程监理单位监理。建设单位与其委托的工程监理单位应当订立书面委托监理合同。

第三十二条 建筑工程监理应当依照法律、行政法规及有关的技术标准、设计文件和建筑工程承包合同，对承包单位在施工质量、建设工期和建设资金使用等方面，代表建设单位实施监督。

工程监理人员认为工程施工不符合工程设计要求、施工技术标准和合同约定的，有权要求建筑施工企业改正。

工程监理人员发现工程设计不符合建筑工程质量标准或者合同约定的质量要求的，应当报告建设单位要求设计单位改正。

第三十三条 实施建筑工程监理前，建设单位应当将委托的工程监理单位、监理的内容及监理权限，书面通知被监理的建筑施工企业。

第三十四条 工程监理单位应当在其资质等级许可的监理范围内，承担工程监理业务。

工程监理单位应当根据建设单位的委托，客观、公正地执行监理任务。

工程监理单位与被监理工程的承包单位以及建筑材料、建筑构配件和设备供应单位不得有隶属关系或者其他利害关系。

工程监理单位不得转让工程监理业务。

第三十五条 工程监理单位不按照委托监理合同的约定履行监理义务，对应当监督检查的项目不检查或者不按照规定检查，给建设单位造成损失的，应当承担相应的赔偿责任。

工程监理单位与承包单位串通，为承包单位谋取非法利益，给建设单位造成损失的，应当与承包单位承担连带赔偿责任。

第五章　建筑安全生产管理

第三十六条 建筑工程安全生产管理必须坚持安全第一、预防为主的方针，建立健全安全生产的责任制度和群防群治制度。

第三十七条 建筑工程设计应当符合按照国家规定制定的建筑安全规程和技术规范，保证工程的安全性能。

第三十八条 建筑施工企业在编制施工组织设计时，应当根据建筑工程的特点制定相应的安全技术措施；对专业性较强的工程项目，应当编制专项安全施工组织设计，并采取安全技术措施。

第三十九条 建筑施工企业应当在施工现场采取维护安全、防范危险、预防火灾等措施；有条件的，应当对施工现场实行封闭管理。

施工现场对毗邻的建筑物、构筑物和特殊作业环境可能造成损害的，建筑施工企业应当采取安全防护措施。

第四十条 建设单位应当向建筑施工企业提供与施工现场相关的地下管线资料，建筑施工企业应当采取措施加以保护。

第四十一条　建筑施工企业应当遵守有关环境保护和安全生产的法律、法规的规定，采取控制和处理施工现场的各种粉尘、废气、废水、固体废物以及噪声、振动对环境的污染和危害的措施。

第四十二条　有下列情形之一的，建设单位应当按照国家有关规定办理申请批准手续：

（一）需要临时占用规划批准范围以外场地的；

（二）可能损坏道路、管线、电力、邮电通讯等公共设施的；

（三）需要临时停水、停电、中断道路交通的；

（四）需要进行爆破作业的；

（五）法律、法规规定需要办理报批手续的其他情形。

第四十三条　建设行政主管部门负责建筑安全生产的管理，并依法接受劳动行政主管部门对建筑安全生产的指导和监督。

第四十四条　建筑施工企业必须依法加强对建筑安全生产的管理，执行安全生产责任制度，采取有效措施，防止伤亡和其他安全生产事故的发生。

建筑施工企业的法定代表人对本企业的安全生产负责。

第四十五条　施工现场安全由建筑施工企业负责。实行施工总承包的，由总承包单位负责。分包单位向总承包单位负责，服从总承包单位对施工现场的安全生产管理。

第四十六条　建筑施工企业应当建立健全劳动安全生产教育培训制度，加强对职工安全生产的教育培训；未经安全生产教育培训的人员，不得上岗作业。

第四十七条　建筑施工企业和作业人员在施工过程中，应当遵守有关安全生产的法律、法规和建筑行业安全规章、规程，不得违章指挥或者违章作业。作业人员有权对影响人身健康的作业程序和作业条件提出改进意见，有权获得安全生产所需的防护用品。作业人员对危及生命安全和人身健康的行为有权提出批评、检举和控告。

第四十八条　建筑施工企业应当依法为职工参加工伤保险缴纳工伤保险费。鼓励企业为从事危险作业的职工办理意外伤害保险，支付保险费。

第四十九条　涉及建筑主体和承重结构变动的装修工程，建设单位应当在施工前委托原设计单位或者具有相应资质条件的设计单位提出设计方案；没有设计方案的，不得施工。

第五十条　房屋拆除应当由具备保证安全条件的建筑施工单位承担，由建筑施工单位负责人对安全负责。

第五十一条 施工中发生事故时，建筑施工企业应当采取紧急措施减少人员伤亡和事故损失，并按照国家有关规定及时向有关部门报告。

第六章 建筑工程质量管理

第五十二条 建筑工程勘察、设计、施工的质量必须符合国家有关建筑工程安全标准的要求，具体管理办法由国务院规定。

有关建筑工程安全的国家标准不能适应确保建筑安全的要求时，应当及时修订。

第五十三条 国家对从事建筑活动的单位推行质量体系认证制度。从事建筑活动的单位根据自愿原则可以向国务院产品质量监督管理部门或者国务院产品质量监督管理部门授权的部门认可的认证机构申请质量体系认证。经认证合格的，由认证机构颁发质量体系认证证书。

第五十四条 建设单位不得以任何理由，要求建筑设计单位或者建筑施工企业在工程设计或者施工作业中，违反法律、行政法规和建筑工程质量、安全标准，降低工程质量。

建筑设计单位和建筑施工企业对建设单位违反前款规定提出的降低工程质量的要求，应当予以拒绝。

第五十五条 建筑工程实行总承包的，工程质量由工程总承包单位负责，总承包单位将建筑工程分包给其他单位的，应当对分包工程的质量与分包单位承担连带责任。分包单位应当接受总承包单位的质量管理。

第五十六条 建筑工程的勘察、设计单位必须对其勘察、设计的质量负责。勘察、设计文件应当符合有关法律、行政法规的规定和建筑工程质量、安全标准、建筑工程勘察、设计技术规范以及合同的约定。设计文件选用的建筑材料、建筑构配件和设备，应当注明其规格、型号、性能等技术指标，其质量要求必须符合国家规定的标准。

第五十七条 建筑设计单位对设计文件选用的建筑材料、建筑构配件和设备，不得指定生产厂、供应商。

第五十八条 建筑施工企业对工程的施工质量负责。

建筑施工企业必须按照工程设计图纸和施工技术标准施工，不得偷工减料。工程设计的修改由原设计单位负责，建筑施工企业不得擅自修改工程设计。

第五十九条 建筑施工企业必须按照工程设计要求、施工技术标准和合同的约定，对建筑材料、建筑构配件和设备进行检验，不合格的不得使用。

第六十条 建筑物在合理使用寿命内，必须确保地基基础工程和主体结构的质量。

建筑工程竣工时，屋顶、墙面不得留有渗漏、开裂等质量缺陷；对已发现的质量缺陷，建筑施工企业应当修复。

第六十一条 交付竣工验收的建筑工程，必须符合规定的建筑工程质量标准，有完整的工程技术经济资料和经签署的工程保修书，并具备国家规定的其他竣工条件。

建筑工程竣工经验收合格后，方可交付使用；未经验收或者验收不合格的，不得交付使用。

第六十二条 建筑工程实行质量保修制度。

建筑工程的保修范围应当包括地基基础工程、主体结构工程、屋面防水工程和其他土建工程，以及电气管线、上下水管线的安装工程，供热、供冷系统工程等项目；保修的期限应当按照保证建筑物合理寿命年限内正常使用，维护使用者合法权益的原则确定。具体的保修范围和最低保修期限由国务院规定。

第六十三条 任何单位和个人对建筑工程的质量事故、质量缺陷都有权向建设行政主管部门或者其他有关部门进行检举、控告、投诉。

第七章 法律责任

第六十四条 违反本法规定，未取得施工许可证或者开工报告未经批准擅自施工的，责令改正，对不符合开工条件的责令停止施工，可以处以罚款。

第六十五条 发包单位将工程发包给不具有相应资质条件的承包单位的，或者违反本法规定将建筑工程肢解发包的，责令改正，处以罚款。

超越本单位资质等级承揽工程的，责令停止违法行为，处以罚款，可以责令停业整顿，降低资质等级；情节严重的，吊销资质证书；有违法所得的，予以没收。

未取得资质证书承揽工程的，予以取缔，并处罚款；有违法所得的，予以没收。

以欺骗手段取得资质证书的，吊销资质证书，处以罚款；构成犯罪的，依法追究刑事责任。

第六十六条 建筑施工企业转让、出借资质证书或者以其他方式允许他人以本企业的名义承揽工程的，责令改正，没收违法所得，并处罚款，可以责令停业整顿，降低资质等级；情节严重的，吊销资质证书。对因该项承揽工程不符合规定的质量标准造成的损失，建筑施工企业与使用本企业名义的单位或者个人承担连带赔偿责任。

第六十七条 承包单位将承包的工程转包的，或者违反本法规定进行分包的，责令改正，没收违法所得，并处罚款，可以责令停业整顿，降低资质等级；情节严重的，吊销资质证书。

承包单位有前款规定的违法行为的，对因转包工程或者违法分包的工程不符合规定的质量标准造成的损失，与接受转包或者分包的单位承担连带赔偿责任。

第六十八条 在工程发包与承包中索贿、受贿、行贿，构成犯罪的，依法追究刑事责任；不构成犯罪的，分别处以罚款，没收贿赂的财物，对直接负责的主管人员和其他直接责任人员给予处分。

对在工程承包中行贿的承包单位，除依照前款规定处罚外，可以责令停业整顿，降低资质等级或者吊销资质证书。

第六十九条 工程监理单位与建设单位或者建筑施工企业串通，弄虚作假、降低工程质量的，责令改正，处以罚款，降低资质等级或者吊销资质证书；有违法所得的，予以没收；造成损失的，承担连带赔偿责任；构成犯罪的，依法追究刑事责任。

工程监理单位转让监理业务的，责令改正，没收违法所得，可以责令停业整顿，降低资质等级；情节严重的，吊销资质证书。

第七十条 违反本法规定，涉及建筑主体或者承重结构变动的装修工程擅自施工的，责令改正，处以罚款；造成损失的，承担赔偿责任；构成犯罪的，依法追究刑事责任。

第七十一条 建筑施工企业违反本法规定，对建筑安全事故隐患不采取措施予以消除的，责令改正，可以处以罚款；情节严重的，责令停业整顿，降低资质等级或者吊销资质证书；构成犯罪的，依法追究刑事责任。

建筑施工企业的管理人员违章指挥、强令职工冒险作业，因而发生重大伤亡事故或者造成其他严重后果的，依法追究刑事责任。

第七十二条 建设单位违反本法规定，要求建筑设计单位或者建筑施工企业违反建筑工程质量、安全标准，降低工程质量的，责令改正，可以处以罚款；构成犯罪的，依法追究刑事责任。

第七十三条 建筑设计单位不按照建筑工程质量、安全标准进行设计的，责令改正，处以罚款；造成工程质量事故的，责令停业整顿，降低资质等级或者吊销资质证书，没收违法所得，并处罚款；造成损失的，承担赔偿责任；构成犯罪的，依法追究刑事责任。

第七十四条 建筑施工企业在施工中偷工减料的，使用不合格的建筑材料、建筑构配件和设备的，或者有其他不按照工程设计图纸或者施工技术标准施工的行为的，责令改正，处以罚款；情节严重的，责令停业整顿，降低资质等级或者吊销资质证书；造成建筑工程质量不符合规定的质量标准的，负责返工、修理，并赔偿因此造成的损失；构成犯罪的，依法追究刑事责任。

第七十五条 建筑施工企业违反本法规定，不履行保修义务或者拖延履行保修义务的，责令改正，可以处以罚款，并对在保修期内因屋顶、墙面渗漏、开裂等质量缺陷造成的损失，承担赔偿责任。

第七十六条 本法规定的责令停业整顿、降低资质等级和吊销资质证书的行政处罚，由颁发资质证书的机关决定；其他行政处罚，由建设行政主管部门或者有关部门依照法律和国务院规定的职权范围决定。

依照本法规定被吊销资质证书的，由工商行政管理部门吊销其营业执照。

第七十七条 违反本法规定，对不具备相应资质等级条件的单位颁发该等级资质证书的，由其上级机关责令收回所发的资质证书，对直接负责的主管人员和其他直接责任人员给予行政处分；构成犯罪的，依法追究刑事责任。

第七十八条 政府及其所属部门的工作人员违反本法规定，限定发包单位将招标发包的工程发包给指定的承包单位的，由上级机关责令改正；构成犯罪的，依法追究刑事责任。

第七十九条 负责颁发建筑工程施工许可证的部门及其工作人员对不符合施工条件的建筑工程颁发施工许可证的，负责工程质量监督检查或者竣工验收的部门及其工作人员对不合格的建筑工程出具质量合格文件或者按合格工程验收的，由上级机关责令改正，对责任人员给予行政处分；构成犯罪的，依法追究刑事责任；造成损失的，由该部门承担相应的赔偿责任。

第八十条 在建筑物的合理使用寿命内，因建筑工程质量不合格受到损害的，有权向责任者要求赔偿。

第八章 附 则

第八十一条 本法关于施工许可、建筑施工企业资质审查和建筑工程发包、承包、禁止转包，以及建筑工程监理、建筑工程安全和质量管理的规定，适用于其他专业建筑工程的建筑活动，具体办法由国务院规定。

第八十二条 建设行政主管部门和其他有关部门在对建筑活动实施监督管理

中，除按照国务院有关规定收取费用外，不得收取其他费用。

第八十三条 省、自治区、直辖市人民政府确定的小型房屋建筑工程的建筑活动，参照本法执行。

依法核定作为文物保护的纪念建筑物和古建筑等的修缮，依照文物保护的有关法律规定执行。

抢险救灾及其他临时性房屋建筑和农民自建低层住宅的建筑活动，不适用本法。

第八十四条 军用房屋建筑工程建筑活动的具体管理办法，由国务院、中央军事委员会依据本法制定。

第八十五条 本法自1998年3月1日起施行。

中华人民共和国安全生产法

2002年6月29日第九届全国人民代表大会常务委员会第二十八次会议通过，2002年6月29日中华人民共和国主席令第70号公布，自2002年11月1日起施行。根据2009年8月27日第十一届全国人民代表大会常务委员会第十次会议关于《关于修改部分法律的决定》，2014年8月31日第十二届全国人民代表大会常务委员会第十次会议《关于修改〈中华人民共和国安全生产法〉的决定》，2021年6月10日第十三届全国人民代表大会常务委员会第二十九次会议《关于修改〈中华人民共和国安全生产法〉的决定》修正。

目　录

第一章　总　则

第一条　为了加强安全生产工作，防止和减少生产安全事故，保障人民群众生命和财产安全，促进经济社会持续健康发展，制定本法。

第二条　在中华人民共和国领域内从事生产经营活动的单位（以下统称生产经营单位）的安全生产，适用本法；有关法律、行政法规对消防安全和道路交通安全、铁路交通安全、水上交通安全、民用航空安全以及核与辐射安全、特种设备安全另有规定的，适用其规定。

第三条 安全生产工作坚持中国共产党的领导。

安全生产工作应当以人为本，坚持人民至上、生命至上，把保护人民生命安全摆在首位，树牢安全发展理念，坚持安全第一、预防为主、综合治理的方针，从源头上防范化解重大安全风险。

安全生产工作实行管行业必须管安全、管业务必须管安全、管生产经营必须管安全，强化和落实生产经营单位主体责任与政府监管责任，建立生产经营单位负责、职工参与、政府监管、行业自律和社会监督的机制。

第四条 生产经营单位必须遵守本法和其他有关安全生产的法律、法规，加强安全生产管理，建立健全全员安全生产责任制和安全生产规章制度，加大对安全生产资金、物资、技术、人员的投入保障力度，改善安全生产条件，加强安全生产标准化、信息化建设，构建安全风险分级管控和隐患排查治理双重预防机制，健全风险防范化解机制，提高安全生产水平，确保安全生产。

平台经济等新兴行业、领域的生产经营单位应当根据本行业、领域的特点，建立健全并落实全员安全生产责任制，加强从业人员安全生产教育和培训，履行本法和其他法律、法规规定的有关安全生产义务。

第五条 生产经营单位的主要负责人是本单位安全生产第一责任人，对本单位的安全生产工作全面负责。其他负责人对职责范围内的安全生产工作负责。

第六条 生产经营单位的从业人员有依法获得安全生产保障的权利，并应当依法履行安全生产方面的义务。

第七条 工会依法对安全生产工作进行监督。

生产经营单位的工会依法组织职工参加本单位安全生产工作的民主管理和民主监督，维护职工在安全生产方面的合法权益。生产经营单位制定或者修改有关安全生产的规章制度，应当听取工会的意见。

第八条 国务院和县级以上地方各级人民政府应当根据国民经济和社会发展规划制定安全生产规划，并组织实施。安全生产规划应当与国土空间规划等相关规划相衔接。

各级人民政府应当加强安全生产基础设施建设和安全生产监管能力建设，所需经费列入本级预算。

县级以上地方各级人民政府应当组织有关部门建立完善安全风险评估与论证机制，按照安全风险管控要求，进行产业规划和空间布局，并对位置相邻、行业相近、业态相似的生产经营单位实施重大安全风险联防联控。

第九条 国务院和县级以上地方各级人民政府应当加强对安全生产工作的领导，建立健全安全生产工作协调机制，支持、督促各有关部门依法履行安全生产监督管理职责，及时协调、解决安全生产监督管理中存在的重大问题。

乡镇人民政府和街道办事处，以及开发区、工业园区、港区、风景区等应当明确负责安全生产监督管理的有关工作机构及其职责，加强安全生产监管力量建设，按照职责对本行政区域或者管理区域内生产经营单位安全生产状况进行监督检查，协助人民政府有关部门或者按照授权依法履行安全生产监督管理职责。

第十条 国务院应急管理部门依照本法，对全国安全生产工作实施综合监督管理；县级以上地方各级人民政府应急管理部门依照本法，对本行政区域内安全生产工作实施综合监督管理。

国务院交通运输、住房和城乡建设、水利、民航等有关部门依照本法和其他有关法律、行政法规的规定，在各自的职责范围内对有关行业、领域的安全生产工作实施监督管理；县级以上地方各级人民政府有关部门依照本法和其他有关法律、法规的规定，在各自的职责范围内对有关行业、领域的安全生产工作实施监督管理。对新兴行业、领域的安全生产监督管理职责不明确的，由县级以上地方各级人民政府按照业务相近的原则确定监督管理部门。

应急管理部门和对有关行业、领域的安全生产工作实施监督管理的部门，统称负有安全生产监督管理职责的部门。负有安全生产监督管理职责的部门应当相互配合、齐抓共管、信息共享、资源共用，依法加强安全生产监督管理工作。

第十一条 国务院有关部门应当按照保障安全生产的要求，依法及时制定有关的国家标准或者行业标准，并根据科技进步和经济发展适时修订。

生产经营单位必须执行依法制定的保障安全生产的国家标准或者行业标准。

第十二条 国务院有关部门按照职责分工负责安全生产强制性国家标准的项目提出、组织起草、征求意见、技术审查。国务院应急管理部门统筹提出安全生产强制性国家标准的立项计划。国务院标准化行政主管部门负责安全生产强制性国家标准的立项、编号、对外通报和授权批准发布工作。国务院标准化行政主管部门、有关部门依据法定职责对安全生产强制性国家标准的实施进行监督检查。

第十三条 各级人民政府及其有关部门应当采取多种形式，加强对有关安全生产的法律、法规和安全生产知识的宣传，增强全社会的安全生产意识。

第十四条 有关协会组织依照法律、行政法规和章程，为生产经营单位提供安全生产方面的信息、培训等服务，发挥自律作用，促进生产经营单位加强安全生产管理。

第十五条 依法设立的为安全生产提供技术、管理服务的机构，依照法律、行政法规和执业准则，接受生产经营单位的委托为其安全生产工作提供技术、管理服务。

生产经营单位委托前款规定的机构提供安全生产技术、管理服务的，保证安全生产的责任仍由本单位负责。

第十六条 国家实行生产安全事故责任追究制度，依照本法和有关法律、法规的规定，追究生产安全事故责任单位和责任人员的法律责任。

第十七条 县级以上各级人民政府应当组织负有安全生产监督管理职责的部门依法编制安全生产权力和责任清单，公开并接受社会监督。

第十八条 国家鼓励和支持安全生产科学技术研究和安全生产先进技术的推广应用，提高安全生产水平。

第十九条 国家对在改善安全生产条件、防止生产安全事故、参加抢险救护等方面取得显著成绩的单位和个人，给予奖励。

第二章 生产经营单位的安全生产保障

第二十条 生产经营单位应当具备本法和有关法律、行政法规和国家标准或者行业标准规定的安全生产条件；不具备安全生产条件的，不得从事生产经营活动。

第二十一条 生产经营单位的主要负责人对本单位安全生产工作负有下列职责：

（一）建立健全并落实本单位全员安全生产责任制，加强安全生产标准化建设；

（二）组织制定并实施本单位安全生产规章制度和操作规程；

（三）组织制定并实施本单位安全生产教育和培训计划；

（四）保证本单位安全生产投入的有效实施；

（五）组织建立并落实安全风险分级管控和隐患排查治理双重预防工作机制，督促、检查本单位的安全生产工作，及时消除生产安全事故隐患；

（六）组织制定并实施本单位的生产安全事故应急救援预案；

（七）及时、如实报告生产安全事故。

第二十二条 生产经营单位的全员安全生产责任制应当明确各岗位的责任人员、责任范围和考核标准等内容。

生产经营单位应当建立相应的机制，加强对全员安全生产责任制落实情况的监督考核，保证全员安全生产责任制的落实。

第二十三条 生产经营单位应当具备的安全生产条件所必需的资金投入，由生产经营单位的决策机构、主要负责人或者个人经营的投资人予以保证，并对由于安全生产所必需的资金投入不足导致的后果承担责任。

有关生产经营单位应当按照规定提取和使用安全生产费用，专门用于改善安全生产条件。安全生产费用在成本中据实列支。安全生产费用提取、使用和监督管理的具体办法由国务院财政部门会同国务院应急管理部门征求国务院有关部门意见后制定。

第二十四条 矿山、金属冶炼、建筑施工、运输单位和危险物品的生产、经营、储存、装卸单位，应当设置安全生产管理机构或者配备专职安全生产管理人员。

前款规定以外的其他生产经营单位，从业人员超过一百人的，应当设置安全生产管理机构或者配备专职安全生产管理人员；从业人员在一百人以下的，应当配备专职或者兼职的安全生产管理人员。

第二十五条 生产经营单位的安全生产管理机构以及安全生产管理人员履行下列职责：

（一）组织或者参与拟订本单位安全生产规章制度、操作规程和生产安全事故应急救援预案；

（二）组织或者参与本单位安全生产教育和培训，如实记录安全生产教育和培训情况；

（三）组织开展危险源辨识和评估，督促落实本单位重大危险源的安全管理措施；

（四）组织或者参与本单位应急救援演练；

（五）检查本单位的安全生产状况，及时排查生产安全事故隐患，提出改进安全生产管理的建议；

（六）制止和纠正违章指挥、强令冒险作业、违反操作规程的行为；

（七）督促落实本单位安全生产整改措施。

生产经营单位可以设置专职安全生产分管负责人，协助本单位主要负责人履行安全生产管理职责。

第二十六条 生产经营单位的安全生产管理机构以及安全生产管理人员应当恪尽职守，依法履行职责。

生产经营单位作出涉及安全生产的经营决策，应当听取安全生产管理机构以及安全生产管理人员的意见。

生产经营单位不得因安全生产管理人员依法履行职责而降低其工资、福利等待遇或者解除与其订立的劳动合同。

危险物品的生产、储存单位以及矿山、金属冶炼单位的安全生产管理人员的任免，应当告知主管的负有安全生产监督管理职责的部门。

第二十七条 生产经营单位的主要负责人和安全生产管理人员必须具备与本单位所从事的生产经营活动相应的安全生产知识和管理能力。

危险物品的生产、经营、储存、装卸单位以及矿山、金属冶炼、建筑施工、运输单位的主要负责人和安全生产管理人员，应当由主管的负有安全生产监督管理职责的部门对其安全生产知识和管理能力考核合格。考核不得收费。

危险物品的生产、储存、装卸单位以及矿山、金属冶炼单位应当有注册安全工程师从事安全生产管理工作。鼓励其他生产经营单位聘用注册安全工程师从事安全生产管理工作。注册安全工程师按专业分类管理，具体办法由国务院人力资源和社会保障部门、国务院应急管理部门会同国务院有关部门制定。

第二十八条 生产经营单位应当对从业人员进行安全生产教育和培训，保证从业人员具备必要的安全生产知识，熟悉有关的安全生产规章制度和安全操作规程，掌握本岗位的安全操作技能，了解事故应急处理措施，知悉自身在安全生产方面的权利和义务。未经安全生产教育和培训合格的从业人员，不得上岗作业。

生产经营单位使用被派遣劳动者的，应当将被派遣劳动者纳入本单位从业人员统一管理，对被派遣劳动者进行岗位安全操作规程和安全操作技能的教育和培训。劳务派遣单位应当对被派遣劳动者进行必要的安全生产教育和培训。

生产经营单位接收中等职业学校、高等学校学生实习的，应当对实习学生进行相应的安全生产教育和培训，提供必要的劳动防护用品。学校应当协助生产经营单位对实习学生进行安全生产教育和培训。

生产经营单位应当建立安全生产教育和培训档案，如实记录安全生产教育和培训的时间、内容、参加人员以及考核结果等情况。

第二十九条 生产经营单位采用新工艺、新技术、新材料或者使用新设备，必须了解、掌握其安全技术特性，采取有效的安全防护措施，并对从业人员进行专门的安全生产教育和培训。

第三十条 生产经营单位的特种作业人员必须按照国家有关规定经专门的安全作业培训，取得相应资格，方可上岗作业。

特种作业人员的范围由国务院应急管理部门会同国务院有关部门确定。

第三十一条 生产经营单位新建、改建、扩建工程项目（以下统称建设项目）的安全设施，必须与主体工程同时设计、同时施工、同时投入生产和使用。安全设施投资应当纳入建设项目概算。

第三十二条 矿山、金属冶炼建设项目和用于生产、储存、装卸危险物品的建设项目，应当按照国家有关规定进行安全评价。

第三十三条 建设项目安全设施的设计人、设计单位应当对安全设施设计负责。

矿山、金属冶炼建设项目和用于生产、储存、装卸危险物品的建设项目的安全设施设计应当按照国家有关规定报经有关部门审查，审查部门及其负责审查的人员对审查结果负责。

第三十四条 矿山、金属冶炼建设项目和用于生产、储存、装卸危险物品的建设项目的施工单位必须按照批准的安全设施设计施工，并对安全设施的工程质量负责。

矿山、金属冶炼建设项目和用于生产、储存、装卸危险物品的建设项目竣工投入生产或者使用前，应当由建设单位负责组织对安全设施进行验收；验收合格后，方可投入生产和使用。负有安全生产监督管理职责的部门应当加强对建设单位验收活动和验收结果的监督核查。

第三十五条 生产经营单位应当在有较大危险因素的生产经营场所和有关设施、设备上，设置明显的安全警示标志。

第三十六条 安全设备的设计、制造、安装、使用、检测、维修、改造和报废，应当符合国家标准或者行业标准。

生产经营单位必须对安全设备进行经常性维护、保养，并定期检测，保证正常运转。维护、保养、检测应当做好记录，并由有关人员签字。

生产经营单位不得关闭、破坏直接关系生产安全的监控、报警、防护、救生设备、设施，或者篡改、隐瞒、销毁其相关数据、信息。

餐饮等行业的生产经营单位使用燃气的，应当安装可燃气体报警装置，并保障其正常使用。

第三十七条 生产经营单位使用的危险物品的容器、运输工具，以及涉及人身安全、危险性较大的海洋石油开采特种设备和矿山井下特种设备，必须按照国家有关规定，由专业生产单位生产，并经具有专业资质的检测、检验机构检测、检验合格，取得安全使用证或者安全标志，方可投入使用。检测、检验机构对检测、检验结果负责。

第三十八条 国家对严重危及生产安全的工艺、设备实行淘汰制度，具体目录由国务院应急管理部门会同国务院有关部门制定并公布。法律、行政法规对目录的制定另有规定的，适用其规定。

省、自治区、直辖市人民政府可以根据本地区实际情况制定并公布具体目录，对前款规定以外的危及生产安全的工艺、设备予以淘汰。

生产经营单位不得使用应当淘汰的危及生产安全的工艺、设备。

第三十九条 生产、经营、运输、储存、使用危险物品或者处置废弃危险物品的，由有关主管部门依照有关法律、法规的规定和国家标准或者行业标准审批并实施监督管理。

生产经营单位生产、经营、运输、储存、使用危险物品或者处置废弃危险物品，必须执行有关法律、法规和国家标准或者行业标准，建立专门的安全管理制度，采取可靠的安全措施，接受有关主管部门依法实施的监督管理。

第四十条 生产经营单位对重大危险源应当登记建档，进行定期检测、评估、监控，并制定应急预案，告知从业人员和相关人员在紧急情况下应当采取的应急措施。

生产经营单位应当按照国家有关规定将本单位重大危险源及有关安全措施、应急措施报有关地方人民政府应急管理部门和有关部门备案。有关地方人民政府应急管理部门和有关部门应当通过相关信息系统实现信息共享。

第四十一条 生产经营单位应当建立安全风险分级管控制度，按照安全风险分级采取相应的管控措施。

生产经营单位应当建立健全并落实生产安全事故隐患排查治理制度，采取技术、管理措施，及时发现并消除事故隐患。事故隐患排查治理情况应当如实记录，并通过职工大会或者职工代表大会、信息公示栏等方式向从业人员通报。其中，重大事故隐患排查治理情况应当及时向负有安全生产监督管理职责的部门和职工大会或者职工代表大会报告。

县级以上地方各级人民政府负有安全生产监督管理职责的部门应当将重大事故隐患纳入相关信息系统，建立健全重大事故隐患治理督办制度，督促生产经营单位消除重大事故隐患。

第四十二条 生产、经营、储存、使用危险物品的车间、商店、仓库不得与员工宿舍在同一座建筑物内，并应当与员工宿舍保持安全距离。

生产经营场所和员工宿舍应当设有符合紧急疏散要求、标志明显、保持畅通的出口、疏散通道。禁止占用、锁闭、封堵生产经营场所或者员工宿舍的出口、疏散通道。

第四十三条 生产经营单位进行爆破、吊装、动火、临时用电以及国务院应急管理部门会同国务院有关部门规定的其他危险作业，应当安排专门人员进行现场安全管理，确保操作规程的遵守和安全措施的落实。

第四十四条 生产经营单位应当教育和督促从业人员严格执行本单位的安全生产规章制度和安全操作规程；并向从业人员如实告知作业场所和工作岗位存在的危险因素、防范措施以及事故应急措施。

生产经营单位应当关注从业人员的身体、心理状况和行为习惯，加强对从业人员的心理疏导、精神慰藉，严格落实岗位安全生产责任，防范从业人员行为异常导致事故发生。

第四十五条 生产经营单位必须为从业人员提供符合国家标准或者行业标准的劳动防护用品，并监督、教育从业人员按照使用规则佩戴、使用。

第四十六条 生产经营单位的安全生产管理人员应当根据本单位的生产经营特点，对安全生产状况进行经常性检查；对检查中发现的安全问题，应当立即处理；不能处理的，应当及时报告本单位有关负责人，有关负责人应当及时处理。检查及处理情况应当如实记录在案。

生产经营单位的安全生产管理人员在检查中发现重大事故隐患，依照前款规定向本单位有关负责人报告，有关负责人不及时处理的，安全生产管理人员可以向主管的负有安全生产监督管理职责的部门报告，接到报告的部门应当依法及时处理。

第四十七条 生产经营单位应当安排用于配备劳动防护用品、进行安全生产培训的经费。

第四十八条 两个以上生产经营单位在同一作业区域内进行生产经营活动，可能危及对方生产安全的，应当签订安全生产管理协议，明确各自的安全生产管理职责和应当采取的安全措施，并指定专职安全生产管理人员进行安全检查与协调。

第四十九条 生产经营单位不得将生产经营项目、场所、设备发包或者出租给不具备安全生产条件或者相应资质的单位或者个人。

生产经营项目、场所发包或者出租给其他单位的，生产经营单位应当与承包单位、承租单位签订专门的安全生产管理协议，或者在承包合同、租赁合同中约定各自的安全生产管理职责；生产经营单位对承包单位、承租单位的安全生产工作统一协调、管理，定期进行安全检查，发现安全问题的，应当及时督促整改。

矿山、金属冶炼建设项目和用于生产、储存、装卸危险物品的建设项目的施工单位应当加强对施工项目的安全管理，不得倒卖、出租、出借、挂靠或者以其他形式非法转让施工资质，不得将其承包的全部建设工程转包给第三人或者将其承包的全部建设工程支解以后以分包的名义分别转包给第三人，不得将工程分包给不具备相应资质条件的单位。

第五十条　生产经营单位发生生产安全事故时，单位的主要负责人应当立即组织抢救，并不得在事故调查处理期间擅离职守。

第五十一条　生产经营单位必须依法参加工伤保险，为从业人员缴纳保险费。

国家鼓励生产经营单位投保安全生产责任保险；属于国家规定的高危行业、领域的生产经营单位，应当投保安全生产责任保险。具体范围和实施办法由国务院应急管理部门会同国务院财政部门、国务院保险监督管理机构和相关行业主管部门制定。

第三章　从业人员的安全生产权利义务

第五十二条　生产经营单位与从业人员订立的劳动合同，应当载明有关保障从业人员劳动安全、防止职业危害的事项，以及依法为从业人员办理工伤保险的事项。

生产经营单位不得以任何形式与从业人员订立协议，免除或者减轻其对从业人员因生产安全事故伤亡依法应承担的责任。

第五十三条　生产经营单位的从业人员有权了解其作业场所和工作岗位存在的危险因素、防范措施及事故应急措施，有权对本单位的安全生产工作提出建议。

第五十四条　从业人员有权对本单位安全生产工作中存在的问题提出批评、检举、控告；有权拒绝违章指挥和强令冒险作业。

生产经营单位不得因从业人员对本单位安全生产工作提出批评、检举、控告或者拒绝违章指挥、强令冒险作业而降低其工资、福利等待遇或者解除与其订立的劳动合同。

第五十五条　从业人员发现直接危及人身安全的紧急情况时，有权停止作业或者在采取可能的应急措施后撤离作业场所。

生产经营单位不得因从业人员在前款紧急情况下停止作业或者采取紧急撤离措施而降低其工资、福利等待遇或者解除与其订立的劳动合同。

第五十六条　生产经营单位发生生产安全事故后，应当及时采取措施救治有关人员。

因生产安全事故受到损害的从业人员，除依法享有工伤保险外，依照有关民事法律尚有获得赔偿的权利的，有权提出赔偿要求。

第五十七条 从业人员在作业过程中，应当严格落实岗位安全责任，遵守本单位的安全生产规章制度和操作规程，服从管理，正确佩戴和使用劳动防护用品。

第五十八条 从业人员应当接受安全生产教育和培训，掌握本职工作所需的安全生产知识，提高安全生产技能，增强事故预防和应急处理能力。

第五十九条 从业人员发现事故隐患或者其他不安全因素，应当立即向现场安全生产管理人员或者本单位负责人报告；接到报告的人员应当及时予以处理。

第六十条 工会有权对建设项目的安全设施与主体工程同时设计、同时施工、同时投入生产和使用进行监督，提出意见。

工会对生产经营单位违反安全生产法律、法规，侵犯从业人员合法权益的行为，有权要求纠正；发现生产经营单位违章指挥、强令冒险作业或者发现事故隐患时，有权提出解决的建议，生产经营单位应当及时研究答复；发现危及从业人员生命安全的情况时，有权向生产经营单位建议组织从业人员撤离危险场所，生产经营单位必须立即作出处理。

工会有权依法参加事故调查，向有关部门提出处理意见，并要求追究有关人员的责任。

第六十一条 生产经营单位使用被派遣劳动者的，被派遣劳动者享有本法规定的从业人员的权利，并应当履行本法规定的从业人员的义务。

第四章 安全生产的监督管理

第六十二条 县级以上地方各级人民政府应当根据本行政区域内的安全生产状况，组织有关部门按照职责分工，对本行政区域内容易发生重大生产安全事故的生产经营单位进行严格检查。

应急管理部门应当按照分类分级监督管理的要求，制定安全生产年度监督检查计划，并按照年度监督检查计划进行监督检查，发现事故隐患，应当及时处理。

第六十三条 负有安全生产监督管理职责的部门依照有关法律、法规的规定，对涉及安全生产的事项需要审查批准（包括批准、核准、许可、注册、认证、颁发证照等，下同）或者验收的，必须严格依照有关法律、法规和国家标准或者行业标准规定的安全生产条件和程序进行审查；不符合有关法律、法规和国家标准或者行业标准规定的安全生产条件的，不得批准或者验收通过。对未依法取得批准或者验收合格的单位擅自从事有关活动的，负责行政审批的部门发现或者接到举报后应当立即予以取缔，并依法予以处理。对已经依法取得批准的单位，负责行政审批的部门发现其不再具备安全生产条件的，应当撤销原批准。

第六十四条 负有安全生产监督管理职责的部门对涉及安全生产的事项进行审查、验收，不得收取费用；不得要求接受审查、验收的单位购买其指定品牌或者指定生产、销售单位的安全设备、器材或者其他产品。

第六十五条 应急管理部门和其他负有安全生产监督管理职责的部门依法开展安全生产行政执法工作，对生产经营单位执行有关安全生产的法律、法规和国家标准或者行业标准的情况进行监督检查，行使以下职权：

（一）进入生产经营单位进行检查，调阅有关资料，向有关单位和人员了解情况；

（二）对检查中发现的安全生产违法行为，当场予以纠正或者要求限期改正；对依法应当给予行政处罚的行为，依照本法和其他有关法律、行政法规的规定作出行政处罚决定；

（三）对检查中发现的事故隐患，应当责令立即排除；重大事故隐患排除前或者排除过程中无法保证安全的，应当责令从危险区域内撤出作业人员，责令暂时停产停业或者停止使用相关设施、设备；重大事故隐患排除后，经审查同意，方可恢复生产经营和使用；

（四）对有根据认为不符合保障安全生产的国家标准或者行业标准的设施、设备、器材以及违法生产、储存、使用、经营、运输的危险物品予以查封或者扣押，对违法生产、储存、使用、经营危险物品的作业场所予以查封，并依法作出处理决定。

监督检查不得影响被检查单位的正常生产经营活动。

第六十六条 生产经营单位对负有安全生产监督管理职责的部门的监督检查人员（以下统称安全生产监督检查人员）依法履行监督检查职责，应当予以配合，不得拒绝、阻挠。

第六十七条 安全生产监督检查人员应当忠于职守，坚持原则，秉公执法。

安全生产监督检查人员执行监督检查任务时，必须出示有效的行政执法证件；对涉及被检查单位的技术秘密和业务秘密，应当为其保密。

第六十八条 安全生产监督检查人员应当将检查的时间、地点、内容、发现的问题及其处理情况，作出书面记录，并由检查人员和被检查单位的负责人签字；被检查单位的负责人拒绝签字的，检查人员应当将情况记录在案，并向负有安全生产监督管理职责的部门报告。

第六十九条 负有安全生产监督管理职责的部门在监督检查中，应当互相配合，实行联合检查；确需分别进行检查的，应当互通情况，发现存在的安全问题应当由其他有关部门进行处理的，应当及时移送其他有关部门并形成记录备查，接受移送的部门应当及时进行处理。

第七十条 负有安全生产监督管理职责的部门依法对存在重大事故隐患的生产经营单位作出停产停业、停止施工、停止使用相关设施或者设备的决定，生产经营单位应当依法执行，及时消除事故隐患。生产经营单位拒不执行，有发生生产安全事故的现实危险的，在保证安全的前提下，经本部门主要负责人批准，负有安全生产监督管理职责的部门可以采取通知有关单位停止供电、停止供应民用爆炸物品等措施，强制生产经营单位履行决定。通知应当采用书面形式，有关单位应当予以配合。

负有安全生产监督管理职责的部门依照前款规定采取停止供电措施，除有危及生产安全的紧急情形外，应当提前二十四小时通知生产经营单位。生产经营单位依法履行行政决定、采取相应措施消除事故隐患的，负有安全生产监督管理职责的部门应当及时解除前款规定的措施。

第七十一条 监察机关依照监察法的规定，对负有安全生产监督管理职责的部门及其工作人员履行安全生产监督管理职责实施监察。

第七十二条 承担安全评价、认证、检测、检验职责的机构应当具备国家规定的资质条件，并对其作出的安全评价、认证、检测、检验结果的合法性、真实性负责。资质条件由国务院应急管理部门会同国务院有关部门制定。

承担安全评价、认证、检测、检验职责的机构应当建立并实施服务公开和报告公开制度，不得租借资质、挂靠、出具虚假报告。

第七十三条 负有安全生产监督管理职责的部门应当建立举报制度，公开举报电话、信箱或者电子邮件地址等网络举报平台，受理有关安全生产的举报；受理的举报事项经调查核实后，应当形成书面材料；需要落实整改措施的，报经有关负责人签字并督促落实。对不属于本部门职责，需要由其他有关部门进行调查处理的，转交其他有关部门处理。

涉及人员死亡的举报事项，应当由县级以上人民政府组织核查处理。

第七十四条 任何单位或者个人对事故隐患或者安全生产违法行为，均有权向负有安全生产监督管理职责的部门报告或者举报。

因安全生产违法行为造成重大事故隐患或者导致重大事故，致使国家利益或者社会公共利益受到侵害的，人民检察院可以根据民事诉讼法、行政诉讼法的相关规定提起公益诉讼。

第七十五条 居民委员会、村民委员会发现其所在区域内的生产经营单位存在事故隐患或者安全生产违法行为时，应当向当地人民政府或者有关部门报告。

第七十六条 县级以上各级人民政府及其有关部门对报告重大事故隐患或者举报安全生产违法行为的有功人员，给予奖励。具体奖励办法由国务院应急管理部门会同国务院财政部门制定。

第七十七条 新闻、出版、广播、电影、电视等单位有进行安全生产公益宣传教育的义务，有对违反安全生产法律、法规的行为进行舆论监督的权利。

第七十八条 负有安全生产监督管理职责的部门应当建立安全生产违法行为信息库，如实记录生产经营单位及其有关从业人员的安全生产违法行为信息；对违法行为情节严重的生产经营单位及其有关从业人员，应当及时向社会公告，并通报行业主管部门、投资主管部门、自然资源主管部门、生态环境主管部门、证券监督管理机构以及有关金融机构。有关部门和机构应当对存在失信行为的生产经营单位及其有关从业人员采取加大执法检查频次、暂停项目审批、上调有关保险费率、行业或者职业禁入等联合惩戒措施，并向社会公示。

负有安全生产监督管理职责的部门应当加强对生产经营单位行政处罚信息的及时归集、共享、应用和公开，对生产经营单位作出处罚决定后七个工作日内在监督管理部门公示系统予以公开曝光，强化对违法失信生产经营单位及其有关从业人员的社会监督，提高全社会安全生产诚信水平。

第五章 生产安全事故的应急救援与调查处理

第七十九条 国家加强生产安全事故应急能力建设，在重点行业、领域建立应急救援基地和应急救援队伍，并由国家安全生产应急救援机构统一协调指挥；鼓励生产经营单位和其他社会力量建立应急救援队伍，配备相应的应急救援装备和物资，提高应急救援的专业化水平。

国务院应急管理部门牵头建立全国统一的生产安全事故应急救援信息系统，国务院交通运输、住房和城乡建设、水利、民航等有关部门和县级以上地方人民政府建立健全相关行业、领域、地区的生产安全事故应急救援信息系统，实现互联互通、信息共享，通过推行网上安全信息采集、安全监管和监测预警，提升监管的精准化、智能化水平。

第八十条 县级以上地方各级人民政府应当组织有关部门制定本行政区域内生产安全事故应急救援预案，建立应急救援体系。

乡镇人民政府和街道办事处，以及开发区、工业园区、港区、风景区等应当制定相应的生产安全事故应急救援预案，协助人民政府有关部门或者按照授权依法履行生产安全事故应急救援工作职责。

第八十一条　生产经营单位应当制定本单位生产安全事故应急救援预案，与所在地县级以上地方人民政府组织制定的生产安全事故应急救援预案相衔接，并定期组织演练。

第八十二条　危险物品的生产、经营、储存单位以及矿山、金属冶炼、城市轨道交通运营、建筑施工单位应当建立应急救援组织；生产经营规模较小的，可以不建立应急救援组织，但应当指定兼职的应急救援人员。

危险物品的生产、经营、储存、运输单位以及矿山、金属冶炼、城市轨道交通运营、建筑施工单位应当配备必要的应急救援器材、设备和物资，并进行经常性维护、保养，保证正常运转。

第八十三条　生产经营单位发生生产安全事故后，事故现场有关人员应当立即报告本单位负责人。

单位负责人接到事故报告后，应当迅速采取有效措施，组织抢救，防止事故扩大，减少人员伤亡和财产损失，并按照国家有关规定立即如实报告当地负有安全生产监督管理职责的部门，不得隐瞒不报、谎报或者迟报，不得故意破坏事故现场、毁灭有关证据。

第八十四条　负有安全生产监督管理职责的部门接到事故报告后，应当立即按照国家有关规定上报事故情况。负有安全生产监督管理职责的部门和有关地方人民政府对事故情况不得隐瞒不报、谎报或者迟报。

第八十五条　有关地方人民政府和负有安全生产监督管理职责的部门的负责人接到生产安全事故报告后，应当按照生产安全事故应急救援预案的要求立即赶到事故现场，组织事故抢救。

参与事故抢救的部门和单位应当服从统一指挥，加强协同联动，采取有效的应急救援措施，并根据事故救援的需要采取警戒、疏散等措施，防止事故扩大和次生灾害的发生，减少人员伤亡和财产损失。

事故抢救过程中应当采取必要措施，避免或者减少对环境造成的危害。

任何单位和个人都应当支持、配合事故抢救，并提供一切便利条件。

第八十六条　事故调查处理应当按照科学严谨、依法依规、实事求是、注重实效的原则，及时、准确地查清事故原因，查明事故性质和责任，评估应急处置工作，总结事故教训，提出整改措施，并对事故责任单位和人员提出处理建议。事故调查报告应当依法及时向社会公布。事故调查和处理的具体办法由国务院制定。

事故发生单位应当及时全面落实整改措施，负有安全生产监督管理职责的部门应当加强监督检查。

负责事故调查处理的国务院有关部门和地方人民政府应当在批复事故调查报告后一年内，组织有关部门对事故整改和防范措施落实情况进行评估，并及时向社会公开评估结果；对不履行职责导致事故整改和防范措施没有落实的有关单位和人员，应当按照有关规定追究责任。

第八十七条 生产经营单位发生生产安全事故，经调查确定为责任事故的，除了应当查明事故单位的责任并依法予以追究外，还应当查明对安全生产的有关事项负有审查批准和监督职责的行政部门的责任，对有失职、渎职行为的，依照本法第九十条的规定追究法律责任。

第八十八条 任何单位和个人不得阻挠和干涉对事故的依法调查处理。

第八十九条 县级以上地方各级人民政府应急管理部门应当定期统计分析本行政区域内发生生产安全事故的情况，并定期向社会公布。

第六章 法律责任

第九十条 负有安全生产监督管理职责的部门的工作人员，有下列行为之一的，给予降级或者撤职的处分；构成犯罪的，依照刑法有关规定追究刑事责任：

（一）对不符合法定安全生产条件的涉及安全生产的事项予以批准或者验收通过的；

（二）发现未依法取得批准、验收的单位擅自从事有关活动或者接到举报后不予取缔或者不依法予以处理的；

（三）对已经依法取得批准的单位不履行监督管理职责，发现其不再具备安全生产条件而不撤销原批准或者发现安全生产违法行为不予查处的；

（四）在监督检查中发现重大事故隐患，不依法及时处理的。

负有安全生产监督管理职责的部门的工作人员有前款规定以外的滥用职权、玩忽职守、徇私舞弊行为的，依法给予处分；构成犯罪的，依照刑法有关规定追究刑事责任。

第九十一条 负有安全生产监督管理职责的部门，要求被审查、验收的单位购买其指定的安全设备、器材或者其他产品的，在对安全生产事项的审查、验收中收取费用的，由其上级机关或者监察机关责令改正，责令退还收取的费用；情节严重的，对直接负责的主管人员和其他直接责任人员依法给予处分。

第九十二条 承担安全评价、认证、检测、检验职责的机构出具失实报告的，责令停业整顿，并处三万元以上十万元以下的罚款；给他人造成损害的，依法承担赔偿责任。

承担安全评价、认证、检测、检验职责的机构租借资质、挂靠、出具虚假报告的，没收违法所得；违法所得在十万元以上的，并处违法所得二倍以上五倍以下的罚款，没有违法所得或者违法所得不足十万元的，单处或者并处十万元以上二十万元以下的罚款；对其直接负责的主管人员和其他直接责任人员处五万元以上十万元以下的罚款；给他人造成损害的，与生产经营单位承担连带赔偿责任；构成犯罪的，依照刑法有关规定追究刑事责任。

对有前款违法行为的机构及其直接责任人员，吊销其相应资质和资格，五年内不得从事安全评价、认证、检测、检验等工作；情节严重的，实行终身行业和职业禁入。

第九十三条 生产经营单位的决策机构、主要负责人或者个人经营的投资人不依照本法规定保证安全生产所必需的资金投入，致使生产经营单位不具备安全生产条件的，责令限期改正，提供必需的资金；逾期未改正的，责令生产经营单位停产停业整顿。

有前款违法行为，导致发生生产安全事故的，对生产经营单位的主要负责人给予撤职处分，对个人经营的投资人处二万元以上二十万元以下的罚款；构成犯罪的，依照刑法有关规定追究刑事责任。

第九十四条 生产经营单位的主要负责人未履行本法规定的安全生产管理职责的，责令限期改正，处二万元以上五万元以下的罚款；逾期未改正的，处五万元以上十万元以下的罚款，责令生产经营单位停产停业整顿。

生产经营单位的主要负责人有前款违法行为，导致发生生产安全事故的，给予撤职处分；构成犯罪的，依照刑法有关规定追究刑事责任。

生产经营单位的主要负责人依照前款规定受刑事处罚或者撤职处分的，自刑罚执行完毕或者受处分之日起，五年内不得担任任何生产经营单位的主要负责人；对重大、特别重大生产安全事故负有责任的，终身不得担任本行业生产经营单位的主要负责人。

第九十五条 生产经营单位的主要负责人未履行本法规定的安全生产管理职责，导致发生生产安全事故的，由应急管理部门依照下列规定处以罚款：

（一）发生一般事故的，处上一年年收入百分之四十的罚款；

（二）发生较大事故的，处上一年年收入百分之六十的罚款；

（三）发生重大事故的，处上一年年收入百分之八十的罚款；

（四）发生特别重大事故的，处上一年年收入百分之一百的罚款。

第九十六条 生产经营单位的其他负责人和安全生产管理人员未履行本法规定的安全生产管理职责的，责令限期改正，处一万元以上三万元以下的罚款；导致发生生产安全事故的，暂停或者吊销其与安全生产有关的资格，并处上一年年收入百分之二十以上百分之五十以下的罚款；构成犯罪的，依照刑法有关规定追究刑事责任。

第九十七条 生产经营单位有下列行为之一的，责令限期改正，处十万元以下的罚款；逾期未改正的，责令停产停业整顿，并处十万元以上二十万元以下的罚款，对其直接负责的主管人员和其他直接责任人员处二万元以上五万元以下的罚款：

（一）未按照规定设置安全生产管理机构或者配备安全生产管理人员、注册安全工程师的；

（二）危险物品的生产、经营、储存、装卸单位以及矿山、金属冶炼、建筑施工、运输单位的主要负责人和安全生产管理人员未按照规定经考核合格的；

（三）未按照规定对从业人员、被派遣劳动者、实习学生进行安全生产教育和培训，或者未按照规定如实告知有关的安全生产事项的；

（四）未如实记录安全生产教育和培训情况的；

（五）未将事故隐患排查治理情况如实记录或者未向从业人员通报的；

（六）未按照规定制定生产安全事故应急救援预案或者未定期组织演练的；

（七）特种作业人员未按照规定经专门的安全作业培训并取得相应资格，上岗作业的。

第九十八条 生产经营单位有下列行为之一的，责令停止建设或者停产停业整顿，限期改正，并处十万元以上五十万元以下的罚款，对其直接负责的主管人员和其他直接责任人员处二万元以上五万元以下的罚款；逾期未改正的，处五十万元以上一百万元以下的罚款，对其直接负责的主管人员和其他直接责任人员处五万元以上十万元以下的罚款；构成犯罪的，依照刑法有关规定追究刑事责任：

（一）未按照规定对矿山、金属冶炼建设项目或者用于生产、储存、装卸危险物品的建设项目进行安全评价的；

（二）矿山、金属冶炼建设项目或者用于生产、储存、装卸危险物品的建设项目没有安全设施设计或者安全设施设计未按照规定报经有关部门审查同意的；

（三）矿山、金属冶炼建设项目或者用于生产、储存、装卸危险物品的建设项目的施工单位未按照批准的安全设施设计施工的；

（四）矿山、金属冶炼建设项目或者用于生产、储存、装卸危险物品的建设项目竣工投入生产或者使用前，安全设施未经验收合格的。

第九十九条 生产经营单位有下列行为之一的，责令限期改正，处五万元以下的罚款；逾期未改正的，处五万元以上二十万元以下的罚款，对其直接负责的主管人员和其他直接责任人员处一万元以上二万元以下的罚款；情节严重的，责令停产停业整顿；构成犯罪的，依照刑法有关规定追究刑事责任：

（一）未在有较大危险因素的生产经营场所和有关设施、设备上设置明显的安全警示标志的；

（二）安全设备的安装、使用、检测、改造和报废不符合国家标准或者行业标准的；

（三）未对安全设备进行经常性维护、保养和定期检测的；

（四）关闭、破坏直接关系生产安全的监控、报警、防护、救生设备、设施，或者篡改、隐瞒、销毁其相关数据、信息的；

（五）未为从业人员提供符合国家标准或者行业标准的劳动防护用品的；

（六）危险物品的容器、运输工具，以及涉及人身安全、危险性较大的海洋石油开采特种设备和矿山井下特种设备未经具有专业资质的机构检测、检验合格，取得安全使用证或者安全标志，投入使用的；

（七）使用应当淘汰的危及生产安全的工艺、设备的；

（八）餐饮等行业的生产经营单位使用燃气未安装可燃气体报警装置的。

第一百条 未经依法批准，擅自生产、经营、运输、储存、使用危险物品或者处置废弃危险物品的，依照有关危险物品安全管理的法律、行政法规的规定予以处罚；构成犯罪的，依照刑法有关规定追究刑事责任。

第一百零一条 生产经营单位有下列行为之一的，责令限期改正，处十万元以下的罚款；逾期未改正的，责令停产停业整顿，并处十万元以上二十万元以下的罚款，对其直接负责的主管人员和其他直接责任人员处二万元以上五万元以下的罚款；构成犯罪的，依照刑法有关规定追究刑事责任：

（一）生产、经营、运输、储存、使用危险物品或者处置废弃危险物品，未建立专门安全管理制度、未采取可靠的安全措施的；

（二）对重大危险源未登记建档，未进行定期检测、评估、监控，未制定应急预案，或者未告知应急措施的；

（三）进行爆破、吊装、动火、临时用电以及国务院应急管理部门会同国务院有关部门规定的其他危险作业，未安排专门人员进行现场安全管理的；

（四）未建立安全风险分级管控制度或者未按照安全风险分级采取相应管控措施的；

（五）未建立事故隐患排查治理制度，或者重大事故隐患排查治理情况未按照规定报告的。

第一百零二条 生产经营单位未采取措施消除事故隐患的，责令立即消除或者限期消除，处五万元以下的罚款；生产经营单位拒不执行的，责令停产停业整顿，对其直接负责的主管人员和其他直接责任人员处五万元以上十万元以下的罚款；构成犯罪的，依照刑法有关规定追究刑事责任。

第一百零三条 生产经营单位将生产经营项目、场所、设备发包或者出租给不具备安全生产条件或者相应资质的单位或者个人的，责令限期改正，没收违法所得；违法所得十万元以上的，并处违法所得二倍以上五倍以下的罚款；没有违法所得或者违法所得不足十万元的，单处或者并处十万元以上二十万元以下的罚款；对其直接负责的主管人员和其他直接责任人员处一万元以上二万元以下的罚款；导致发生生产安全事故给他人造成损害的，与承包方、承租方承担连带赔偿责任。

生产经营单位未与承包单位、承租单位签订专门的安全生产管理协议或者未在承包合同、租赁合同中明确各自的安全生产管理职责，或者未对承包单位、承租单位的安全生产统一协调、管理的，责令限期改正，处五万元以下的罚款，对其直接负责的主管人员和其他直接责任人员处一万元以下的罚款；逾期未改正的，责令停产停业整顿。

矿山、金属冶炼建设项目和用于生产、储存、装卸危险物品的建设项目的施工单位未按照规定对施工项目进行安全管理的，责令限期改正，处十万元以下的罚款，对其直接负责的主管人员和其他直接责任人员处二万元以下的罚款；逾期未改正的，责令停产停业整顿。以上施工单位倒卖、出租、出借、挂靠或者以其他形式非法转让施工资质的，责令停产停业整顿，吊销资质证书，没收违法所得；违法所得十万元以上的，并处违法所得二倍以上五倍以下的罚款，没有违法所得或者违法所得不足十万元的，单处或者并处十万元以上二十万元以下的罚款；对其直接负责的主管人员和其他直接责任人员处五万元以上十万元以下的罚款；构成犯罪的，依照刑法有关规定追究刑事责任。

第一百零四条 两个以上生产经营单位在同一作业区域内进行可能危及对方

安全生产的生产经营活动，未签订安全生产管理协议或者未指定专职安全生产管理人员进行安全检查与协调的，责令限期改正，处五万元以下的罚款，对其直接负责的主管人员和其他直接责任人员处一万元以下的罚款；逾期未改正的，责令停产停业。

第一百零五条 生产经营单位有下列行为之一的，责令限期改正，处五万元以下的罚款，对其直接负责的主管人员和其他直接责任人员处一万元以下的罚款；逾期未改正的，责令停产停业整顿；构成犯罪的，依照刑法有关规定追究刑事责任：

（一）生产、经营、储存、使用危险物品的车间、商店、仓库与员工宿舍在同一座建筑内，或者与员工宿舍的距离不符合安全要求的；

（二）生产经营场所和员工宿舍未设有符合紧急疏散需要、标志明显、保持畅通的出口、疏散通道，或者占用、锁闭、封堵生产经营场所或者员工宿舍出口、疏散通道的。

第一百零六条 生产经营单位与从业人员订立协议，免除或者减轻其对从业人员因生产安全事故伤亡依法应承担的责任的，该协议无效；对生产经营单位的主要负责人、个人经营的投资人处二万元以上十万元以下的罚款。

第一百零七条 生产经营单位的从业人员不落实岗位安全责任，不服从管理，违反安全生产规章制度或者操作规程的，由生产经营单位给予批评教育，依照有关规章制度给予处分；构成犯罪的，依照刑法有关规定追究刑事责任。

第一百零八条 违反本法规定，生产经营单位拒绝、阻碍负有安全生产监督管理职责的部门依法实施监督检查的，责令改正；拒不改正的，处二万元以上二十万元以下的罚款；对其直接负责的主管人员和其他直接责任人员处一万元以上二万元以下的罚款；构成犯罪的，依照刑法有关规定追究刑事责任。

第一百零九条 高危行业、领域的生产经营单位未按照国家规定投保安全生产责任保险的，责令限期改正，处五万元以上十万元以下的罚款；逾期未改正的，处十万元以上二十万元以下的罚款。

第一百一十条 生产经营单位的主要负责人在本单位发生生产安全事故时，不立即组织抢救或者在事故调查处理期间擅离职守或者逃匿的，给予降级、撤职的处分，并由应急管理部门处上一年年收入百分之六十至百分之一百的罚款；对逃匿的处十五日以下拘留；构成犯罪的，依照刑法有关规定追究刑事责任。

生产经营单位的主要负责人对生产安全事故隐瞒不报、谎报或者迟报的，依照前款规定处罚。

第一百一十一条 有关地方人民政府、负有安全生产监督管理职责的部门，对生产安全事故隐瞒不报、谎报或者迟报的，对直接负责的主管人员和其他直接责任人员依法给予处分；构成犯罪的，依照刑法有关规定追究刑事责任。

第一百一十二条 生产经营单位违反本法规定，被责令改正且受到罚款处罚，拒不改正的，负有安全生产监督管理职责的部门可以自作出责令改正之日的次日起，按照原处罚数额按日连续处罚。

第一百一十三条 生产经营单位存在下列情形之一的，负有安全生产监督管理职责的部门应当提请地方人民政府予以关闭，有关部门应当依法吊销其有关证照。生产经营单位主要负责人五年内不得担任任何生产经营单位的主要负责人；情节严重的，终身不得担任本行业生产经营单位的主要负责人：

（一）存在重大事故隐患，一百八十日内三次或者一年内四次受到本法规定的行政处罚的；

（二）经停产停业整顿，仍不具备法律、行政法规和国家标准或者行业标准规定的安全生产条件的；

（三）不具备法律、行政法规和国家标准或者行业标准规定的安全生产条件，导致发生重大、特别重大生产安全事故的；

（四）拒不执行负有安全生产监督管理职责的部门作出的停产停业整顿决定的。

第一百一十四条 发生生产安全事故，对负有责任的生产经营单位除要求其依法承担相应的赔偿等责任外，由应急管理部门依照下列规定处以罚款：

（一）发生一般事故的，处三十万元以上一百万元以下的罚款；

（二）发生较大事故的，处一百万元以上二百万元以下的罚款；

（三）发生重大事故的，处二百万元以上一千万元以下的罚款；

（四）发生特别重大事故的，处一千万元以上二千万元以下的罚款。

发生生产安全事故，情节特别严重、影响特别恶劣的，应急管理部门可以按照前款罚款数额的二倍以上五倍以下对负有责任的生产经营单位处以罚款。

第一百一十五条 本法规定的行政处罚，由应急管理部门和其他负有安全生产监督管理职责的部门按照职责分工决定；其中，根据本法第九十五条、第一百一十条、第一百一十四条的规定应当给予民航、铁路、电力行业的生产经营单位及其主要负责人行政处罚的，也可以由主管的负有安全生产监督管理职责的部门进行处罚。予以关闭的行政处罚，由负有安全生产监督管理职责的部门报请县级以上人民政府按照国务院规定的权限决定；给予拘留的行政处罚，由公安机关依照治安管理处罚的规定决定。

第一百一十六条 生产经营单位发生生产安全事故造成人员伤亡、他人财产损失的，应当依法承担赔偿责任；拒不承担或者其负责人逃匿的，由人民法院依法强制执行。

生产安全事故的责任人未依法承担赔偿责任，经人民法院依法采取执行措施后，仍不能对受害人给予足额赔偿的，应当继续履行赔偿义务；受害人发现责任人有其他财产的，可以随时请求人民法院执行。

第七章　附　则

第一百一十七条 本法下列用语的含义：

危险物品，是指易燃易爆物品、危险化学品、放射性物品等能够危及人身安全和财产安全的物品。

重大危险源，是指长期地或者临时地生产、搬运、使用或者储存危险物品，且危险物品的数量等于或者超过临界量的单元（包括场所和设施）。

第一百一十八条 本法规定的生产安全一般事故、较大事故、重大事故、特别重大事故的划分标准由国务院规定。

国务院应急管理部门和其他负有安全生产监督管理职责的部门应当根据各自的职责分工，制定相关行业、领域重大危险源的辨识标准和重大事故隐患的判定标准。

第一百一十九条 本法自2002年11月1日起施行。

行政法规

建设工程安全生产管理条例

《建设工程安全生产管理条例》已经2003年11月12日国务院第28次常务会议通过，现予公布，自2004年2月1日起施行。

第一章　总　则

第一条　为了加强建设工程安全生产监督管理，保障人民群众生命和财产安全，根据《中华人民共和国建筑法》、《中华人民共和国安全生产法》，制定本条例。

第二条　在中华人民共和国境内从事建设工程的新建、扩建、改建和拆除等有关活动及实施对建设工程安全生产的监督管理，必须遵守本条例。

本条例所称建设工程，是指土木工程、建筑工程、线路管道和设备安装工程及装修工程。

第三条　建设工程安全生产管理，坚持安全第一、预防为主的方针。

第四条　建设单位、勘察单位、设计单位、施工单位、工程监理单位及其他与建设工程安全生产有关的单位，必须遵守安全生产法律、法规的规定，保证建设工程安全生产，依法承担建设工程安全生产责任。

第五条　国家鼓励建设工程安全生产的科学技术研究和先进技术的推广应用，推进建设工程安全生产的科学管理。

第二章　建设单位的安全责任

第六条　建设单位应当向施工单位提供施工现场及毗邻区域内供水、排水、供电、供气、供热、通信、广播电视等地下管线资料，气象和水文观测资料，相邻建筑物和构筑物、地下工程的有关资料，并保证资料的真实、准确、完整。

建设单位因建设工程需要，向有关部门或者单位查询前款规定的资料时，有关部门或者单位应当及时提供。

第七条 建设单位不得对勘察、设计、施工、工程监理等单位提出不符合建设工程安全生产法律、法规和强制性标准规定的要求，不得压缩合同约定的工期。

第八条 建设单位在编制工程概算时，应当确定建设工程安全作业环境及安全施工措施所需费用。

第九条 建设单位不得明示或者暗示施工单位购买、租赁、使用不符合安全施工要求的安全防护用具、机械设备、施工机具及配件、消防设施和器材。

第十条 建设单位在申请领取施工许可证时，应当提供建设工程有关安全施工措施的资料。

依法批准开工报告的建设工程，建设单位应当自开工报告批准之日起15日内，将保证安全施工的措施报送建设工程所在地的县级以上地方人民政府建设行政主管部门或者其他有关部门备案。

第十一条 建设单位应当将拆除工程发包给具有相应资质等级的施工单位。

建设单位应当在拆除工程施工15日前，将下列资料报送建设工程所在地的县级以上地方人民政府建设行政主管部门或者其他有关部门备案：

（一）施工单位资质等级证明；

（二）拟拆除建筑物、构筑物及可能危及毗邻建筑的说明；

（三）拆除施工组织方案；

（四）堆放、清除废弃物的措施。

实施爆破作业的，应当遵守国家有关民用爆炸物品管理的规定。

第三章 勘察、设计、工程监理及其他有关单位的安全责任

第十二条 勘察单位应当按照法律、法规和工程建设强制性标准进行勘察，提供的勘察文件应当真实、准确，满足建设工程安全生产的需要。

勘察单位在勘察作业时，应当严格执行操作规程，采取措施保证各类管线、设施和周边建筑物、构筑物的安全。

第十三条 设计单位应当按照法律、法规和工程建设强制性标准进行设计，防止因设计不合理导致生产安全事故的发生。

设计单位应当考虑施工安全操作和防护的需要，对涉及施工安全的重点部位和环节在设计文件中注明，并对防范生产安全事故提出指导意见。

采用新结构、新材料、新工艺的建设工程和特殊结构的建设工程，设计单位应当在设计中提出保障施工作业人员安全和预防生产安全事故的措施建议。

设计单位和注册建筑师等注册执业人员应当对其设计负责。

第十四条 工程监理单位应当审查施工组织设计中的安全技术措施或者专项施工方案是否符合工程建设强制性标准。

工程监理单位在实施监理过程中，发现存在安全事故隐患的，应当要求施工单位整改；情况严重的，应当要求施工单位暂时停止施工，并及时报告建设单位。施工单位拒不整改或者不停止施工的，工程监理单位应当及时向有关主管部门报告。

工程监理单位和监理工程师应当按照法律、法规和工程建设强制性标准实施监理，并对建设工程安全生产承担监理责任。

第十五条 为建设工程提供机械设备和配件的单位，应当按照安全施工的要求配备齐全有效的保险、限位等安全设施和装置。

第十六条 出租的机械设备和施工机具及配件，应当具有生产（制造）许可证、产品合格证。

出租单位应当对出租的机械设备和施工机具及配件的安全性能进行检测，在签订租赁协议时，应当出具检测合格证明。

禁止出租检测不合格的机械设备和施工机具及配件。

第十七条 在施工现场安装、拆卸施工起重机械和整体提升脚手架、模板等自升式架设设施，必须由具有相应资质的单位承担。

安装、拆卸施工起重机械和整体提升脚手架、模板等自升式架设设施，应当编制拆装方案、制定安全施工措施，并由专业技术人员现场监督。

施工起重机械和整体提升脚手架、模板等自升式架设设施安装完毕后，安装单位应当自检，出具自检合格证明，并向施工单位进行安全使用说明，办理验收手续并签字。

第十八条 施工起重机械和整体提升脚手架、模板等自升式架设设施的使用达到国家规定的检验检测期限的，必须经具有专业资质的检验检测机构检测。经检测不合格的，不得继续使用。

第十九条 检验检测机构对检测合格的施工起重机械和整体提升脚手架、模板等自升式架设设施，应当出具安全合格证明文件，并对检测结果负责。

第四章 施工单位的安全责任

第二十条 施工单位从事建设工程的新建、扩建、改建和拆除等活动，应当具备国家规定的注册资本、专业技术人员、技术装备和安全生产等条件，依法取得相应等级的资质证书，并在其资质等级许可的范围内承揽工程。

第二十一条 施工单位主要负责人依法对本单位的安全生产工作全面负责。施工单位应当建立健全安全生产责任制度和安全生产教育培训制度，制定安全生产规章制度和操作规程，保证本单位安全生产条件所需资金的投入，对所承担的建设工程进行定期和专项安全检查，并做好安全检查记录。

施工单位的项目负责人应当由取得相应执业资格的人员担任，对建设工程项目的安全施工负责，落实安全生产责任制度、安全生产规章制度和操作规程，确保安全生产费用的有效使用，并根据工程的特点组织制定安全施工措施，消除安全事故隐患，及时、如实报告生产安全事故。

第二十二条 施工单位对列入建设工程概算的安全作业环境及安全施工措施所需费用，应当用于施工安全防护用具及设施的采购和更新、安全施工措施的落实、安全生产条件的改善，不得挪作他用。

第二十三条 施工单位应当设立安全生产管理机构，配备专职安全生产管理人员。

专职安全生产管理人员负责对安全生产进行现场监督检查。发现安全事故隐患，应当及时向项目负责人和安全生产管理机构报告；对违章指挥、违章操作的，应当立即制止。

专职安全生产管理人员的配备办法由国务院建设行政主管部门会同国务院其他有关部门制定。

第二十四条 建设工程实行施工总承包的，由总承包单位对施工现场的安全生产负总责。

总承包单位应当自行完成建设工程主体结构的施工。

总承包单位依法将建设工程分包给其他单位的，分包合同中应当明确各自的安全生产方面的权利、义务。总承包单位和分包单位对分包工程的安全生产承担连带责任。

分包单位应当服从总承包单位的安全生产管理，分包单位不服从管理导致生产安全事故的，由分包单位承担主要责任。

第二十五条 垂直运输机械作业人员、安装拆卸工、爆破作业人员、起重信号工、登高架设作业人员等特种作业人员，必须按照国家有关规定经过专门的安全作业培训，并取得特种作业操作资格证书后，方可上岗作业。

第二十六条 施工单位应当在施工组织设计中编制安全技术措施和施工现场临时用电方案，对下列达到一定规模的危险性较大的分部分项工程编制专项施工方案，并附具安全验算结果，经施工单位技术负责人、总监理工程师签字后实施，由专职安全生产管理人员进行现场监督：

（一）基坑支护与降水工程；

（二）土方开挖工程；

（三）模板工程；

（四）起重吊装工程；

（五）脚手架工程；

（六）拆除、爆破工程；

（七）国务院建设行政主管部门或者其他有关部门规定的其他危险性较大的工程。

对前款所列工程中涉及深基坑、地下暗挖工程、高大模板工程的专项施工方案，施工单位还应当组织专家进行论证、审查。

本条第一款规定的达到一定规模的危险性较大工程的标准，由国务院建设行政主管部门会同国务院其他有关部门制定。

第二十七条　建设工程施工前，施工单位负责项目管理的技术人员应当对有关安全施工的技术要求向施工作业班组、作业人员作出详细说明，并由双方签字确认。

第二十八条　施工单位应当在施工现场入口处、施工起重机械、临时用电设施、脚手架、出入通道口、楼梯口、电梯井口、孔洞口、桥梁口、隧道口、基坑边沿、爆破物及有害危险气体和液体存放处等危险部位，设置明显的安全警示标志。安全警示标志必须符合国家标准。

施工单位应当根据不同施工阶段和周围环境及季节、气候的变化，在施工现场采取相应的安全施工措施。施工现场暂时停止施工的，施工单位应当做好现场防护，所需费用由责任方承担，或者按照合同约定执行。

第二十九条　施工单位应当将施工现场的办公、生活区与作业区分开设置，并保持安全距离；办公、生活区的选址应当符合安全性要求。职工的膳食、饮水、休息场所等应当符合卫生标准。施工单位不得在尚未竣工的建筑物内设置员工集体宿舍。

施工现场临时搭建的建筑物应当符合安全使用要求。施工现场使用的装配式活动房屋应当具有产品合格证。

第三十条　施工单位对因建设工程施工可能造成损害的毗邻建筑物、构筑物和地下管线等，应当采取专项防护措施。

施工单位应当遵守有关环境保护法律、法规的规定，在施工现场采取措施，防止或者减少粉尘、废气、废水、固体废物、噪声、振动和施工照明对人和环境的危害和污染。

在城市市区内的建设工程，施工单位应当对施工现场实行封闭围挡。

第三十一条 施工单位应当在施工现场建立消防安全责任制度，确定消防安全责任人，制定用火、用电、使用易燃易爆材料等各项消防安全管理制度和操作规程，设置消防通道、消防水源，配备消防设施和灭火器材，并在施工现场入口处设置明显标志。

第三十二条 施工单位应当向作业人员提供安全防护用具和安全防护服装，并书面告知危险岗位的操作规程和违章操作的危害。

作业人员有权对施工现场的作业条件、作业程序和作业方式中存在的安全问题提出批评、检举和控告，有权拒绝违章指挥和强令冒险作业。

在施工中发生危及人身安全的紧急情况时，作业人员有权立即停止作业或者在采取必要的应急措施后撤离危险区域。

第三十三条 作业人员应当遵守安全施工的强制性标准、规章制度和操作规程，正确使用安全防护用具、机械设备等。

第三十四条 施工单位采购、租赁的安全防护用具、机械设备、施工机具及配件，应当具有生产（制造）许可证、产品合格证，并在进入施工现场前进行查验。

施工现场的安全防护用具、机械设备、施工机具及配件必须由专人管理，定期进行检查、维修和保养，建立相应的资料档案，并按照国家有关规定及时报废。

第三十五条 施工单位在使用施工起重机械和整体提升脚手架、模板等自升式架设设施前，应当组织有关单位进行验收，也可以委托具有相应资质的检验检测机构进行验收；使用承租的机械设备和施工机具及配件的，由施工总承包单位、分包单位、出租单位和安装单位共同进行验收。验收合格的方可使用。

《特种设备安全监察条例》规定的施工起重机械，在验收前应当经有相应资质的检验检测机构监督检验合格。

施工单位应当自施工起重机械和整体提升脚手架、模板等自升式架设设施验收合格之日起30日内，向建设行政主管部门或者其他有关部门登记。登记标志应当置于或者附着于该设备的显着位置。

第三十六条 施工单位的主要负责人、项目负责人、专职安全生产管理人员应当经建设行政主管部门或者其他有关部门考核合格后方可任职。

施工单位应当对管理人员和作业人员每年至少进行一次安全生产教育培训，其教育培训情况记入个人工作档案。安全生产教育培训考核不合格的人员，不得上岗。

第三十七条 作业人员进入新的岗位或者新的施工现场前，应当接受安全生产教育培训。未经教育培训或者教育培训考核不合格的人员，不得上岗作业。

施工单位在采用新技术、新工艺、新设备、新材料时，应当对作业人员进行相应的安全生产教育培训。

第三十八条 施工单位应当为施工现场从事危险作业的人员办理意外伤害保险。

意外伤害保险费由施工单位支付。实行施工总承包的，由总承包单位支付意外伤害保险费。意外伤害保险期限自建设工程开工之日起至竣工验收合格止。

第五章 监督管理

第三十九条 国务院负责安全生产监督管理的部门依照《中华人民共和国安全生产法》的规定，对全国建设工程安全生产工作实施综合监督管理。

县级以上地方人民政府负责安全生产监督管理的部门依照《中华人民共和国安全生产法》的规定，对本行政区域内建设工程安全生产工作实施综合监督管理。

第四十条 国务院建设行政主管部门对全国的建设工程安全生产实施监督管理。国务院铁路、交通、水利等有关部门按照国务院规定的职责分工，负责有关专业建设工程安全生产的监督管理。

县级以上地方人民政府建设行政主管部门对本行政区域内的建设工程安全生产实施监督管理。县级以上地方人民政府交通、水利等有关部门在各自的职责范围内，负责本行政区域内的专业建设工程安全生产的监督管理。

第四十一条 建设行政主管部门和其他有关部门应当将本条例第十条、第十一条规定的有关资料的主要内容抄送同级负责安全生产监督管理的部门。

第四十二条 建设行政主管部门在审核发放施工许可证时，应当对建设工程是否有安全施工措施进行审查，对没有安全施工措施的，不得颁发施工许可证。

建设行政主管部门或者其他有关部门对建设工程是否有安全施工措施进行审查时，不得收取费用。

第四十三条 县级以上人民政府负有建设工程安全生产监督管理职责的部门在各自的职责范围内履行安全监督检查职责时，有权采取下列措施：

（一）要求被检查单位提供有关建设工程安全生产的文件和资料；

（二）进入被检查单位施工现场进行检查；

（三）纠正施工中违反安全生产要求的行为；

（四）对检查中发现的安全事故隐患，责令立即排除；重大安全事故隐患排除前或者排除过程中无法保证安全的，责令从危险区域内撤出作业人员或者暂时停止施工。

第四十四条 建设行政主管部门或者其他有关部门可以将施工现场的监督检查委托给建设工程安全监督机构具体实施。

第四十五条 国家对严重危及施工安全的工艺、设备、材料实行淘汰制度。具体目录由国务院建设行政主管部门会同国务院其他有关部门制定并公布。

第四十六条 县级以上人民政府建设行政主管部门和其他有关部门应当及时受理对建设工程生产安全事故及安全事故隐患的检举、控告和投诉。

第六章 生产安全事故的应急救援和调查处理

第四十七条 县级以上地方人民政府建设行政主管部门应当根据本级人民政府的要求，制定本行政区域内建设工程特大生产安全事故应急救援预案。

第四十八条 施工单位应当制定本单位生产安全事故应急救援预案，建立应急救援组织或者配备应急救援人员，配备必要的应急救援器材、设备，并定期组织演练。

第四十九条 施工单位应当根据建设工程施工的特点、范围，对施工现场易发生重大事故的部位、环节进行监控，制定施工现场生产安全事故应急救援预案。实行施工总承包的，由总承包单位统一组织编制建设工程生产安全事故应急救援预案，工程总承包单位和分包单位按照应急救援预案，各自建立应急救援组织或者配备应急救援人员，配备救援器材、设备，并定期组织演练。

第五十条 施工单位发生生产安全事故，应当按照国家有关伤亡事故报告和调查处理的规定，及时、如实地向负责安全生产监督管理的部门、建设行政主管部门或者其他有关部门报告；特种设备发生事故的，还应当同时向特种设备安全监督管理部门报告。接到报告的部门应当按照国家有关规定，如实上报。

实行施工总承包的建设工程，由总承包单位负责上报事故。

第五十一条 发生生产安全事故后，施工单位应当采取措施防止事故扩大，保护事故现场。需要移动现场物品时，应当做出标记和书面记录，妥善保管有关证物。

第五十二条 建设工程生产安全事故的调查、对事故责任单位和责任人的处罚与处理，按照有关法律、法规的规定执行。

第七章　法律责任

第五十三条　违反本条例的规定，县级以上人民政府建设行政主管部门或者其他有关行政管理部门的工作人员，有下列行为之一的，给予降级或者撤职的行政处分；构成犯罪的，依照刑法有关规定追究刑事责任：

（一）对不具备安全生产条件的施工单位颁发资质证书的；

（二）对没有安全施工措施的建设工程颁发施工许可证的；

（三）发现违法行为不予查处的；

（四）不依法履行监督管理职责的其他行为。

第五十四条　违反本条例的规定，建设单位未提供建设工程安全生产作业环境及安全施工措施所需费用的，责令限期改正；逾期未改正的，责令该建设工程停止施工。

建设单位未将保证安全施工的措施或者拆除工程的有关资料报送有关部门备案的，责令限期改正，给予警告。

第五十五条　违反本条例的规定，建设单位有下列行为之一的，责令限期改正，处20万元以上50万元以下的罚款；造成重大安全事故，构成犯罪的，对直接责任人员，依照刑法有关规定追究刑事责任；造成损失的，依法承担赔偿责任：

（一）对勘察、设计、施工、工程监理等单位提出不符合安全生产法律、法规和强制性标准规定的要求的；

（二）要求施工单位压缩合同约定的工期的；

（三）将拆除工程发包给不具有相应资质等级的施工单位的。

第五十六条　违反本条例的规定，勘察单位、设计单位有下列行为之一的，责令限期改正，处10万元以上30万元以下的罚款；情节严重的，责令停业整顿，降低资质等级，直至吊销资质证书；造成重大安全事故，构成犯罪的，对直接责任人员，依照刑法有关规定追究刑事责任；造成损失的，依法承担赔偿责任：

（一）未按照法律、法规和工程建设强制性标准进行勘察、设计的；

（二）采用新结构、新材料、新工艺的建设工程和特殊结构的建设工程，设计单位未在设计中提出保障施工作业人员安全和预防生产安全事故的措施建议的。

第五十七条　违反本条例的规定，工程监理单位有下列行为之一的，责令限期改正；逾期未改正的，责令停业整顿，并处10万元以上30万元以下的罚款；情节严重的，降低资质等级，直至吊销资质证书；造成重大安全事故，构成犯罪的，对直接责任人员，依照刑法有关规定追究刑事责任；造成损失的，依法承担赔偿责任：

（一）未对施工组织设计中的安全技术措施或者专项施工方案进行审查的；

（二）发现安全事故隐患未及时要求施工单位整改或者暂时停止施工的；

（三）施工单位拒不整改或者不停止施工，未及时向有关主管部门报告的；

（四）未依照法律、法规和工程建设强制性标准实施监理的。

第五十八条 注册执业人员未执行法律、法规和工程建设强制性标准的，责令停止执业3个月以上1年以下；情节严重的，吊销执业资格证书，5年内不予注册；造成重大安全事故的，终身不予注册；构成犯罪的，依照刑法有关规定追究刑事责任。

第五十九条 违反本条例的规定，为建设工程提供机械设备和配件的单位，未按照安全施工的要求配备齐全有效的保险、限位等安全设施和装置的，责令限期改正，处合同价款1倍以上3倍以下的罚款；造成损失的，依法承担赔偿责任。

第六十条 违反本条例的规定，出租单位出租未经安全性能检测或者经检测不合格的机械设备和施工机具及配件的，责令停业整顿，并处5万元以上10万元以下的罚款；造成损失的，依法承担赔偿责任。

第六十一条 违反本条例的规定，施工起重机械和整体提升脚手架、模板等自升式架设设施安装、拆卸单位有下列行为之一的，责令限期改正，处5万元以上10万元以下的罚款；情节严重的，责令停业整顿，降低资质等级，直至吊销资质证书；造成损失的，依法承担赔偿责任：

（一）未编制拆装方案、制定安全施工措施的；

（二）未由专业技术人员现场监督的；

（三）未出具自检合格证明或者出具虚假证明的；

（四）未向施工单位进行安全使用说明，办理移交手续的。

施工起重机械和整体提升脚手架、模板等自升式架设设施安装、拆卸单位有前款规定的第（一）项、第（三）项行为，经有关部门或者单位职工提出后，对事故隐患仍不采取措施，因而发生重大伤亡事故或者造成其他严重后果，构成犯罪的，对直接责任人员，依照刑法有关规定追究刑事责任。

第六十二条 违反本条例的规定，施工单位有下列行为之一的，责令限期改正；逾期未改正的，责令停业整顿，依照《中华人民共和国安全生产法》的有关规定处以罚款；造成重大安全事故，构成犯罪的，对直接责任人员，依照刑法有关规定追究刑事责任：

（一）未设立安全生产管理机构、配备专职安全生产管理人员或者分部分项工程施工时无专职安全生产管理人员现场监督的；

（二）施工单位的主要负责人、项目负责人、专职安全生产管理人员、作业人员或者特种作业人员，未经安全教育培训或者经考核不合格即从事相关工作的；

（三）未在施工现场的危险部位设置明显的安全警示标志，或者未按照国家有关规定在施工现场设置消防通道、消防水源、配备消防设施和灭火器材的；

（四）未向作业人员提供安全防护用具和安全防护服装的；

（五）未按照规定在施工起重机械和整体提升脚手架、模板等自升式架设设施验收合格后登记的；

（六）使用国家明令淘汰、禁止使用的危及施工安全的工艺、设备、材料的。

第六十三条 违反本条例的规定，施工单位挪用列入建设工程概算的安全生产作业环境及安全施工措施所需费用的，责令限期改正，处挪用费用20%以上50%以下的罚款；造成损失的，依法承担赔偿责任。

第六十四条 违反本条例的规定，施工单位有下列行为之一的，责令限期改正；逾期未改正的，责令停业整顿，并处5万元以上10万元以下的罚款；造成重大安全事故，构成犯罪的，对直接责任人员，依照刑法有关规定追究刑事责任：

（一）施工前未对有关安全施工的技术要求作出详细说明的；

（二）未根据不同施工阶段和周围环境及季节、气候的变化，在施工现场采取相应的安全施工措施，或者在城市市区内的建设工程的施工现场未实行封闭围挡的；

（三）在尚未竣工的建筑物内设置员工集体宿舍的；

（四）施工现场临时搭建的建筑物不符合安全使用要求的；

（五）未对因建设工程施工可能造成损害的毗邻建筑物、构筑物和地下管线等采取专项防护措施的。

施工单位有前款规定第（四）项、第（五）项行为，造成损失的，依法承担赔偿责任。

第六十五条 违反本条例的规定，施工单位有下列行为之一的，责令限期改正；逾期未改正的，责令停业整顿，并处10万元以上30万元以下的罚款；情节严重的，降低资质等级，直至吊销资质证书；造成重大安全事故，构成犯罪的，对直接责任人员，依照刑法有关规定追究刑事责任；造成损失的，依法承担赔偿责任：

（一）安全防护用具、机械设备、施工机具及配件在进入施工现场前未经查验或者查验不合格即投入使用的；

（二）使用未经验收或者验收不合格的施工起重机械和整体提升脚手架、模板等自升式架设设施的；

（三）委托不具有相应资质的单位承担施工现场安装、拆卸施工起重机械和整体提升脚手架、模板等自升式架设设施的；

（四）在施工组织设计中未编制安全技术措施、施工现场临时用电方案或者专项施工方案的。

第六十六条 违反本条例的规定，施工单位的主要负责人、项目负责人未履行安全生产管理职责的，责令限期改正；逾期未改正的，责令施工单位停业整顿；造成重大安全事故、重大伤亡事故或者其他严重后果，构成犯罪的，依照刑法有关规定追究刑事责任。

作业人员不服管理、违反规章制度和操作规程冒险作业造成重大伤亡事故或者其他严重后果，构成犯罪的，依照刑法有关规定追究刑事责任。

施工单位的主要负责人、项目负责人有前款违法行为，尚不够刑事处罚的，处2万元以上20万元以下的罚款或者按照管理权限给予撤职处分；自刑罚执行完毕或者受处分之日起，5年内不得担任任何施工单位的主要负责人、项目负责人。

第六十七条 施工单位取得资质证书后，降低安全生产条件的，责令限期改正；经整改仍未达到与其资质等级相适应的安全生产条件的，责令停业整顿，降低其资质等级直至吊销资质证书。

第六十八条 本条例规定的行政处罚，由建设行政主管部门或者其他有关部门依照法定职权决定。

违反消防安全管理规定的行为，由公安消防机构依法处罚。

有关法律、行政法规对建设工程安全生产违法行为的行政处罚决定机关另有规定的，从其规定。

第八章 附 则

第六十九条 抢险救灾和农民自建低层住宅的安全生产管理，不适用本条例。

第七十条 军事建设工程的安全生产管理，按照中央军事委员会的有关规定执行。

第七十一条 本条例自2004年2月1日起施行。

建设工程质量管理条例

2000年1月30日国务院令第279号发布 根据2017年10月7日国务院令第687号《国务院关于修改部分行政法规的决定》修正 根据2019年4月23日国务院令第714号《国务院关于修改部分行政法规的决定》第二次修正

第一章 总 则

第一条 为了加强对建设工程质量的管理，保证建设工程质量，保护人民生命和财产安全，根据《中华人民共和国建筑法》，制定本条例。

第二条 凡在中华人民共和国境内从事建设工程的新建、扩建、改建等有关活动及实施对建设工程质量监督管理的，必须遵守本条例。

本条例所称建设工程，是指土木工程、建筑工程、线路管道和设备安装工程及装修工程。

第三条 建设单位、勘察单位、设计单位、施工单位、工程监理单位依法对建设工程质量负责。

第四条 县级以上人民政府建设行政主管部门和其他有关部门应当加强对建设工程质量的监督管理。

第五条 从事建设工程活动，必须严格执行基本建设程序，坚持先勘察、后设计、再施工的原则。

县级以上人民政府及其有关部门不得超越权限审批建设项目或者擅自简化基本建设程序。

第六条 国家鼓励采用先进的科学技术和管理方法，提高建设工程质量。

第二章 建设单位的质量责任和义务

第七条 建设单位应当将工程发包给具有相应资质等级的单位。

建设单位不得将建设工程肢解发包。

第八条 建设单位应当依法对工程建设项目的勘察、设计、施工、监理以及与工程建设有关的重要设备、材料等的采购进行招标。

第九条 建设单位必须向有关的勘察、设计、施工、工程监理等单位提供与建设工程有关的原始资料。

原始资料必须真实、准确、齐全。

第十条 建设工程发包单位不得迫使承包方以低于成本的价格竞标，不得任意压缩合理工期。

建设单位不得明示或者暗示设计单位或者施工单位违反工程建设强制性标准，降低建设工程质量。

第十一条 施工图设计文件审查的具体办法，由国务院建设行政主管部门、国务院其他有关部门制定。

施工图设计文件未经审查批准的，不得使用。

第十二条 实行监理的建设工程，建设单位应当委托具有相应资质等级的工程监理单位进行监理，也可以委托具有工程监理相应资质等级并与被监理工程的施工承包单位没有隶属关系或者其他利害关系的该工程的设计单位进行监理。

下列建设工程必须实行监理：

（一）国家重点建设工程；

（二）大中型公用事业工程；

（三）成片开发建设的住宅小区工程；

（四）利用外国政府或者国际组织贷款、援助资金的工程；

（五）国家规定必须实行监理的其他工程。

第十三条 建设单位在开工前，应当按照国家有关规定办理工程质量监督手续，工程质量监督手续可以与施工许可证或者开工报告合并办理。

第十四条 按照合同约定，由建设单位采购建筑材料、建筑构配件和设备的，建设单位应当保证建筑材料、建筑构配件和设备符合设计文件和合同要求。

建设单位不得明示或者暗示施工单位使用不合格的建筑材料、建筑构配件和设备。

第十五条 涉及建筑主体和承重结构变动的装修工程，建设单位应当在施工前委托原设计单位或者具有相应资质等级的设计单位提出设计方案；没有设计方案的，不得施工。

房屋建筑使用者在装修过程中，不得擅自变动房屋建筑主体和承重结构。

第十六条 建设单位收到建设工程竣工报告后，应当组织设计、施工、工程监理等有关单位进行竣工验收。

建设工程竣工验收应当具备下列条件：

（一）完成建设工程设计和合同约定的各项内容；

（二）有完整的技术档案和施工管理资料；

（三）有工程使用的主要建筑材料、建筑构配件和设备的进场试验报告；

（四）有勘察、设计、施工、工程监理等单位分别签署的质量合格文件；

（五）有施工单位签署的工程保修书。

建设工程经验收合格的，方可交付使用。

第十七条 建设单位应当严格按照国家有关档案管理的规定，及时收集、整理建设项目各环节的文件资料，建立、健全建设项目档案，并在建设工程竣工验收后，及时向建设行政主管部门或者其他有关部门移交建设项目档案。

第三章 勘察、设计单位的质量责任和义务

第十八条 从事建设工程勘察、设计的单位应当依法取得相应等级的资质证书，并在其资质等级许可的范围内承揽工程。

禁止勘察、设计单位超越其资质等级许可的范围或者以其他勘察、设计单位的名义承揽工程。禁止勘察、设计单位允许其他单位或者个人以本单位的名义承揽工程。

勘察、设计单位不得转包或者违法分包所承揽的工程。

第十九条 勘察、设计单位必须按照工程建设强制性标准进行勘察、设计，并对其勘察、设计的质量负责。

注册建筑师、注册结构工程师等注册执业人员应当在设计文件上签字，对设计文件负责。

第二十条 勘察单位提供的地质、测量、水文等勘察成果必须真实、准确。

第二十一条 设计单位应当根据勘察成果文件进行建设工程设计。

设计文件应当符合国家规定的设计深度要求，注明工程合理使用年限。

第二十二条 设计单位在设计文件中选用的建筑材料、建筑构配件和设备，应当注明规格、型号、性能等技术指标，其质量要求必须符合国家规定的标准。

除有特殊要求的建筑材料、专用设备、工艺生产线等外，设计单位不得指定生产厂、供应商。

第二十三条 设计单位应当就审查合格的施工图设计文件向施工单位作出详细说明。

第二十四条 设计单位应当参与建设工程质量事故分析，并对因设计造成的质量事故，提出相应的技术处理方案。

第四章 施工单位的质量责任和义务

第二十五条 施工单位应当依法取得相应等级的资质证书，并在其资质等级许可的范围内承揽工程。

禁止施工单位超越本单位资质等级许可的业务范围或者以其他施工单位的名义承揽工程。禁止施工单位允许其他单位或者个人以本单位的名义承揽工程。

施工单位不得转包或者违法分包工程。

第二十六条 施工单位对建设工程的施工质量负责。

施工单位应当建立质量责任制，确定工程项目的项目经理、技术负责人和施工管理负责人。

建设工程实行总承包的，总承包单位应当对全部建设工程质量负责；建设工程勘察、设计、施工、设备采购的一项或者多项实行总承包的，总承包单位应当对其承包的建设工程或者采购的设备的质量负责。

第二十七条 总承包单位依法将建设工程分包给其他单位的，分包单位应当按照分包合同的约定对其分包工程的质量向总承包单位负责，总承包单位与分包单位对分包工程的质量承担连带责任。

第二十八条 施工单位必须按照工程设计图纸和施工技术标准施工，不得擅自修改工程设计，不得偷工减料。

施工单位在施工过程中发现设计文件和图纸有差错的，应当及时提出意见和建议。

第二十九条 施工单位必须按照工程设计要求、施工技术标准和合同约定，对建筑材料、建筑构配件、设备和商品混凝土进行检验，检验应当有书面记录和专人签字；未经检验或者检验不合格的，不得使用。

第三十条 施工单位必须建立、健全施工质量的检验制度，严格工序管理，作好隐蔽工程的质量检查和记录。隐蔽工程在隐蔽前，施工单位应当通知建设单位和建设工程质量监督机构。

第三十一条 施工人员对涉及结构安全的试块、试件以及有关材料，应当在建设单位或者工程监理单位监督下现场取样，并送具有相应资质等级的质量检测单位进行检测。

第三十二条 施工单位对施工中出现质量问题的建设工程或者竣工验收不合

格的建设工程，应当负责返修。

第三十三条 施工单位应当建立、健全教育培训制度，加强对职工的教育培训；未经教育培训或者考核不合格的人员，不得上岗作业。

第五章 工程监理单位的质量责任和义务

第三十四条 工程监理单位应当依法取得相应等级的资质证书，并在其资质等级许可的范围内承担工程监理业务。

禁止工程监理单位超越本单位资质等级许可的范围或者以其他工程监理单位的名义承担工程监理业务。禁止工程监理单位允许其他单位或者个人以本单位的名义承担工程监理业务。

工程监理单位不得转让工程监理业务。

第三十五条 工程监理单位与被监理工程的施工承包单位以及建筑材料、建筑构配件和设备供应单位有隶属关系或者其他利害关系的，不得承担该项建设工程的监理业务。

第三十六条 工程监理单位应当依照法律、法规以及有关技术标准、设计文件和建设工程承包合同，代表建设单位对施工质量实施监理，并对施工质量承担监理责任。

第三十七条 工程监理单位应当选派具备相应资格的总监理工程师和监理工程师进驻施工现场。

未经监理工程师签字，建筑材料、建筑构配件和设备不得在工程上使用或者安装，施工单位不得进行下一道工序的施工。未经总监理工程师签字，建设单位不拨付工程款，不进行竣工验收。

第三十八条 监理工程师应当按照工程监理规范的要求，采取旁站、巡视和平行检验等形式，对建设工程实施监理。

第六章 建设工程质量保修

第三十九条 建设工程实行质量保修制度。

建设工程承包单位在向建设单位提交工程竣工验收报告时，应当向建设单位出具质量保修书。质量保修书中应当明确建设工程的保修范围、保修期限和保修责任等。

第四十条 在正常使用条件下，建设工程的最低保修期限为：

（一）基础设施工程、房屋建筑的地基基础工程和主体结构工程，为设计文件规定的该工程的合理使用年限；

（二）屋面防水工程、有防水要求的卫生间、房间和外墙面的防渗漏，为5年；

（三）供热与供冷系统，为2个采暖期、供冷期；

（四）电气管线、给排水管道、设备安装和装修工程，为2年。

其他项目的保修期限由发包方与承包方约定。

建设工程的保修期，自竣工验收合格之日起计算。

第四十一条 建设工程在保修范围和保修期限内发生质量问题的，施工单位应当履行保修义务，并对造成的损失承担赔偿责任。

第四十二条 建设工程在超过合理使用年限后需要继续使用的，产权所有人应当委托具有相应资质等级的勘察、设计单位鉴定，并根据鉴定结果采取加固、维修等措施，重新界定使用期。

第七章 监督管理

第四十三条 国家实行建设工程质量监督管理制度。

国务院建设行政主管部门对全国的建设工程质量实施统一监督管理。国务院铁路、交通、水利等有关部门按照国务院规定的职责分工，负责对全国的有关专业建设工程质量的监督管理。

县级以上地方人民政府建设行政主管部门对本行政区域内的建设工程质量实施监督管理。县级以上地方人民政府交通、水利等有关部门在各自的职责范围内，负责对本行政区域内的专业建设工程质量的监督管理。

第四十四条 国务院建设行政主管部门和国务院铁路、交通、水利等有关部门应当加强对有关建设工程质量的法律、法规和强制性标准执行情况的监督检查。

第四十五条 国务院发展计划部门按照国务院规定的职责，组织稽察特派员，对国家出资的重大建设项目实施监督检查。

国务院经济贸易主管部门按照国务院规定的职责，对国家重大技术改造项目实施监督检查。

第四十六条 建设工程质量监督管理，可以由建设行政主管部门或者其他有关部门委托的建设工程质量监督机构具体实施。

从事房屋建筑工程和市政基础设施工程质量监督的机构，必须按照国家有关规定经国务院建设行政主管部门或者省、自治区、直辖市人民政府建设行政主管部门考核；从事专业建设工程质量监督的机构，必须按照国家有关规定经国务院有关部门或者省、自治区、直辖市人民政府有关部门考核。经考核合格后，方可实施质量监督。

第四十七条 县级以上地方人民政府建设行政主管部门和其他有关部门应当加强对有关建设工程质量的法律、法规和强制性标准执行情况的监督检查。

第四十八条 县级以上人民政府建设行政主管部门和其他有关部门履行监督检查职责时，有权采取下列措施：

（一）要求被检查的单位提供有关工程质量的文件和资料；

（二）进入被检查单位的施工现场进行检查；

（三）发现有影响工程质量的问题时，责令改正。

第四十九条 建设单位应当自建设工程竣工验收合格之日起15日内，将建设工程竣工验收报告和规划、公安消防、环保等部门出具的认可文件或者准许使用文件报建设行政主管部门或者其他有关部门备案。

建设行政主管部门或者其他有关部门发现建设单位在竣工验收过程中有违反国家有关建设工程质量管理规定行为的，责令停止使用，重新组织竣工验收。

第五十条 有关单位和个人对县级以上人民政府建设行政主管部门和其他有关部门进行的监督检查应当支持与配合，不得拒绝或者阻碍建设工程质量监督检查人员依法执行职务。

第五十一条 供水、供电、供气、公安消防等部门或者单位不得明示或者暗示建设单位、施工单位购买其指定的生产供应单位的建筑材料、建筑构配件和设备。

第五十二条 建设工程发生质量事故，有关单位应当在24小时内向当地建设行政主管部门和其他有关部门报告。对重大质量事故，事故发生地的建设行政主管部门和其他有关部门应当按照事故类别和等级向当地人民政府和上级建设行政主管部门和其他有关部门报告。

特别重大质量事故的调查程序按照国务院有关规定办理。

第五十三条 任何单位和个人对建设工程的质量事故、质量缺陷都有权检举、控告、投诉。

第八章　罚　则

第五十四条 违反本条例规定，建设单位将建设工程发包给不具有相应资质等级的勘察、设计、施工单位或者委托给不具有相应资质等级的工程监理单位的，责令改正，处50万元以上100万元以下的罚款

第五十五条 违反本条例规定，建设单位将建设工程肢解发包的，责令改

正，处工程合同价款百分之零点五以上百分之一以下的罚款；对全部或者部分使用国有资金的项目，并可以暂停项目执行或者暂停资金拨付。

第五十六条 违反本条例规定，建设单位有下列行为之一的，责令改正，处20万元以上50万元以下的罚款：

（一）迫使承包方以低于成本的价格竞标的；

（二）任意压缩合理工期的；

（三）明示或者暗示设计单位或者施工单位违反工程建设强制性标准，降低工程质量的；

（四）施工图设计文件未经审查或者审查不合格，擅自施工的；

（五）建设项目必须实行工程监理而未实行工程监理的；

（六）未按照国家规定办理工程质量监督手续的；

（七）明示或者暗示施工单位使用不合格的建筑材料、建筑构配件和设备的；

（八）未按照国家规定将竣工验收报告、有关认可文件或者准许使用文件报送备案的。

第五十七条 违反本条例规定，建设单位未取得施工许可证或者开工报告未经批准，擅自施工的，责令停止施工，限期改正，处工程合同价款百分之一以上百分之二以下的罚款。

第五十八条 违反本条例规定，建设单位有下列行为之一的，责令改正，处工程合同价款百分之二以上百分之四以下的罚款；造成损失的，依法承担赔偿责任：

（一）未组织竣工验收，擅自交付使用的；

（二）验收不合格，擅自交付使用的；

（三）对不合格的建设工程按照合格工程验收的。

第五十九条 违反本条例规定，建设工程竣工验收后，建设单位未向建设行政主管部门或者其他有关部门移交建设项目档案的，责令改正，处1万元以上10万元以下的罚款。

第六十条 违反本条例规定，勘察、设计、施工、工程监理单位超越本单位资质等级承揽工程的，责令停止违法行为，对勘察、设计单位或者工程监理单位处合同约定的勘察费、设计费或者监理酬金1倍以上2倍以下的罚款；对施工单位处工程合同价款百分之二以上百分之四以下的罚款，可以责令停业整顿，降低资质等级；情节严重的，吊销资质证书；有违法所得的，予以没收。

未取得资质证书承揽工程的，予以取缔，依照前款规定处以罚款；有违法所得的，予以没收。

以欺骗手段取得资质证书承揽工程的，吊销资质证书，依照本条第一款规定处以罚款；有违法所得的，予以没收。

第六十一条 违反本条例规定，勘察、设计、施工、工程监理单位允许其他单位或者个人以本单位名义承揽工程的，责令改正，没收违法所得，对勘察、设计单位和工程监理单位处合同约定的勘察费、设计费和监理酬金1倍以上2倍以下的罚款；对施工单位处工程合同价款百分之二以上百分之四以下的罚款；可以责令停业整顿，降低资质等级；情节严重的，吊销资质证书。

第六十二条 违反本条例规定，承包单位将承包的工程转包或者违法分包的，责令改正，没收违法所得，对勘察、设计单位处合同约定的勘察费、设计费百分之二十五以上百分之五十以下的罚款；对施工单位处工程合同价款百分之零点五以上百分之一以下的罚款；可以责令停业整顿，降低资质等级；情节严重的，吊销资质证书。

工程监理单位转让工程监理业务的，责令改正，没收违法所得，处合同约定的监理酬金百分之二十五以上百分之五十以下的罚款；可以责令停业整顿，降低资质等级；情节严重的，吊销资质证书。

第六十三条 违反本条例规定，有下列行为之一的，责令改正，处10万元以上30万元以下的罚款：

（一）勘察单位未按照工程建设强制性标准进行勘察的；

（二）设计单位未根据勘察成果文件进行工程设计的；

（三）设计单位指定建筑材料、建筑构配件的生产厂、供应商的；

（四）设计单位未按照工程建设强制性标准进行设计的。

有前款所列行为，造成工程质量事故的，责令停业整顿，降低资质等级；情节严重的，吊销资质证书；造成损失的，依法承担赔偿责任。

第六十四条 违反本条例规定，施工单位在施工中偷工减料的，使用不合格的建筑材料、建筑构配件和设备的，或者有不按照工程设计图纸或者施工技术标准施工的其他行为的，责令改正，处工程合同价款百分之二以上百分之四以下的罚款；造成建设工程质量不符合规定的质量标准的，负责返工、修理，并赔偿因此造成的损失；情节严重的，责令停业整顿，降低资质等级或者吊销资质证书。

第六十五条 违反本条例规定，施工单位未对建筑材料、建筑构配件、设备和商品混凝土进行检验，或者未对涉及结构安全的试块、试件以及有关材料取样检测的，责令改正，处10万元以上20万元以下的罚款；情节严重的，责令停业整顿，降低资质等级或者吊销资质证书；造成损失的，依法承担赔偿责任。

第六十六条 违反本条例规定，施工单位不履行保修义务或者拖延履行保修义务的，责令改正，处10万元以上20万元以下的罚款，并对在保修期内因质量缺陷造成的损失承担赔偿责任。

第六十七条 工程监理单位有下列行为之一的，责令改正，处50万元以上100万元以下的罚款，降低资质等级或者吊销资质证书；有违法所得的，予以没收；造成损失的，承担连带赔偿责任：

（一）与建设单位或者施工单位串通，弄虚作假、降低工程质量的；

（二）将不合格的建设工程、建筑材料、建筑构配件和设备按照合格签字的。

第六十八条 违反本条例规定，工程监理单位与被监理工程的施工承包单位以及建筑材料、建筑构配件和设备供应单位有隶属关系或者其他利害关系承担该项建设工程的监理业务的，责令改正，处5万元以上10万元以下的罚款，降低资质等级或者吊销资质证书；有违法所得的，予以没收。

第六十九条 违反本条例规定，涉及建筑主体或者承重结构变动的装修工程，没有设计方案擅自施工的，责令改正，处50万元以上100万元以下的罚款；房屋建筑使用者在装修过程中擅自变动房屋建筑主体和承重结构的，责令改正，处5万元以上10万元以下的罚款。

有前款所列行为，造成损失的，依法承担赔偿责任。

第七十条 发生重大工程质量事故隐瞒不报、谎报或者拖延报告期限的，对直接负责的主管人员和其他责任人员依法给予行政处分。

第七十一条 违反本条例规定，供水、供电、供气、公安消防等部门或者单位明示或者暗示建设单位或者施工单位购买其指定的生产供应单位的建筑材料、建筑构配件和设备的，责令改正。

第七十二条 违反本条例规定，注册建筑师、注册结构工程师、监理工程师等注册执业人员因过错造成质量事故的，责令停止执业1年；造成重大质量事故的，吊销执业资格证书，5年以内不予注册；情节特别恶劣的，终身不予注册。

第七十三条 依照本条例规定，给予单位罚款处罚的，对单位直接负责的主管人员和其他直接责任人员处单位罚款数额百分之五以上百分之十以下的罚款。

第七十四条 建设单位、设计单位、施工单位、工程监理单位违反国家规定，降低工程质量标准，造成重大安全事故，构成犯罪的，对直接责任人员依法追究刑事责任。

第七十五条 本条例规定的责令停业整顿，降低资质等级和吊销资质证书的行政处罚，由颁发资质证书的机关决定；其他行政处罚，由建设行政主管部门或者其他有关部门依照法定职权决定。

依照本条例规定被吊销资质证书的，由工商行政管理部门吊销其营业执照。

第七十六条 国家机关工作人员在建设工程质量监督管理工作中玩忽职守、滥用职权、徇私舞弊，构成犯罪的，依法追究刑事责任；尚不构成犯罪的，依法给予行政处分。

第七十七条 建设、勘察、设计、施工、工程监理单位的工作人员因调动工作、退休等原因离开该单位后，被发现在该单位工作期间违反国家有关建设工程质量管理规定，造成重大工程质量事故的，仍应当依法追究法律责任。

第九章 附 则

第七十八条 本条例所称肢解发包，是指建设单位将应当由一个承包单位完成的建设工程分解成若干部分发包给不同的承包单位的行为。

本条例所称违法分包，是指下列行为：

（一）总承包单位将建设工程分包给不具备相应资质条件的单位的；

（二）建设工程总承包合同中未有约定，又未经建设单位认可，承包单位将其承包的部分建设工程交由其他单位完成的；

（三）施工总承包单位将建设工程主体结构的施工分包给其他单位的；

（四）分包单位将其承包的建设工程再分包的。

本条例所称转包，是指承包单位承包建设工程后，不履行合同约定的责任和义务，将其承包的全部建设工程转给他人或者将其承包的全部建设工程肢解以后以分包的名义分别转给其他单位承包的行为。

第七十九条 本条例规定的罚款和没收的违法所得，必须全部上缴国库。

第八十条 抢险救灾及其他临时性房屋建筑和农民自建低层住宅的建设活动，不适用本条例。

第八十一条 军事建设工程的管理，按照中央军事委员会的有关规定执行。

第八十二条 本条例自发布之日起施行。

---

* 附刑法有关条款

第一百三十七条 建设单位、设计单位、施工单位、工程监理单位违反国家规定，降低工程质量标准，造成重大安全事故的，对直接责任人员处五年以下有期徒刑或者拘役，并处罚金；后果特别严重的，处五年以上十年以下有期徒刑，并处罚金。

生产安全事故报告和调查处理条例

生产安全事故报告和调查处理条例是为了规范生产安全事故的报告和调查处理，落实生产安全事故责任追究制度，防治和较少生产安全事故而制定的。

2007年3月28日国务院第172次常务会议通过，2007年4月9日国务院令第493号公布，自2007年6月1日起施行。2015年4月2日发布国家安全生产监督管理总局令（第77号）《国家安全监管总局关于修改〈生产安全事故报告和调查处理条例〉罚款处罚暂行规定等四部规章的决定》已经2015年1月16日国家安全生产监督管理总局局长办公会议审议通过，予以公布，自2015年5月1日起施行。

第一章　总　则

第一条　为了规范生产安全事故的报告和调查处理，落实生产安全事故责任追究制度，防止和减少生产安全事故，根据《中华人民共和国安全生产法》和有关法律，制定本条例。

第二条　生产经营活动中发生的造成人身伤亡或者直接经济损失的生产安全事故的报告和调查处理，适用本条例；环境污染事故、核设施事故、国防科研生产事故的报告和调查处理不适用本条例。

第三条　根据生产安全事故（以下简称事故）造成的人员伤亡或者直接经济损失，事故一般分为以下等级：

（一）特别重大事故，是指造成30人以上死亡，或者100人以上重伤（包括急性工业中毒，下同），或者1亿元以上直接经济损失的事故；

（二）重大事故，是指造成10人以上30人以下死亡，或者50人以上100人以下重伤，或者5000万元以上1亿元以下直接经济损失的事故；

（三）较大事故，是指造成3人以上10人以下死亡，或者10人以上50人以下重伤，或者1000万元以上5000万元以下直接经济损失的事故；

（四）一般事故，是指造成3人以下死亡，或者10人以下重伤，或者1000万元以下直接经济损失的事故。

国务院安全生产监督管理部门可以会同国务院有关部门，制定事故等级划分的补充性规定。

本条第一款所称的“以上”包括本数，所称的“以下”不包括本数。

第四条 事故报告应当及时、准确、完整，任何单位和个人对事故不得迟报、漏报、谎报或者瞒报。

事故调查处理应当坚持实事求是、尊重科学的原则，及时、准确地查清事故经过、事故原因和事故损失，查明事故性质，认定事故责任，总结事故教训，提出整改措施，并对事故责任者依法追究责任。

第五条 县级以上人民政府应当依照本条例的规定，严格履行职责，及时、准确地完成事故调查处理工作。

事故发生地有关地方人民政府应当支持、配合上级人民政府或者有关部门的事故调查处理工作，并提供必要的便利条件。

参加事故调查处理的部门和单位应当互相配合，提高事故调查处理工作的效率。

第六条 工会依法参加事故调查处理，有权向有关部门提出处理意见。

第七条 任何单位和个人不得阻挠和干涉对事故的报告和依法调查处理。

第八条 对事故报告和调查处理中的违法行为，任何单位和个人有权向安全生产监督管理部门、监察机关或者其他有关部门举报，接到举报的部门应当依法及时处理。

第二章 事故报告

第九条 事故发生后，事故现场有关人员应当立即向本单位负责人报告；单位负责人接到报告后，应当于1小时内向事故发生地县级以上人民政府安全生产监督管理部门和负有安全生产监督管理职责的有关部门报告。

情况紧急时，事故现场有关人员可以直接向事故发生地县级以上人民政府安全生产监督管理部门和负有安全生产监督管理职责的有关部门报告。

第十条 安全生产监督管理部门和负有安全生产监督管理职责的有关部门接到事故报告后，应当依照下列规定上报事故情况，并通知公安机关、劳动保障行政部门、工会和人民检察院：

（一）特别重大事故、重大事故逐级上报至国务院安全生产监督管理部门和负有安全生产监督管理职责的有关部门；

（二）较大事故逐级上报至省、自治区、直辖市人民政府安全生产监督管理部门和负有安全生产监督管理职责的有关部门；

（三）一般事故上报至设区的市级人民政府安全生产监督管理部门和负有安全生产监督管理职责的有关部门。

安全生产监督管理部门和负有安全生产监督管理职责的有关部门依照前款规定上报事故情况，应当同时报告本级人民政府。国务院安全生产监督管理部门和负有安全生产监督管理职责的有关部门以及省级人民政府接到发生特别重大事故、重大事故的报告后，应当立即报告国务院。

必要时，安全生产监督管理部门和负有安全生产监督管理职责的有关部门可以越级上报事故情况。

第十一条 安全生产监督管理部门和负有安全生产监督管理职责的有关部门逐级上报事故情况，每级上报的时间不得超过2小时。

第十二条 报告事故应当包括下列内容：

（一）事故发生单位概况；

（二）事故发生的时间、地点以及事故现场情况；

（三）事故的简要经过；

（四）事故已经造成或者可能造成的伤亡人数（包括下落不明的人数）和初步估计的直接经济损失；

（五）已经采取的措施；

（六）其他应当报告的情况。

第十三条 事故报告后出现新情况的，应当及时补报。

自事故发生之日起30日内，事故造成的伤亡人数发生变化的，应当及时补报。道路交通事故、火灾事故自发生之日起7日内，事故造成的伤亡人数发生变化的，应当及时补报。

第十四条 事故发生单位负责人接到事故报告后，应当立即启动事故相应应急预案，或者采取有效措施，组织抢救，防止事故扩大，减少人员伤亡和财产损失。

第十五条 事故发生地有关地方人民政府、安全生产监督管理部门和负有安全生产监督管理职责的有关部门接到事故报告后，其负责人应当立即赶赴事故现场，组织事故救援。

第十六条 事故发生后，有关单位和人员应当妥善保护事故现场以及相关证据，任何单位和个人不得破坏事故现场、毁灭相关证据。

因抢救人员、防止事故扩大以及疏通交通等原因，需要移动事故现场物件的，应当做出标志，绘制现场简图并做出书面记录，妥善保存现场重要痕迹、物证。

第十七条 事故发生地公安机关根据事故的情况，对涉嫌犯罪的，应当依法立案侦查，采取强制措施和侦查措施。犯罪嫌疑人逃匿的，公安机关应当迅速追捕归案。

第十八条 安全生产监督管理部门和负有安全生产监督管理职责的有关部门应当建立值班制度，并向社会公布值班电话，受理事故报告和举报。

第三章　事故调查

第十九条 特别重大事故由国务院或者国务院授权有关部门组织事故调查组进行调查。

重大事故、较大事故、一般事故分别由事故发生地省级人民政府、设区的市级人民政府、县级人民政府负责调查。省级人民政府、设区的市级人民政府、县级人民政府可以直接组织事故调查组进行调查，也可以授权或者委托有关部门组织事故调查组进行调查。

未造成人员伤亡的一般事故，县级人民政府也可以委托事故发生单位组织事故调查组进行调查。

第二十条 上级人民政府认为必要时，可以调查由下级人民政府负责调查的事故。

自事故发生之日起30日内（道路交通事故、火灾事故自发生之日起7日内），因事故伤亡人数变化导致事故等级发生变化，依照本条例规定应当由上级人民政府负责调查的，上级人民政府可以另行组织事故调查组进行调查。

第二十一条 特别重大事故以下等级事故，事故发生地与事故发生单位不在同一个县级以上行政区域的，由事故发生地人民政府负责调查，事故发生单位所在地人民政府应当派人参加。

第二十二条 事故调查组的组成应当遵循精简、效能的原则。

根据事故的具体情况，事故调查组由有关人民政府、安全生产监督管理部门、负有安全生产监督管理职责的有关部门、监察机关、公安机关以及工会派人组成，并应当邀请人民检察院派人参加。

事故调查组可以聘请有关专家参与调查。

第二十三条 事故调查组成员应当具有事故调查所需要的知识和专长，并与所调查的事故没有直接利害关系。

第二十四条 事故调查组组长由负责事故调查的人民政府指定。事故调查组组长主持事故调查组的工作。

第二十五条 事故调查组履行下列职责：

（一）查明事故发生的经过、原因、人员伤亡情况及直接经济损失；

（二）认定事故的性质和事故责任；

（三）提出对事故责任者的处理建议；

（四）总结事故教训，提出防范和整改措施；

（五）提交事故调查报告。

第二十六条 事故调查组有权向有关单位和个人了解与事故有关的情况，并要求其提供相关文件、资料，有关单位和个人不得拒绝。

事故发生单位的负责人和有关人员在事故调查期间不得擅离职守，并应当随时接受事故调查组的询问，如实提供有关情况。

事故调查中发现涉嫌犯罪的，事故调查组应当及时将有关材料或者其复印件移交司法机关处理。

第二十七条 事故调查中需要进行技术鉴定的，事故调查组应当委托具有国家规定资质的单位进行技术鉴定。必要时，事故调查组可以直接组织专家进行技术鉴定。技术鉴定所需时间不计入事故调查期限。

第二十八条 事故调查组成员在事故调查工作中应当诚信公正、恪尽职守，遵守事故调查组的纪律，保守事故调查的秘密。

未经事故调查组组长允许，事故调查组成员不得擅自发布有关事故的信息。

第二十九条 事故调查组应当自事故发生之日起60日内提交事故调查报告；特殊情况下，经负责事故调查的人民政府批准，提交事故调查报告的期限可以适当延长，但延长的期限最长不超过60日。

第三十条 事故调查报告应当包括下列内容：

（一）事故发生单位概况；

（二）事故发生经过和事故救援情况；

（三）事故造成的人员伤亡和直接经济损失；

（四）事故发生的原因和事故性质；

（五）事故责任的认定以及对事故责任者的处理建议；

（六）事故防范和整改措施。

事故调查报告应当附具有关证据材料。事故调查组成员应当在事故调查报告上签名。

第三十一条 事故调查报告报送负责事故调查的人民政府后，事故调查工作即告结束。事故调查的有关资料应当归档保存。

第四章 事故处理

第三十二条 重大事故、较大事故、一般事故，负责事故调查的人民政府应当自收到事故调查报告之日起15日内做出批复；特别重大事故，30日内做出批复，特殊情况下，批复时间可以适当延长，但延长的时间最长不超过30日。

有关机关应当按照人民政府的批复，依照法律、行政法规规定的权限和程序，对事故发生单位和有关人员进行行政处罚，对负有事故责任的国家工作人员进行处分。

事故发生单位应当按照负责事故调查的人民政府的批复，对本单位负有事故责任的人员进行处理。

负有事故责任的人员涉嫌犯罪的，依法追究刑事责任。

第三十三条 事故发生单位应当认真吸取事故教训，落实防范和整改措施，防止事故再次发生。防范和整改措施的落实情况应当接受工会和职工的监督。

安全生产监督管理部门和负有安全生产监督管理职责的有关部门应当对事故发生单位落实防范和整改措施的情况进行监督检查。

第三十四条 事故处理的情况由负责事故调查的人民政府或者其授权的有关部门、机构向社会公布，依法应当保密的除外。

第五章 法律责任

第三十五条 事故发生单位主要负责人有下列行为之一的，处上一年年收入40%至80%的罚款；属于国家工作人员的，并依法给予处分；构成犯罪的，依法追究刑事责任：

（一）不立即组织事故抢救的；

（二）迟报或者漏报事故的；

（三）在事故调查处理期间擅离职守的。

第三十六条 事故发生单位及其有关人员有下列行为之一的，对事故发生单位处100万元以上500万元以下的罚款；对主要负责人、直接负责的主管人员和其他直接责任人员处上一年年收入60%至100%的罚款；属于国家工作人员的，并依法给予处分；构成违反治安管理行为的，由公安机关依法给予治安管理处罚；构成犯罪的，依法追究刑事责任：

（一）谎报或者瞒报事故的；

（二）伪造或者故意破坏事故现场的；

（三）转移、隐匿资金、财产，或者销毁有关证据、资料的；

（四）拒绝接受调查或者拒绝提供有关情况和资料的；

（五）在事故调查中作伪证或者指使他人作伪证的；

（六）事故发生后逃匿的。

第三十七条　事故发生单位对事故发生负有责任的，依照下列规定处以罚款：

（一）发生一般事故的，处10万元以上20万元以下的罚款；

（二）发生较大事故的，处20万元以上50万元以下的罚款；

（三）发生重大事故的，处50万元以上200万元以下的罚款；

（四）发生特别重大事故的，处200万元以上500万元以下的罚款。

第三十八条　事故发生单位主要负责人未依法履行安全生产管理职责，导致事故发生的，依照下列规定处以罚款；属于国家工作人员的，并依法给予处分；构成犯罪的，依法追究刑事责任：

（一）发生一般事故的，处上一年年收入30%的罚款；

（二）发生较大事故的，处上一年年收入40%的罚款；

（三）发生重大事故的，处上一年年收入60%的罚款；

（四）发生特别重大事故的，处上一年年收入80%的罚款。

第三十九条　有关地方人民政府、安全生产监督管理部门和负有安全生产监督管理职责的有关部门有下列行为之一的，对直接负责的主管人员和其他直接责任人员依法给予处分；构成犯罪的，依法追究刑事责任：

（一）不立即组织事故抢救的；

（二）迟报、漏报、谎报或者瞒报事故的；

（三）阻碍、干涉事故调查工作的；

（四）在事故调查中作伪证或者指使他人作伪证的。

第四十条　事故发生单位对事故发生负有责任的，由有关部门依法暂扣或者吊销其有关证照；对事故发生单位负有事故责任的有关人员，依法暂停或者撤销其与安全生产有关的执业资格、岗位证书；事故发生单位主要负责人受到刑事处罚或者撤职处分的，自刑罚执行完毕或者受处分之日起，5年内不得担任任何生产经营单位的主要负责人。

为发生事故的单位提供虚假证明的中介机构，由有关部门依法暂扣或者吊销其有关证照及其相关人员的执业资格；构成犯罪的，依法追究刑事责任。

第四十一条 参与事故调查的人员在事故调查中有下列行为之一的，依法给予处分；构成犯罪的，依法追究刑事责任：

（一）对事故调查工作不负责任，致使事故调查工作有重大疏漏的；

（二）包庇、袒护负有事故责任的人员或者借机打击报复的。

第四十二条 违反本条例规定，有关地方人民政府或者有关部门故意拖延或者拒绝落实经批复的对事故责任人的处理意见的，由监察机关对有关责任人员依法给予处分。

第四十三条 本条例规定的罚款的行政处罚，由安全生产监督管理部门决定。

法律、行政法规对行政处罚的种类、幅度和决定机关另有规定的，依照其规定。

第六章 附 则

第四十四条 没有造成人员伤亡，但是社会影响恶劣的事故，国务院或者有关地方人民政府认为需要调查处理的，依照本条例的有关规定执行。

国家机关、事业单位、人民团体发生的事故的报告和调查处理，参照本条例的规定执行。

第四十五条 特别重大事故以下等级事故的报告和调查处理，有关法律、行政法规或者国务院另有规定的，依照其规定。

第四十六条 本条例自2007年6月1日起施行。国务院1989年3月29日公布的《特别重大事故调查程序暂行规定》和1991年2月22日公布的《企业职工伤亡事故报告和处理规定》同时废止。

建筑起重机械安全监督管理规定

《建筑起重机械安全监督管理规定》于2008年1月8日经建设部第145次常务会议讨论通过，自2008年6月1日起施行。

第一条 为了加强建筑起重机械的安全监督管理，防止和减少生产安全事故，保障人民群众生命和财产安全，依据《建设工程安全生产管理条例》《特种设备安全监察条例》《安全生产许可证条例》，制定本规定。

第二条 建筑起重机械的租赁、安装、拆卸、使用及其监督管理，适用本规定。

本规定所称建筑起重机械，是指纳入特种设备目录，在房屋建筑工地和市政工程工地安装、拆卸、使用的起重机械。

第三条 国务院建设主管部门对全国建筑起重机械的租赁、安装、拆卸、使用实施监督管理。

县级以上地方人民政府建设主管部门对本行政区域内的建筑起重机械的租赁、安装、拆卸、使用实施监督管理。

第四条 出租单位出租的建筑起重机械和使用单位购置、租赁、使用的建筑起重机械应当具有特种设备制造许可证、产品合格证、制造监督检验证明。

第五条 出租单位在建筑起重机械首次出租前，自购建筑起重机械的使用单位在建筑起重机械首次安装前，应当持建筑起重机械特种设备制造许可证、产品合格证和制造监督检验证明到本单位工商注册所在地县级以上地方人民政府建设主管部门办理备案。

第六条 出租单位应当在签订的建筑起重机械租赁合同中，明确租赁双方的安全责任，并出具建筑起重机械特种设备制造许可证、产品合格证、制造监督检验证明、备案证明和自检合格证明，提交安装使用说明书。

第七条 有下列情形之一的建筑起重机械，不得出租、使用：

（一）属国家明令淘汰或者禁止使用的；

（二）超过安全技术标准或者制造厂家规定的使用年限的；

（三）经检验达不到安全技术标准规定的；

（四）没有完整安全技术档案的；

（五）没有齐全有效的安全保护装置的。

第八条 建筑起重机械有本规定第七条第（一）（二）（三）项情形之一的，出租单位或者自购建筑起重机械的使用单位应当予以报废，并向原备案机关办理注销手续。

第九条 出租单位、自购建筑起重机械的使用单位，应当建立建筑起重机械安全技术档案。

建筑起重机械安全技术档案应当包括以下资料：

（一）购销合同、制造许可证、产品合格证、制造监督检验证明、安装使用说明书、备案证明等原始资料；

（二）定期检验报告、定期自行检查记录、定期维护保养记录、维修和技术改造记录、运行故障和生产安全事故记录、累计运转记录等运行资料；

（三）历次安装验收资料。

第十条 从事建筑起重机械安装、拆卸活动的单位（以下简称安装单位）应当依法取得建设主管部门颁发的相应资质和建筑施工企业安全生产许可证，并在其资质许可范围内承揽建筑起重机械安装、拆卸工程。

第十一条 建筑起重机械使用单位和安装单位应当在签订的建筑起重机械安装、拆卸合同中明确双方的安全生产责任。

实行施工总承包的，施工总承包单位应当与安装单位签订建筑起重机械安装、拆卸工程安全协议书。

第十二条 安装单位应当履行下列安全职责：

（一）按照安全技术标准及建筑起重机械性能要求，编制建筑起重机械安装、拆卸工程专项施工方案，并由本单位技术负责人签字；

（二）按照安全技术标准及安装使用说明书等检查建筑起重机械及现场施工条件；

（三）组织安全施工技术交底并签字确认；

（四）制定建筑起重机械安装、拆卸工程生产安全事故应急救援预案；

（五）将建筑起重机械安装、拆卸工程专项施工方案，安装、拆卸人员名单，安装、拆卸时间等材料报施工总承包单位和监理单位审核后，告知工程所在地县级以上地方人民政府建设主管部门。

第十三条 安装单位应当按照建筑起重机械安装、拆卸工程专项施工方案及安全操作规程组织安装、拆卸作业。

安装单位的专业技术人员、专职安全生产管理人员应当进行现场监督，技术负责人应当定期巡查。

第十四条 建筑起重机械安装完毕后，安装单位应当按照安全技术标准及安装使用说明书的有关要求对建筑起重机械进行自检、调试和试运转。自检合格的，应当出具自检合格证明，并向使用单位进行安全使用说明。

第十五条 安装单位应当建立建筑起重机械安装、拆卸工程档案。

建筑起重机械安装、拆卸工程档案应当包括以下资料：

（一）安装、拆卸合同及安全协议书；

（二）安装、拆卸工程专项施工方案；

（三）安全施工技术交底的有关资料；

（四）安装工程验收资料；

（五）安装、拆卸工程生产安全事故应急救援预案。

第十六条 建筑起重机械安装完毕后，使用单位应当组织出租、安装、监理等有关单位进行验收，或者委托具有相应资质的检验检测机构进行验收。建筑起重机械经验收合格后方可投入使用，未经验收或者验收不合格的不得使用。

实行施工总承包的，由施工总承包单位组织验收。

建筑起重机械在验收前应当经有相应资质的检验检测机构监督检验合格。

检验检测机构和检验检测人员对检验检测结果、鉴定结论依法承担法律责任。

第十七条 使用单位应当自建筑起重机械安装验收合格之日起30日内，将建筑起重机械安装验收资料、建筑起重机械安全管理制度、特种作业人员名单等，向工程所在地县级以上地方人民政府建设主管部门办理建筑起重机械使用登记。登记标志置于或者附着于该设备的显著位置。

第十八条 使用单位应当履行下列安全职责：

（一）根据不同施工阶段、周围环境以及季节、气候的变化，对建筑起重机械采取相应的安全防护措施；

（二）制定建筑起重机械生产安全事故应急救援预案；

（三）在建筑起重机械活动范围内设置明显的安全警示标志，对集中作业区做好安全防护；

（四）设置相应的设备管理机构或者配备专职的设备管理人员；

（五）指定专职设备管理人员、专职安全生产管理人员进行现场监督检查；

（六）建筑起重机械出现故障或者发生异常情况的，立即停止使用，消除故障和事故隐患后，方可重新投入使用。

第十九条 使用单位应当对在用的建筑起重机械及其安全保护装置、吊具、索具等进行经常性和定期的检查、维护和保养，并做好记录。

使用单位在建筑起重机械租期结束后，应当将定期检查、维护和保养记录移交出租单位。

建筑起重机械租赁合同对建筑起重机械的检查、维护、保养另有约定的，从其约定。

第二十条 建筑起重机械在使用过程中需要附着的，使用单位应当委托原安装单位或者具有相应资质的安装单位按照专项施工方案实施，并按照本规定第十六条规定组织验收。验收合格后方可投入使用。

建筑起重机械在使用过程中需要顶升的，使用单位委托原安装单位或者具有相应资质的安装单位按照专项施工方案实施后，即可投入使用。

禁止擅自在建筑起重机械上安装非原制造厂制造的标准节和附着装置。

第二十一条 施工总承包单位应当履行下列安全职责：

（一）向安装单位提供拟安装设备位置的基础施工资料，确保建筑起重机械进场安装、拆卸所需的施工条件；

（二）审核建筑起重机械的特种设备制造许可证、产品合格证、制造监督检验证明、备案证明等文件；

（三）审核安装单位、使用单位的资质证书、安全生产许可证和特种作业人员的特种作业操作资格证书；

（四）审核安装单位制定的建筑起重机械安装、拆卸工程专项施工方案和生产安全事故应急救援预案；

（五）审核使用单位制定的建筑起重机械生产安全事故应急救援预案；

（六）指定专职安全生产管理人员监督检查建筑起重机械安装、拆卸、使用情况；

（七）施工现场有多台塔式起重机作业时，应当组织制定并实施防止塔式起重机相互碰撞的安全措施。

第二十二条 监理单位应当履行下列安全职责：

（一）审核建筑起重机械特种设备制造许可证、产品合格证、制造监督检验证明、备案证明等文件；

（二）审核建筑起重机械安装单位、使用单位的资质证书、安全生产许可证和特种作业人员的特种作业操作资格证书；

（三）审核建筑起重机械安装、拆卸工程专项施工方案；

（四）监督安装单位执行建筑起重机械安装、拆卸工程专项施工方案情况；

（五）监督检查建筑起重机械的使用情况；

（六）发现存在生产安全事故隐患的，应当要求安装单位、使用单位限期整改，对安装单位、使用单位拒不整改的，及时向建设单位报告。

第二十三条 依法发包给两个及两个以上施工单位的工程，不同施工单位在同一施工现场使用多台塔式起重机作业时，建设单位应当协调组织制定防止塔式起重机相互碰撞的安全措施。

安装单位、使用单位拒不整改生产安全事故隐患的，建设单位接到监理单位报告后，应当责令安装单位、使用单位立即停工整改。

第二十四条 建筑起重机械特种作业人员应当遵守建筑起重机械安全操作规程和安全管理制度，在作业中有权拒绝违章指挥和强令冒险作业，有权在发生危及人身安全的紧急情况时立即停止作业或者采取必要的应急措施后撤离危险区域。

第二十五条 建筑起重机械安装拆卸工、起重信号工、起重司机、司索工等特种作业人员应当经建设主管部门考核合格，并取得特种作业操作资格证书后，方可上岗作业。

省、自治区、直辖市人民政府建设主管部门负责组织实施建筑施工企业特种作业人员的考核。

特种作业人员的特种作业操作资格证书由国务院建设主管部门规定统一的样式。

第二十六条 建设主管部门履行安全监督检查职责时，有权采取下列措施：

（一）要求被检查的单位提供有关建筑起重机械的文件和资料；

（二）进入被检查单位和被检查单位的施工现场进行检查；

（三）对检查中发现的建筑起重机械生产安全事故隐患，责令立即排除；重大生产安全事故隐患排除前或者排除过程中无法保证安全的，责令从危险区域撤出作业人员或者暂时停止施工。

第二十七条 负责办理备案或者登记的建设主管部门应当建立本行政区域内的建筑起重机械档案，按照有关规定对建筑起重机械进行统一编号，并定期向社会公布建筑起重机械的安全状况。

第二十八条 违反本规定，出租单位、自购建筑起重机械的使用单位，有下列行为之一的，由县级以上地方人民政府建设主管部门责令限期改正，予以警告，并处以5000元以上1万元以下罚款：

（一）未按照规定办理备案的；

（二）未按照规定办理注销手续的；

（三）未按照规定建立建筑起重机械安全技术档案的。

第二十九条 违反本规定，安装单位有下列行为之一的，由县级以上地方人民政府建设主管部门责令限期改正，予以警告，并处以5000元以上3万元以下罚款：

（一）未履行第十二条第（二）（四）（五）项安全职责的；

（二）未按照规定建立建筑起重机械安装、拆卸工程档案的；

（三）未按照建筑起重机械安装、拆卸工程专项施工方案及安全操作规程组织安装、拆卸作业的。

第三十条 违反本规定，使用单位有下列行为之一的，由县级以上地方人民政府建设主管部门责令限期改正，予以警告，并处以5000元以上3万元以下罚款：

（一）未履行第十八条第（一）（二）（四）（六）项安全职责的；

（二）未指定专职设备管理人员进行现场监督检查的；

（三）擅自在建筑起重机械上安装非原制造厂制造的标准节和附着装置的。

第三十一条 违反本规定，施工总承包单位未履行第二十一条第（一）（三）（四）（五）（七）项安全职责的，由县级以上地方人民政府建设主管部门责令限期改正，予以警告，并处以5000元以上3万元以下罚款。

第三十二条 违反本规定，监理单位未履行第二十二条第（一）（二）（四）（五）项安全职责的，由县级以上地方人民政府建设主管部门责令限期改正，予以警告，并处以5000元以上3万元以下罚款。

第三十三条 违反本规定，建设单位有下列行为之一的，由县级以上地方人民政府建设主管部门责令限期改正，予以警告，并处以5000元以上3万元以下罚款；逾期未改的，责令停止施工：

（一）未按照规定协调组织制定防止多台塔式起重机相互碰撞的安全措施的；

（二）接到监理单位报告后，未责令安装单位、使用单位立即停工整改的。

第三十四条 违反本规定，建设主管部门的工作人员有下列行为之一的，依法给予处分；构成犯罪的，依法追究刑事责任：

（一）发现违反本规定的违法行为不依法查处的；

（二）发现在用的建筑起重机械存在严重生产安全事故隐患不依法处理的；

（三）不依法履行监督管理职责的其他行为。

第三十五条 本规定自2008年6月1日起施行。

危险性较大的分部分项工程安全管理规定

《危险性较大的分部分项工程安全管理规定》已经2018年2月12日第37次部常务会议审议通过，现予发布，自2018年6月1日起施行。

第一章　总　则

第一条　为加强对房屋建筑和市政基础设施工程中危险性较大的分部分项工程安全管理，有效防范生产安全事故，依据《中华人民共和国建筑法》《中华人民共和国安全生产法》《建设工程安全生产管理条例》等法律法规，制定本规定。

第二条　本规定适用于房屋建筑和市政基础设施工程中危险性较大的分部分项工程安全管理。

第三条　本规定所称危险性较大的分部分项工程（以下简称“危大工程”），是指房屋建筑和市政基础设施工程在施工过程中，容易导致人员群死群伤或者造成重大经济损失的分部分项工程。

危大工程及超过一定规模的危大工程范围由国务院住房城乡建设主管部门制定。

省级住房城乡建设主管部门可以结合本地区实际情况，补充本地区危大工程范围。

第四条　国务院住房城乡建设主管部门负责全国危大工程安全管理的指导监督。

县级以上地方人民政府住房城乡建设主管部门负责本行政区域内危大工程的安全监督管理。

第二章　前期保障

第五条　建设单位应当依法提供真实、准确、完整的工程地质、水文地质和工程周边环境等资料。

第六条 勘察单位应当根据工程实际及工程周边环境资料，在勘察文件中说明地质条件可能造成的工程风险。

设计单位应当在设计文件中注明涉及危大工程的重点部位和环节，提出保障工程周边环境安全和工程施工安全的意见，必要时进行专项设计。

第七条 建设单位应当组织勘察、设计等单位在施工招标文件中列出危大工程清单，要求施工单位在投标时补充完善危大工程清单并明确相应的安全管理措施。

第八条 建设单位应当按照施工合同约定及时支付危大工程施工技术措施费以及相应的安全防护文明施工措施费，保障危大工程施工安全。

第九条 建设单位在申请办理安全监督手续时，应当提交危大工程清单及其安全管理措施等资料。

第三章 专项施工方案

第十条 施工单位应当在危大工程施工前组织工程技术人员编制专项施工方案。

实行施工总承包的，专项施工方案应当由施工总承包单位组织编制。危大工程实行分包的，专项施工方案可以由相关专业分包单位组织编制。

第十一条 专项施工方案应当由施工单位技术负责人审核签字、加盖单位公章，并由总监理工程师审查签字、加盖执业印章后方可实施。

危大工程实行分包并由分包单位编制专项施工方案的，专项施工方案应当由总承包单位技术负责人及分包单位技术负责人共同审核签字并加盖单位公章。

第十二条 对于超过一定规模的危大工程，施工单位应当组织召开专家论证会对专项施工方案进行论证。实行施工总承包的，由施工总承包单位组织召开专家论证会。专家论证前专项施工方案应当通过施工单位审核和总监理工程师审查。

专家应当从地方人民政府住房城乡建设主管部门建立的专家库中选取，符合专业要求且人数不得少于5名。与本工程有利害关系的人员不得以专家身份参加专家论证会。

第十三条 专家论证会后，应当形成论证报告，对专项施工方案提出通过、修改后通过或者不通过的一致意见。专家对论证报告负责并签字确认。

专项施工方案经论证需修改后通过的，施工单位应当根据论证报告修改完善后，重新履行本规定第十一条的程序。

专项施工方案经论证不通过的，施工单位修改后应当按照本规定的要求重新组织专家论证。

第四章　现场安全管理

第十四条　施工单位应当在施工现场显著位置公告危大工程名称、施工时间和具体责任人员，并在危险区域设置安全警示标志。

第十五条　专项施工方案实施前，编制人员或者项目技术负责人应当向施工现场管理人员进行方案交底。

施工现场管理人员应当向作业人员进行安全技术交底，并由双方和项目专职安全生产管理人员共同签字确认。

第十六条　施工单位应当严格按照专项施工方案组织施工，不得擅自修改专项施工方案。

因规划调整、设计变更等原因确需调整的，修改后的专项施工方案应当按照本规定重新审核和论证。涉及资金或者工期调整的，建设单位应当按照约定予以调整。

第十七条　施工单位应当对危大工程施工作业人员进行登记，项目负责人应当在施工现场履职。

项目专职安全生产管理人员应当对专项施工方案实施情况进行现场监督，对未按照专项施工方案施工的，应当要求立即整改，并及时报告项目负责人，项目负责人应当及时组织限期整改。

施工单位应当按照规定对危大工程进行施工监测和安全巡视，发现危及人身安全的紧急情况，应当立即组织作业人员撤离危险区域。

第十八条　监理单位应当结合危大工程专项施工方案编制监理实施细则，并对危大工程施工实施专项巡视检查。

第十九条　监理单位发现施工单位未按照专项施工方案施工的，应当要求其进行整改；情节严重的，应当要求其暂停施工，并及时报告建设单位。施工单位拒不整改或者不停止施工的，监理单位应当及时报告建设单位和工程所在地住房城乡建设主管部门。

第二十条　对于按照规定需要进行第三方监测的危大工程，建设单位应当委托具有相应勘察资质的单位进行监测。

监测单位应当编制监测方案。监测方案由监测单位技术负责人审核签字并加盖单位公章，报送监理单位后方可实施。

监测单位应当按照监测方案开展监测，及时向建设单位报送监测成果，并对监测成果负责；发现异常时，及时向建设、设计、施工、监理单位报告，建设单位应当立即组织相关单位采取处置措施。

第二十一条 对于按照规定需要验收的危大工程，施工单位、监理单位应当组织相关人员进行验收。验收合格的，经施工单位项目技术负责人及总监理工程师签字确认后，方可进入下一道工序。

危大工程验收合格后，施工单位应当在施工现场明显位置设置验收标识牌，公示验收时间及责任人员。

第二十二条 危大工程发生险情或者事故时，施工单位应当立即采取应急处置措施，并报告工程所在地住房城乡建设主管部门。建设、勘察、设计、监理等单位应当配合施工单位开展应急抢险工作。

第二十三条 危大工程应急抢险结束后，建设单位应当组织勘察、设计、施工、监理等单位制定工程恢复方案，并对应急抢险工作进行后评估。

第二十四条 施工、监理单位应当建立危大工程安全管理档案。

施工单位应当将专项施工方案及审核、专家论证、交底、现场检查、验收及整改等相关资料纳入档案管理。

监理单位应当将监理实施细则、专项施工方案审查、专项巡视检查、验收及整改等相关资料纳入档案管理。

第五章 监督管理

第二十五条 设区的市级以上地方人民政府住房城乡建设主管部门应当建立专家库，制定专家库管理制度，建立专家诚信档案，并向社会公布，接受社会监督。

第二十六条 县级以上地方人民政府住房城乡建设主管部门或者所属施工安全监督机构，应当根据监督工作计划对危大工程进行抽查。

县级以上地方人民政府住房城乡建设主管部门或者所属施工安全监督机构，可以通过政府购买技术服务方式，聘请具有专业技术能力的单位和人员对危大工程进行检查，所需费用向本级财政申请予以保障。

第二十七条 县级以上地方人民政府住房城乡建设主管部门或者所属施工安全监督机构，在监督抽查中发现危大工程存在安全隐患的，应当责令施工单位整改；重大安全事故隐患排除前或者排除过程中无法保证安全的，责令从危险区域内撤出作业人员或者暂时停止施工；对依法应当给予行政处罚的行为，应当依法作出行政处罚决定。

第二十八条 县级以上地方人民政府住房城乡建设主管部门应当将单位和个人的处罚信息纳入建筑施工安全生产不良信用记录。

第六章 法律责任

第二十九条 建设单位有下列行为之一的，责令限期改正，并处1万元以上3万元以下的罚款；对直接负责的主管人员和其他直接责任人员处1000元以上5000元以下的罚款：

（一）未按照本规定提供工程周边环境等资料的；

（二）未按照本规定在招标文件中列出危大工程清单的；

（三）未按照施工合同约定及时支付危大工程施工技术措施费或者相应的安全防护文明施工措施费的；

（四）未按照本规定委托具有相应勘察资质的单位进行第三方监测的；

（五）未对第三方监测单位报告的异常情况组织采取处置措施的。

第三十条 勘察单位未在勘察文件中说明地质条件可能造成的工程风险的，责令限期改正，依照《建设工程安全生产管理条例》对单位进行处罚；对直接负责的主管人员和其他直接责任人员处1000元以上5000元以下的罚款。

第三十一条 设计单位未在设计文件中注明涉及危大工程的重点部位和环节，未提出保障工程周边环境安全和工程施工安全的意见的，责令限期改正，并处1万元以上3万元以下的罚款；对直接负责的主管人员和其他直接责任人员处1000元以上5000元以下的罚款。

第三十二条 施工单位未按照本规定编制并审核危大工程专项施工方案的，依照《建设工程安全生产管理条例》对单位进行处罚，并暂扣安全生产许可证30日；对直接负责的主管人员和其他直接责任人员处1000元以上5000元以下的罚款。

第三十三条 施工单位有下列行为之一的，依照《中华人民共和国安全生产法》《建设工程安全生产管理条例》对单位和相关责任人员进行处罚：

（一）未向施工现场管理人员和作业人员进行方案交底和安全技术交底的；

（二）未在施工现场显著位置公告危大工程，并在危险区域设置安全警示标志的；

（三）项目专职安全生产管理人员未对专项施工方案实施情况进行现场监督的。

第三十四条 施工单位有下列行为之一的，责令限期改正，处1万元以上3万元以下的罚款，并暂扣安全生产许可证30日；对直接负责的主管人员和其他直接责任人员处1000元以上5000元以下的罚款：

（一）未对超过一定规模的危大工程专项施工方案进行专家论证的；

（二）未根据专家论证报告对超过一定规模的危大工程专项施工方案进行修改，或者未按照本规定重新组织专家论证的；

（三）未严格按照专项施工方案组织施工，或者擅自修改专项施工方案的。

第三十五条 施工单位有下列行为之一的，责令限期改正，并处1万元以上3万元以下的罚款；对直接负责的主管人员和其他直接责任人员处1000元以上5000元以下的罚款：

（一）项目负责人未按照本规定现场履职或者组织限期整改的；

（二）施工单位未按照本规定进行施工监测和安全巡视的；

（三）未按照本规定组织危大工程验收的；

（四）发生险情或者事故时，未采取应急处置措施的；

（五）未按照本规定建立危大工程安全管理档案的。

第三十六条 监理单位有下列行为之一的，依照《中华人民共和国安全生产法》《建设工程安全生产管理条例》对单位进行处罚；对直接负责的主管人员和其他直接责任人员处1000元以上5000元以下的罚款：

（一）总监理工程师未按照本规定审查危大工程专项施工方案的；

（二）发现施工单位未按照专项施工方案实施，未要求其整改或者停工的；

（三）施工单位拒不整改或者不停止施工时，未向建设单位和工程所在地住房城乡建设主管部门报告的。

第三十七条 监理单位有下列行为之一的，责令限期改正，并处1万元以上3万元以下的罚款；对直接负责的主管人员和其他直接责任人员处1000元以上5000元以下的罚款：

（一）未按照本规定编制监理实施细则的；

（二）未对危大工程施工实施专项巡视检查的；

（三）未按照本规定参与组织危大工程验收的；

（四）未按照本规定建立危大工程安全管理档案的。

第三十八条 监测单位有下列行为之一的，责令限期改正，并处1万元以上3万元以下的罚款；对直接负责的主管人员和其他直接责任人员处1000元以上5000元以下的罚款：

（一）未取得相应勘察资质从事第三方监测的；

（二）未按照本规定编制监测方案的；

（三）未按照监测方案开展监测的；

（四）发现异常未及时报告的。

第三十九条 县级以上地方人民政府住房城乡建设主管部门或者所属施工安全监督机构的工作人员，未依法履行危大工程安全监督管理职责的，依照有关规定给予处分。

第七章 附 则

第四十条 本规定自2018年6月1日起施行。

生产安全事故应急预案管理办法

第一章　总　则

第一条　为规范生产安全事故应急预案管理工作，迅速有效处置生产安全事故，依据《中华人民共和国突发事件应对法》《中华人民共和国安全生产法》等法律和《突发事件应急预案管理办法》（国办发〔2013〕101号），制定本办法。

第二条　生产安全事故应急预案（以下简称应急预案）的编制、评审、公布、备案、宣传、教育、培训、演练、评估、修订及监督管理工作，适用本办法。

第三条　应急预案的管理实行属地为主、分级负责、分类指导、综合协调、动态管理的原则。

第四条　国家安全生产监督管理总局负责全国应急预案的综合协调管理工作。

县级以上地方各级安全生产监督管理部门负责本行政区域内应急预案的综合协调管理工作。县级以上地方各级其他负有安全生产监督管理职责的部门按照各自的职责负责有关行业、领域应急预案的管理工作。

第五条　生产经营单位主要负责人负责组织编制和实施本单位的应急预案，并对应急预案的真实性和实用性负责；各分管负责人应当按照职责分工落实应急预案规定的职责。

第六条　生产经营单位应急预案分为综合应急预案、专项应急预案和现场处置方案。

综合应急预案，是指生产经营单位为应对各种生产安全事故而制定的综合性工作方案，是本单位应对生产安全事故的总体工作程序、措施和应急预案体系的总纲。

专项应急预案，是指生产经营单位为应对某一种或者多种类型生产安全事故，或者针对重要生产设施、重大危险源、重大活动防止生产安全事故而制定的专项性工作方案。

现场处置方案，是指生产经营单位根据不同生产安全事故类型，针对具体场所、装置或者设施所制定的应急处置措施。

第二章　应急预案的编制

第七条　应急预案的编制应当遵循以人为本、依法依规、符合实际、注重实效的原则，以应急处置为核心，明确应急职责、规范应急程序、细化保障措施。

第八条　应急预案的编制应当符合下列基本要求：

（一）有关法律、法规、规章和标准的规定；

（二）本地区、本部门、本单位的安全生产实际情况；

（三）本地区、本部门、本单位的危险性分析情况；

（四）应急组织和人员的职责分工明确，并有具体的落实措施；

（五）有明确、具体的应急程序和处置措施，并与其应急能力相适应；

（六）有明确的应急保障措施，满足本地区、本部门、本单位的应急工作需要；

（七）应急预案基本要素齐全、完整，应急预案附件提供的信息准确；

（八）应急预案内容与相关应急预案相互衔接。

第九条　编制应急预案应当成立编制工作小组，由本单位有关负责人任组长，吸收与应急预案有关的职能部门和单位的人员，以及有现场处置经验的人员参加。

第十条　编制应急预案前，编制单位应当进行事故风险评估和应急资源调查。

事故风险评估，是指针对不同事故种类及特点，识别存在的危险危害因素，分析事故可能产生的直接后果以及次生、衍生后果，评估各种后果的危害程度和影响范围，提出防范和控制事故风险措施的过程。

应急资源调查，是指全面调查本地区、本单位第一时间可以调用的应急资源状况和合作区域内可以请求援助的应急资源状况，并结合事故风险评估结论制定应急措施的过程。

第十一条　地方各级安全生产监督管理部门应当根据法律、法规、规章和同级人民政府以及上一级安全生产监督管理部门的应急预案，结合工作实际，组织编制相应的部门应急预案。

部门应急预案应当根据本地区、本部门的实际情况，明确信息报告、响应分级、指挥权移交、警戒疏散等内容。

第十二条　生产经营单位应当根据有关法律、法规、规章和相关标准，结合本单位组织管理体系、生产规模和可能发生的事故特点，确立本单位的应急预案体系，编制相应的应急预案，并体现自救互救和先期处置等特点。

第十三条 生产经营单位风险种类多、可能发生多种类型事故的，应当组织编制综合应急预案。

综合应急预案应当规定应急组织机构及其职责、应急预案体系、事故风险描述、预警及信息报告、应急响应、保障措施、应急预案管理等内容。

第十四条 对于某一种或者多种类型的事故风险，生产经营单位可以编制相应的专项应急预案，或将专项应急预案并入综合应急预案。

专项应急预案应当规定应急指挥机构与职责、处置程序和措施等内容。

第十五条 对于危险性较大的场所、装置或者设施，生产经营单位应当编制现场处置方案。

现场处置方案应当规定应急工作职责、应急处置措施和注意事项等内容。

事故风险单一、危险性小的生产经营单位，可以只编制现场处置方案。

第十六条 生产经营单位应急预案应当包括向上级应急管理机构报告的内容、应急组织机构和人员的联系方式、应急物资储备清单等附件信息。附件信息发生变化时，应当及时更新，确保准确有效。

第十七条 生产经营单位组织应急预案编制过程中，应当根据法律、法规、规章的规定或者实际需要，征求相关应急救援队伍、公民、法人或其他组织的意见。

第十八条 生产经营单位编制的各类应急预案之间应当相互衔接，并与相关人民政府及其部门、应急救援队伍和涉及的其他单位的应急预案相衔接。

第十九条 生产经营单位应当在编制应急预案的基础上，针对工作场所、岗位的特点，编制简明、实用、有效的应急处置卡。

应急处置卡应当规定重点岗位、人员的应急处置程序和措施，以及相关联络人员和联系方式，便于从业人员携带。

第三章 应急预案的评审、公布和备案

第二十条 地方各级安全生产监督管理部门应当组织有关专家对本部门编制的部门应急预案进行审定；必要时，可以召开听证会，听取社会有关方面的意见。

第二十一条 矿山、金属冶炼、建筑施工企业和易燃易爆物品、危险化学品的生产、经营（带储存设施的，下同）、储存企业，以及使用危险化学品达到国家规定数量的化工企业、烟花爆竹生产、批发经营企业和中型规模以上的其他生产经营单位，应当对本单位编制的应急预案进行评审，并形成书面评审纪要。

前款规定以外的其他生产经营单位应当对本单位编制的应急预案进行论证。

第二十二条　参加应急预案评审的人员应当包括有关安全生产及应急管理方面的专家。

评审人员与所评审应急预案的生产经营单位有利害关系的，应当回避。

第二十三条　应急预案的评审或者论证应当注重基本要素的完整性、组织体系的合理性、应急处置程序和措施的针对性、应急保障措施的可行性、应急预案的衔接性等内容。

第二十四条　生产经营单位的应急预案经评审或者论证后，由本单位主要负责人签署公布，并及时发放到本单位有关部门、岗位和相关应急救援队伍。

事故风险可能影响周边其他单位、人员的，生产经营单位应当将有关事故风险的性质、影响范围和应急防范措施告知周边的其他单位和人员。

第二十五条　地方各级安全生产监督管理部门的应急预案，应当报同级人民政府备案，并抄送上一级安全生产监督管理部门。

其他负有安全生产监督管理职责的部门的应急预案，应当抄送同级安全生产监督管理部门。

第二十六条　生产经营单位应当在应急预案公布之日起20个工作日内，按照分级属地原则，向安全生产监督管理部门和有关部门进行告知性备案。

中央企业总部（上市公司）的应急预案，报国务院主管的负有安全生产监督管理职责的部门备案，并抄送国家安全生产监督管理总局；其所属单位的应急预案报所在地的省、自治区、直辖市或者设区的市级人民政府主管的负有安全生产监督管理职责的部门备案，并抄送同级安全生产监督管理部门。

前款规定以外的非煤矿山、金属冶炼和危险化学品生产、经营、储存企业，以及使用危险化学品达到国家规定数量的化工企业、烟花爆竹生产、批发经营企业的应急预案，按照隶属关系报所在地县级以上地方人民政府安全生产监督管理部门备案；其他生产经营单位应急预案的备案，由省、自治区、直辖市人民政府负有安全生产监督管理职责的部门确定。

油气输送管道运营单位的应急预案，除按照本条第一款、第二款的规定备案外，还应当抄送所跨行政区域的县级安全生产监督管理部门。

煤矿企业的应急预案除按照本条第一款、第二款的规定备案外，还应当抄送所在地的煤矿安全监察机构。

第二十七条　生产经营单位申报应急预案备案，应当提交下列材料：

（一）应急预案备案申报表；

（二）应急预案评审或者论证意见；

（三）应急预案文本及电子文档；

（四）风险评估结果和应急资源调查清单。

第二十八条 受理备案登记的负有安全生产监督管理职责的部门应当在5个工作日内对应急预案材料进行核对，材料齐全的，应当予以备案并出具应急预案备案登记表；材料不齐全的，不予备案并一次性告知需要补齐的材料。逾期不予备案又不说明理由的，视为已经备案。

对于实行安全生产许可的生产经营单位，已经进行应急预案备案的，在申请安全生产许可证时，可以不提供相应的应急预案，仅提供应急预案备案登记表。

第二十九条 各级安全生产监督管理部门应当建立应急预案备案登记建档制度，指导、督促生产经营单位做好应急预案的备案登记工作。

第四章 应急预案的实施

第三十条 各级安全生产监督管理部门、各类生产经营单位应当采取多种形式开展应急预案的宣传教育，普及生产安全事故避险、自救和互救知识，提高从业人员和社会公众的安全意识与应急处置技能。

第三十一条 各级安全生产监督管理部门应当将本部门应急预案的培训纳入安全生产培训工作计划，并组织实施本行政区域内重点生产经营单位的应急预案培训工作。

生产经营单位应当组织开展本单位的应急预案、应急知识、自救互救和避险逃生技能的培训活动，使有关人员了解应急预案内容，熟悉应急职责、应急处置程序和措施。

应急培训的时间、地点、内容、师资、参加人员和考核结果等情况应当如实记入本单位的安全生产教育和培训档案。

第三十二条 各级安全生产监督管理部门应当定期组织应急预案演练，提高本部门、本地区生产安全事故应急处置能力。

第三十三条 生产经营单位应当制定本单位的应急预案演练计划，根据本单位的事故风险特点，每年至少组织一次综合应急预案演练或者专项应急预案演练，每半年至少组织一次现场处置方案演练。

第三十四条 应急预案演练结束后，应急预案演练组织单位应当对应急预案演练效果进行评估，撰写应急预案演练评估报告，分析存在的问题，并对应急预案提出修订意见。

第三十五条 应急预案编制单位应当建立应急预案定期评估制度，对预案内容的针对性和实用性进行分析，并对应急预案是否需要修订作出结论。

矿山、金属冶炼、建筑施工企业和易燃易爆物品、危险化学品等危险物品的生产、经营、储存企业、使用危险化学品达到国家规定数量的化工企业、烟花爆竹生产、批发经营企业和中型规模以上的其他生产经营单位，应当每三年进行一次应急预案评估。

应急预案评估可以邀请相关专业机构或者有关专家、有实际应急救援工作经验的人员参加，必要时可以委托安全生产技术服务机构实施。

第三十六条 有下列情形之一的，应急预案应当及时修订并归档：

（一）依据的法律、法规、规章、标准及上位预案中的有关规定发生重大变化的；

（二）应急指挥机构及其职责发生调整的；

（三）面临的事故风险发生重大变化的；

（四）重要应急资源发生重大变化的；

（五）预案中的其他重要信息发生变化的；

（六）在应急演练和事故应急救援中发现问题需要修订的；

（七）编制单位认为应当修订的其他情况。

第三十七条 应急预案修订涉及组织指挥体系与职责、应急处置程序、主要处置措施、应急响应分级等内容变更的，修订工作应当参照本办法规定的应急预案编制程序进行，并按照有关应急预案报备程序重新备案。

第三十八条 生产经营单位应当按照应急预案的规定，落实应急指挥体系、应急救援队伍、应急物资及装备，建立应急物资、装备配备及其使用档案，并对应急物资、装备进行定期检测和维护，使其处于适用状态。

第三十九条 生产经营单位发生事故时，应当第一时间启动应急响应，组织有关力量进行救援，并按照规定将事故信息及应急响应启动情况报告安全生产监督管理部门和其他负有安全生产监督管理职责的部门。

第四十条 生产安全事故应急处置和应急救援结束后，事故发生单位应当对应急预案实施情况进行总结评估。

第五章　监督管理

第四十一条 各级安全生产监督管理部门和煤矿安全监察机构应当将生产经营单位应急预案工作纳入年度监督检查计划，明确检查的重点内容和标准，并安全按照计划开展执法检查。

第四十二条 地方各级安全生产监督管理部门应当每年对应急预案的监督管理工作情况进行总结，并报上一级安全生产监督管理部门。

第四十三条 对于在应急预案管理工作中做出显著成绩的单位和人员，安全生产监督管理部门、生产经营单位可以给予表彰和奖励。

第六章 法律责任

第四十四条 生产经营单位有下列情形之一的，由县级以上安全生产监督管理部门依照《中华人民共和国安全生产法》第九十四条的规定，责令限期改正，可以处5万元以下罚款；逾期未改正的，责令停产停业整顿，并处5万元以上10万元以下罚款，对直接负责的主管人员和其他直接责任人员处1万元以上2万元以下的罚款：

（一）未按照规定编制应急预案的；

（二）未按照规定定期组织应急预案演练的。

第四十五条 生产经营单位有下列情形之一的，由县级以上安全生产监督管理部门责令限期改正，可以处1万元以上3万元以下罚款：

（一）在应急预案编制前未按照规定开展风险评估和应急资源调查的；

（二）未按照规定开展应急预案评审或者论证的；

（三）未按照规定进行应急预案备案的；

（四）事故风险可能影响周边单位、人员的，未将事故风险的性质、影响范围和应急防范措施告知周边单位和人员的；

（五）未按照规定开展应急预案评估的；

（六）未按照规定进行应急预案修订并重新备案的；

（七）未落实应急预案规定的应急物资及装备的。

第七章 附 则

第四十六条 《生产经营单位生产安全事故应急预案备案申报表》和《生产经营单位生产全事故应急预案备案登记表》由国家安全生产应急救援指挥中心统一制定。

第四十七条 各省、自治区、直辖市安全生产监督管理部门可以依据本办法的规定，结合本地区实际制定实施细则。

第四十八条 本办法自2016年7月1日起施行。

房屋建筑和市政基础设施工程施工分包管理办法

2004年2月3日建设部令第124号发布 根据2014年8月27日住房和城乡建设部令第19号修正

第一条 为了规范房屋建筑和市政基础设施工程施工分包活动，维护建筑市场秩序，保证工程质量和施工安全，根据《中华人民共和国建筑法》《中华人民共和国招标投标法》《建设工程质量管理条例》等有关法律、法规，制定本办法。

第二条 在中华人民共和国境内从事房屋建筑和市政基础设施工程施工分包活动，实施对房屋建筑和市政基础设施工程施工分包活动的监督管理，适用本办法。

第三条 国务院住房城乡建设主管部门负责全国房屋建筑和市政基础设施工程施工分包的监督管理工作。

县级以上地方人民政府住房城乡建设主管部门负责本行政区域内房屋建筑和市政基础设施工程施工分包的监督管理工作。

第四条 本办法所称施工分包，是指建筑业企业将其所承包的房屋建筑和市政基础设施工程中的专业工程或者劳务作业发包给其他建筑业企业完成的活动。

第五条 房屋建筑和市政基础设施工程施工分包分为专业工程分包和劳务作业分包。

本办法所称专业工程分包，是指施工总承包企业（以下简称专业分包工程发包人）将其所承包工程中的专业工程发包给具有相应资质的其他建筑业企业（以下简称专业分包工程承包人）完成的活动。

本办法所称劳务作业分包，是指施工总承包企业或者专业承包企业（以下简称劳务作业发包人）将其承包工程中的劳务作业发包给劳务分包企业（以下简称劳务作业承包人）完成的活动。

本办法所称分包工程发包人包括本条第二款、第三款中的专业分包工程发包人和劳务作业发包人；分包工程承包人包括本条第二款、第三款中的专业分包工程承包人和劳务作业承包人。

第六条 房屋建筑和市政基础设施工程施工分包活动必须依法进行。

鼓励发展专业承包企业和劳务分包企业，提倡分包活动进入有形建筑市场公开交易，完善有形建筑市场的分包工程交易功能。

第七条 建设单位不得直接指定分包工程承包人。任何单位和个人不得对依法实施的分包活动进行干预。

第八条 分包工程承包人必须具有相应的资质，并在其资质等级许可的范围内承揽业务。

严禁个人承揽分包工程业务。

第九条 专业工程分包除在施工总承包合同中有约定外，必须经建设单位认可。专业分包工程承包人必须自行完成所承包的工程。

劳务作业分包由劳务作业发包人与劳务作业承包人通过劳务合同约定。劳务作业承包人必须自行完成所承包的任务。

第十条 分包工程发包人和分包工程承包人应当依法签订分包合同，并按照合同履行约定的义务。分包合同必须明确约定支付工程款和劳务工资的时间、结算方式以及保证按期支付的相应措施，确保工程款和劳务工资的支付。

分包工程发包人应当在订立分包合同后7个工作日内，将合同送工程所在地县级以上地方人民政府住房城乡建设主管部门备案。分包合同发生重大变更的，分包工程发包人应当自变更后7个工作日内，将变更协议送原备案机关备案。

第十一条 分包工程发包人应当设立项目管理机构，组织管理所承包工程的施工活动。

项目管理机构应当具有与承包工程的规模、技术复杂程度相适应的技术、经济管理人员。其中，项目负责人、技术负责人、项目核算负责人、质量管理人员、安全管理人员必须是本单位的人员。具体要求由省、自治区、直辖市人民政府住房城乡建设主管部门规定。

前款所指本单位人员，是指与本单位有合法的人事或者劳动合同、工资以及社会保险关系的人员。

第十二条 分包工程发包人可以就分包合同的履行，要求分包工程承包人提供分包工程履约担保；分包工程承包人在提供担保后，要求分包工程发包人同时提供分包工程付款担保的，分包工程发包人应当提供。

第十三条 禁止将承包的工程进行转包。不履行合同约定，将其承包的全部工程发包给他人，或者将其承包的全部工程肢解后以分包的名义分别发包给他人的，属于转包行为。

违反本办法第十一条规定，分包工程发包人将工程分包后，未在施工现场设立项目管理机构和派驻相应人员，并未对该工程的施工活动进行组织管理的，视同转包行为。

第十四条 禁止将承包的工程进行违法分包。下列行为，属于违法分包：

（一）分包工程发包人将专业工程或者劳务作业分包给不具备相应资质条件的分包工程承包人的；

（二）施工总承包合同中未有约定，又未经建设单位认可，分包工程发包人将承包工程中的部分专业工程分包给他人的。

第十五条 禁止转让、出借企业资质证书或者以其他方式允许他人以本企业名义承揽工程。

分包工程发包人没有将其承包的工程进行分包，在施工现场所设项目管理机构的项目负责人、技术负责人、项目核算负责人、质量管理人员、安全管理人员不是工程承包人本单位人员的，视同允许他人以本企业名义承揽工程。

第十六条 分包工程承包人应当按照分包合同的约定对其承包的工程向分包工程发包人负责。分包工程发包人和分包工程承包人就分包工程对建设单位承担连带责任。

第十七条 分包工程发包人对施工现场安全负责，并对分包工程承包人的安全生产进行管理。专业分包工程承包人应当将其分包工程的施工组织设计和施工安全方案报分包工程发包人备案，专业分包工程发包人发现事故隐患，应当及时作出处理。

分包工程承包人就施工现场安全向分包工程发包人负责，并应当服从分包工程发包人对施工现场的安全生产管理。

第十八条 违反本办法规定，转包、违法分包或者允许他人以本企业名义承揽工程的，以及接受转包和用他人名义承揽工程的，按《中华人民共和国建筑法》《中华人民共和国招标投标法》和《建设工程质量管理条例》的规定予以处罚。具体办法由国务院住房城乡建设主管部门依据有关法律法规另行制定。

第十九条 未取得建筑业企业资质承接分包工程的，按照《中华人民共和国建筑法》第六十五条第三款和《建设工程质量管理条例》第六十条第一款、第二款的规定处罚。

第二十条 本办法自2004年4月1日起施行。原城乡建设环境保护部1986年4月30日发布的《建筑安装工程总分包实施办法》同时废止。

建筑工程施工许可管理办法

第一条 为了加强对建筑活动的监督管理，维护建筑市场秩序，保证建筑工程的质量和安全，根据《中华人民共和国建筑法》，制定本办法。

第二条 在中华人民共和国境内从事各类房屋建筑及其附属设施的建造、装修装饰和与其配套的线路、管道、设备的安装，以及城镇市政基础设施工程的施工，建设单位在开工前应当依照本办法的规定，向工程所在地的县级以上地方人民政府住房城乡建设主管部门（以下简称发证机关）申请领取施工许可证。

工程投资额在30万元以下或者建筑面积在300平方米以下的建筑工程，可以不申请办理施工许可证。省、自治区、直辖市人民政府住房城乡建设主管部门可以根据当地的实际情况，对限额进行调整，并报国务院住房城乡建设主管部门备案。

按照国务院规定的权限和程序批准开工报告的建筑工程，不再领取施工许可证。

第三条 本办法规定应当申请领取施工许可证的建筑工程未取得施工许可证的，一律不得开工。

任何单位和个人不得将应当申请领取施工许可证的工程项目分解为若干限额以下的工程项目，规避申请领取施工许可证。

第四条 建设单位申请领取施工许可证，应当具备下列条件，并提交相应的证明文件：

（一）依法应当办理用地批准手续的，已经办理该建筑工程用地批准手续。

（二）在城市、镇规划区的建筑工程，已经取得建设工程规划许可证。

（三）施工场地已经基本具备施工条件，需要征收房屋的，其进度符合施工要求。

（四）已经确定施工企业。按照规定应当招标的工程没有招标，应当公开招标的工程没有公开招标，或者肢解发包工程，以及将工程发包给不具备相应资质条件的企业的，所确定的施工企业无效。

（五）有满足施工需要的技术资料，施工图设计文件已按规定审查合格。

（六）有保证工程质量和安全的具体措施。施工企业编制的施工组织设计中有根据建筑工程特点制定的相应质量、安全技术措施。建立工程质量安全责任制并落实到人。专业性较强的工程项目编制了专项质量、安全施工组织设计，并按照规定办理了工程质量、安全监督手续。

（七）按照规定应当委托监理的工程已委托监理。

（八）建设资金已经落实。建设工期不足1年的，到位资金原则上不得少于工程合同价的50%，建设工期超过一年的，到位资金原则上不得少于工程合同价的30%。建设单位应当提供本单位截至申请之日无拖欠工程款情形的承诺书或者能够表明其无拖欠工程款情形的其他材料，以及银行出具的到位资金证明，有条件的可以实行银行付款保函或者其他第三方担保。

（九）法律、行政法规规定的其他条件。

县级以上地方人民政府住房城乡建设主管部门不得违反法律法规规定，增设办理施工许可证的其他条件。

第五条 申请办理施工许可证，应当按照下列程序进行：

（一）建设单位向发证机关领取《建筑工程施工许可证申请表》。

（二）建设单位持加盖单位及法定代表人印鉴的《建筑工程施工许可证申请表》，并附本办法第四条规定的证明文件，向发证机关提出申请。

（三）发证机关在收到建设单位报送的《建筑工程施工许可证申请表》和所附证明文件后，对于符合条件的，应当自收到申请之日起15日内颁发施工许可证；对于证明文件不齐全或者失效的，应当当场或者5日内一次告知建设单位需要补正的全部内容，审批时间可以自证明文件补正齐全后作相应顺延；对于不符合条件的，应当自收到申请之日起15日内书面通知建设单位，并说明理由。

建筑工程在施工过程中，建设单位或者施工单位发生变更的，应当重新申请领取施工许可证。

第六条 建设单位申请领取施工许可证的工程名称、地点、规模，应当符合依法签订的施工承包合同。

施工许可证应当放置在施工现场备查，并按规定在施工现场公开。

第七条 施工许可证不得伪造和涂改。

第八条 建设单位应当自领取施工许可证之日起3个月内开工。因故不能按期开工的，应当在期满前向发证机关申请延期，并说明理由；延期以两次为限，每次不超过3个月。既不开工又不申请延期或者超过延期次数、时限的，施工许可证自行废止。

第九条 在建的建筑工程因故中止施工的，建设单位应当自中止施工之日起1个月内向发证机关报告，报告内容包括中止施工的时间、原因、在施部位、维修管理措施等，并按照规定做好建筑工程的维护管理工作。

建筑工程恢复施工时，应当向发证机关报告；中止施工满1年的工程恢复施工前，建设单位应当报发证机关核验施工许可证。

第十条 发证机关应当将办理施工许可证的依据、条件、程序、期限以及需要提交的全部材料和申请表示范文本等，在办公场所和有关网站予以公示。

发证机关作出的施工许可决定，应当予以公开，公众有权查阅。

第十一条 发证机关应当建立颁发施工许可证后的监督检查制度，对取得施工许可证后条件发生变化、延期开工、中止施工等行为进行监督检查，发现违法违规行为及时处理。

第十二条 对于未取得施工许可证或者为规避办理施工许可证将工程项目分解后擅自施工的，由有管辖权的发证机关责令停止施工，限期改正，对建设单位处工程合同价款1%以上2%以下罚款；对施工单位处3万元以下罚款。

第十三条 建设单位采用欺骗、贿赂等不正当手段取得施工许可证的，由原发证机关撤销施工许可证，责令停止施工，并处1万元以上3万元以下罚款；构成犯罪的，依法追究刑事责任。

第十四条 建设单位隐瞒有关情况或者提供虚假材料申请施工许可证的，发证机关不予受理或者不予许可，并处1万元以上3万元以下罚款；构成犯罪的，依法追究刑事责任。

建设单位伪造或者涂改施工许可证的，由发证机关责令停止施工，并处1万元以上3万元以下罚款；构成犯罪的，依法追究刑事责任。

第十五条 依照本办法规定，给予单位罚款处罚的，对单位直接负责的主管人员和其他直接责任人员处单位罚款数额5%以上10%以下罚款。

单位及相关责任人受到处罚的，作为不良行为记录予以通报。

第十六条 发证机关及其工作人员，违反本办法，有下列情形之一的，由其上级行政机关或者监察机关责令改正；情节严重的，对直接负责的主管人员和其他直接责任人员，依法给予行政处分：

（一）对不符合条件的申请人准予施工许可的；

（二）对符合条件的申请人不予施工许可或者未在法定期限内作出准予许可决定的；

（三）对符合条件的申请不予受理的；

（四）利用职务上的便利，收受他人财物或者谋取其他利益的；

（五）不依法履行监督职责或者监督不力，造成严重后果的。

第十七条 建筑工程施工许可证由国务院住房城乡建设主管部门制定格式，由各省、自治区、直辖市人民政府住房城乡建设主管部门统一印制。

施工许可证分为正本和副本，正本和副本具有同等法律效力。复印的施工许可证无效。

第十八条 本办法关于施工许可管理的规定适用于其他专业建筑工程。有关法律、行政法规有明确规定的，从其规定。

《建筑法》第八十三条第三款规定的建筑活动，不适用本办法。

军事房屋建筑工程施工许可的管理，按国务院、中央军事委员会制定的办法执行。

第十九条 省、自治区、直辖市人民政府住房城乡建设主管部门可以根据本办法制定实施细则。

第二十条 本办法自2014年10月25日起施行。1999年10月15日建设部令第71号发布、2001年7月4日建设部令第91号修正的《建筑工程施工许可管理办法》同时废止。

建筑施工企业安全生产管理机构设置及专职安全生产管理人员配备办法

第一条 为规范建筑施工企业安全生产管理机构的设置，明确建筑施工企业和项目专职安全生产管理人员的配备标准，根据《中华人民共和国安全生产法》《建设工程安全生产管理条例》《安全生产许可证条例》及《建筑施工企业安全生产许可证管理规定》，制定本办法。

第二条 从事土木工程、建筑工程、线路管道和设备安装工程及装修工程的新建、改建、扩建和拆除等活动的建筑施工企业安全生产管理机构的设置及其专职安全生产管理人员的配备，适用本办法。

第三条 本办法所称安全生产管理机构是指建筑施工企业设置的负责安全生产管理工作的独立职能部门。

第四条 本办法所称专职安全生产管理人员是指经建设主管部门或者其他有关部门安全生产考核合格取得安全生产考核合格证书，并在建筑施工企业及其项目从事安全生产管理工作的专职人员。

第五条 建筑施工企业应当依法设置安全生产管理机构，在企业主要负责人的领导下开展本企业的安全生产管理工作。

第六条 建筑施工企业安全生产管理机构具有以下职责：

（一）宣传和贯彻国家有关安全生产法律法规和标准；

（二）编制并适时更新安全生产管理制度并监督实施；

（三）组织或参与企业生产安全事故应急救援预案的编制及演练；

（四）组织开展安全教育培训与交流；

（五）协调配备项目专职安全生产管理人员；

（六）制订企业安全生产检查计划并组织实施；

（七）监督在建项目安全生产费用的使用；

（八）参与危险性较大工程安全专项施工方案专家论证会；

（九）通报在建项目违规违章查处情况；

（十）组织开展安全生产评优评先表彰工作；

（十一）建立企业在建项目安全生产管理档案；

（十二）考核评价分包企业安全生产业绩及项目安全生产管理情况；

（十三）参加生产安全事故的调查和处理工作；

（十四）企业明确的其他安全生产管理职责。

第七条 建筑施工企业安全生产管理机构专职安全生产管理人员在施工现场检查过程中具有以下职责：

（一）查阅在建项目安全生产有关资料、核实有关情况；

（二）检查危险性较大工程安全专项施工方案落实情况；

（三）监督项目专职安全生产管理人员履责情况；

（四）监督作业人员安全防护用品的配备及使用情况；

（五）对发现的安全生产违章违规行为或安全隐患，有权当场予以纠正或作出处理决定；

（六）对不符合安全生产条件的设施、设备、器材，有权当场作出查封的处理决定；

（七）对施工现场存在的重大安全隐患有权越级报告或直接向建设主管部门报告。

（八）企业明确的其他安全生产管理职责。

第八条 建筑施工企业安全生产管理机构专职安全生产管理人员的配备应满足下列要求，并应根据企业经营规模、设备管理和生产需要予以增加：

（一）建筑施工总承包资质序列企业：特级资质不少于6人；一级资质不少于4人；二级和二级以下资质企业不少于3人。

（二）建筑施工专业承包资质序列企业：一级资质不少于3人；二级和二级以下资质企业不少于2人。

（三）建筑施工劳务分包资质序列企业：不少于2人。

（四）建筑施工企业的分公司、区域公司等较大的分支机构（以下简称分支机构）应依据实际生产情况配备不少于2人的专职安全生产管理人员。

第九条 建筑施工企业应当实行建设工程项目专职安全生产管理人员委派制度。建设工程项目的专职安全生产管理人员应当定期将项目安全生产管理情况报告企业安全生产管理机构。

第十条 建筑施工企业应当在建设工程项目组建安全生产领导小组。建设工程实行施工总承包的，安全生产领导小组由总承包企业、专业承包企业和劳务分包企业项目经理、技术负责人和专职安全生产管理人员组成。

第十一条 安全生产领导小组的主要职责：

（一）贯彻落实国家有关安全生产法律法规和标准；

（二）组织制定项目安全生产管理制度并监督实施；

（三）编制项目生产安全事故应急救援预案并组织演练；

（四）保证项目安全生产费用的有效使用；

（五）组织编制危险性较大工程安全专项施工方案；

（六）开展项目安全教育培训；

（七）组织实施项目安全检查和隐患排查；

（八）建立项目安全生产管理档案；

（九）及时、如实报告安全生产事故。

第十二条 项目专职安全生产管理人员具有以下主要职责：

（一）负责施工现场安全生产日常检查并做好检查记录；

（二）现场监督危险性较大工程安全专项施工方案实施情况；

（三）对作业人员违规违章行为有权予以纠正或查处；

（四）对施工现场存在的安全隐患有权责令立即整改；

（五）对于发现的重大安全隐患，有权向企业安全生产管理机构报告；

（六）依法报告生产安全事故情况。

第十三条 总承包单位配备项目专职安全生产管理人员应当满足下列要求：

（一）建筑工程、装修工程按照建筑面积配备：

1. 1万平方米以下的工程不少于1人；

2. 1万～5万平方米的工程不少于2人；

3. 5万平方米及以上的工程不少于3人，且按专业配备专职安全生产管理人员。

（二）土木工程、线路管道、设备安装工程按照工程合同价配备：

1. 5000万元以下的工程不少于1人；

2. 5000万～1亿元的工程不少于2人；

3. 1亿元及以上的工程不少于3人，且按专业配备专职安全生产管理人员。

第十四条 分包单位配备项目专职安全生产管理人员应当满足下列要求：

（一）专业承包单位应当配置至少1人，并根据所承担的分部分项工程的工程量和施工危险程度增加。

（二）劳务分包单位施工人员在50人以下的，应当配备1名专职安全生产管理人员；50人～200人的，应当配备2名专职安全生产管理人员；200人及以上的，应当配备3名及以上专职安全生产管理人员，并根据所承担的分部分项工程施工危险实际情况增加，不得少于工程施工人员总人数的5‰。

第十五条 采用新技术、新工艺、新材料或致害因素多、施工作业难度大的工程项目，项目专职安全生产管理人员的数量应当根据施工实际情况，在第十三条、第十四条规定的配备标准上增加。

第十六条 施工作业班组可以设置兼职安全巡查员，对本班组的作业场所进行安全监督检查。

建筑施工企业应当定期对兼职安全巡查员进行安全教育培训。

第十七条 安全生产许可证颁发管理机关颁发安全生产许可证时，应当审查建筑施工企业安全生产管理机构设置及其专职安全生产管理人员的配备情况。

第十八条 建设主管部门核发施工许可证或者核准开工报告时，应当审查该工程项目专职安全生产管理人员的配备情况。

第十九条 建设主管部门应当监督检查建筑施工企业安全生产管理机构及其专职安全生产管理人员履责情况。

第二十条 本办法自颁发之日起实施，原《关于印发〈建筑施工企业安全生产管理机构设置及专职安全生产管理人员配备办法〉和〈危险性较大工程安全专项施工方案编制及专家论证审查办法〉的通知》(建质[2004]213号)中的《建筑施工企业安全生产管理机构设置及专职安全生产管理人员配备办法》废止。

建设工程监理规范GB/T 50319—2013（节选）

《建设工程监理规范》GB/T 50319—2013是2013年中国建筑工业出版社出版的规章条例，由中华人民共和国住房和城乡建设部编著，内容涉及建设工程监理规范（GB/T 50319—2013）根据中华人民共和国住房和城乡建设部公告，批准《建设工程监理规范》为国家标准，编号为GB/T 50319—2013，自2014年3月1日起实施。

1 总则

1.0.1 为规范建设工程监理与相关服务行为，提高建设工程监理与相关服务水平，制定本规范。

1.0.2 本规范适用于新建、扩建、改建建设工程监理与相关服务活动。

1.0.3 实施建设工程监理前，建设单位应委托具有相应资质的工程监理单位，并以书面形式与工程监理单位订立建设工程监理合同，合同中应包括监理工作的范围、内容、服务期限和酬金，以及双方的义务、违约责任等相关条款。

在订立建设工程监理合同时，建设单位将勘察、设计、保修阶段等相关服务一并委托的，应在合同中明确相关服务的工作范围、内容、服务期限和酬金等相关条款。

1.0.4 工程开工前，建设单位应将工程监理单位的名称，监理的范围、内容和权限及总监理工程师的姓名书面通知施工单位。

1.0.5 在建设工程监理工作范围内，建设单位与施工单位之间涉及施工合同的联合活动，应通过工程监理单位进行。

1.0.6 实施建设工程监理应遵循下列主要依据：

1 法律法规及工程建设标准；

2 建设工程勘察设计文件；

3 建设工程监理合同及其他合同文件。

1.0.7　建设工程监理应实行总监理工程师负责制。

1.0.8　建设工程监理宜实施信息化管理。

1.0.9　工程监理单位应公平、独立、诚信、科学地开展建设工程监理与相关服务活动。

1.0.10　建设工程监理与相关服务活动，除应符合本规范外，尚应符合国家现行有关标准的规定。

2　术语

2.0.1　工程监理单位 Construction project management enterprise

依法成立并取得建设主管部门颁发的工程监理企业资质证书，从事建设工程监理与相关服务活动的服务机构。

2.0.2　建设工程监理 Construction project management

工程监理单位受建设单位委托，根据法律法规、工程建设标准、勘察设计文件及合同，在施工阶段对建设工程质量、进度、造价进行控制，对合同、信息进行管理，对工程建设相关方的关系进行协调，并履行建设工程安全生产管理法定职责的服务活动。

2.0.3　相关服务 Related services

工程监理单位受建设单位委托；按照建设工程监理合同约定，在建设工程勘察、设计、保修等阶段提供的服务活动。

2.0.4　项目监理机构 Project management department

工程监理单位派驻工程负责履行建设工程监理合同的组织机构。

2.0.5　注册监理工程师 Registered project management engineer

取得国务院建设主管部门颁发的《中华人民共和国注册监理工程师注册执业证书》和执业印章，从事建设工程监理与相关服务等活动的人员。

2.0.6　总监理工程师 Chief project management engineer

由工程监理单位法定代表人书面任命，负责履行建设工程监理合同、主持项目监理机构工作的注册监理工程师。

2.0.7　总监理工程师代表 Representative of chief project management engineer

经工程监理单位法定代表人同意，由总监理工程师书面授权，代表总监理工程师行使其部分职责和权力，具有工程类注册执业资格或具有中级及以上专业技术职称、3 年及以上工程实践经验并经监理业务培训的人员。

2.0.8　专业监理工程师 Specialty project management engineer

由总监理工程师授权，负责实施某一专业或某一岗位的监理工作，有相应监理文件签发权，具有工程类注册执业资格或具有中级及以上专业技术职称、2年及以上工程实践经验并经监理业务培训的人员。

2.0.9 监理员 Site supervisor

从事具体监理工作，具有中专及以上学历并经过监理业务培训的人员。

2.0.10 监理规划 Project management planning

项目监理机构全面开展建设工程监理工作的指导性文件。

2.0.11 监理实施细则 Detailed rules for project management

针对某一专业或某一方面建设工程监理工作的操作性文件。

2.0.12 工程计量 Engineering measuring

根据工程设计文件及施工合同约定，项目监理机构对施工单位申报的合格工程的工程量进行核验。

2.0.13 旁站 Key works supervising

项目监理机构对工程的关键部位或关键工序的施工质量进行的监督活动。

2.0.14 巡视 Patrol inspecting

项目监理机构对施工现场进行的定期或不定期的检查活动。

2.0.15 平行检验 Parallel testing

项目监理机构在施工单位自检的同时，按有关规定、建设工程监理合同约定对同一检验项目进行的检测试验活动。

2.0.16 见证取样 Sampling witness

项目监理机构对施工单位进行的涉及结构安全的试块、试件及工程材料现场取样、封样、送检工作的监督活动。

2.0.17 工程延期 Construction duration extension

由于非施工单位原因造成合同工期延长的时间。

2.0.18 工期延误 Delay of construction period

由于施工单位自身原因造成施工期延长的时间。

2.0.19 工程临时延期批准 Approval of construction duration temporary extension

发生非施工单位原因造成的持续性影响工期事件时所作出的临时延长合同工期的批准。

2.0.20 工程最终延期批准 Approval of construction duration final extension

发生非施工单位原因造成的持续性影响工期事件时所作出的最终延长合同工期的批准。

2.0.21　监理日志 Daily record of project management

项目监理机构每日对建设工程监理工作及施工进展情况所做的记录。

2.0.22　监理月报 Monthly report of project management

项目监理机构每月向建设单位提交的建设工程监理工作及建设工程实施情况等分析总结报告。

2.0.23　设备监造 Supervision of equipment manufacturing

项目监理机构按照建设工程监理合同和设备采购合同约定，对设备制造过程进行的监督检查活动。

2.0.24　监理文件资料 Project document & data

工程监理单位在履行建设工程监理合同过程中形成或获取的，以一定形式记录、保存的文件资料。

3　项目监理机构及其设施

3.1　一般规定

3.1.1　工程监理单位实施监理时，应在施工现场派驻项目监理机构。项目监理的组织形式和规模，可根据建设工程监理合同约定的服务内容、服务期限，以及工程特点、规模、技术复杂程度、环境等因素确定。

3.1.2　项目监理机构的监理人员应由总监理工程师、专业监理工程师和监理员组成，且专业配套、数量应满足建设工程监理工作需要，必要时可设总监理工程师代表。

3.1.3　工程监理单位在建设工程监理合同签订后，应及时将项目监理机构的组织形式、人员构成及对总监理工程师的任命书面通知建设单位。

总监理工程师任命书应按本规范表 A.0.1 的要求填写。

3.1.4　工程监理单位调换总监理工程师时，应征得建设单位书面同意；调换专业监理工程师时，总监理工程师应书面通知建设单位，

3.1.5　一名注册监理工程师可担任一项建设工程监理合同的总监理工程师。当需要同时担任多想建设工程监理合同的监理工程师时，应经建设单位书面同意，且最多不得超过三项。

3.1.6　施工现场监理工作全部完成或建设工程监理合同终止时，项目监理机构可撤离施工现场。

3.2　监理人员职责

3.2.1　总监理工程师应履行下列职责：

1 确定项目监理机构人员及其岗位职责。

2 组织编制监理规划，审批监理实施细则。

3 根据工程进展及监理工作情况调配监理人员，检查监理人员工作。

4 组织召开监理例会。

5 组织审核分包单位资格。

6 组织审查施工组织设计、(专项)施工方案。

7 审查工程开复工报审表，签发工程开工令、暂停令和复工令。

8 组织检查施工单位现场质量、安全生产管理体系的建立及运行情况。

9 组织审核施工单位的付款申请，签发工程款支付证书，组织审核竣工结算。

10 组织审查和处理工程变更。

11 调解建设单位与施工单位的合同争议，处理工程索赔。

12 组织验收分部工程，组织审查单位工程质量检验资料。

13 审查施工单位的竣工申请，组织工程竣工预验收，组织编写工程质量评估报告，参与工程竣工验收。

14 参与或配合工程质量安全事故的调查和处理。

15 组织编写监理月报、监理工作总结，组织整理监理文件资料。

3.2.2 总监理工程师不得将下列工作委托给总监理工程师代表：

1 组织编制监理规划，审批监理实施细则。

2 根据工程进展及监理工作情况调配监理人员。

3 组织审查施工组织设计、(专项)施工方案

4 签发工程开工令、暂停令和复工令。

5 签发工程款支付证书，组织审核竣工结算。

6 调解建设单位与施工单位的合同争议，处理工程索赔。

7 审查施工单位的竣工申请，组织工程竣工预验收，组织编写工程质量评估报告，参与工程竣工验收。

8 参与或配合工程质量安全事故的调查和处理。

3.2.3 专业监理工程师应履行下列职责：

1 参与编制监理规划，负责编制监理实施细则。

2 审查施工单位提交的涉及本专业的报审文件，并向总监理工程师报告。

3 参与审核分包单位资格。

4 指导、检查监理员工作，定期向总监理工程师报告本专业监理工作实施情况。

5　检查进场的工程材料、构配件、设备的质量。

6　验收检验批、隐蔽工程、分项工程，参与验收分部工程。

7　处置发现的质量问你和安全事故隐患。

8　进行工程计量。

9　参与工程变更的审查和处理。

10　组织编写监理日志，参与编写监理月报。

11　收集、汇总、参与整理监理文件资料。

12　参与工程竣工预验收和竣工验收。

3.2.4　监理员应履行下列职责：

1　检查施工单位投入工程的人力、主要设备的使用及运行状况。

2　进行见证取样。

3　复核工程计量有关数据。

4　检查工序施工结果。

5　发现施工作业中的问题，及时指出并向专业监理工程师报告。

3.3　监理设施

3.3.1　建设单位应按建设工程监理合同约定，提供监理工作需要的办公、交通、通信、生活等设施。

项目监理机构宜妥善使用和保管建设单位提供的设施，并应按建设工程监理合同约定的时间移交建设单位。

3.3.2　工程监理单位宜按建设工程监理合同约定，配备满足监理工作需要的检测设备和工具器。

4　监理规划及监理实施细则

4.1　一般规定

4.1.1　监理规划应结合工程实际情况，明确项目监理机构的工作目标，确定具体的监理工作制度、内容、程序、方法和措施。

4.1.2　监理实施细则应符合监理规划的要求，并应具有可操作性。

4.2　监理规划

4.2.1　监理规划可在签订建设工程监理合同及收到工程设计文件后由总监理工程师组织编制，并应在召开第一次工地会议前报送建设单位。

4.2.2　监理规划编审应遵循下列程序：

1　总监理工程师组织专业监理工程师编制。

2　总监理工程师签字后由工程监理单位技术负责人审批。

4.2.3　监理规划应包括下列主要内容：

1　工程概况。

2　监理工作的范围、内容、目标。

3　监理工作依据。

4　监理组织形式、人员配备及进退场计划、监理人员岗位职责。

5　监理工作制度。

6　工程质量控制。

7　工程造价控制。

8　工程进度控制。

9　安全生产管理的监理工作。

10　合同与信息管理。

11　组织协调。

12　监理工作设施。

4.2.4　在实施建设工程监理过程中，实际情况或条件发生变化而需要调整监理规划时，应由总监理工程师组织专业监理工程师修改，并应经工程监理单位技术负责人批准后报建设单位。

4.3　监理实施细则

4.3.1　对专业性较强、危险性较大的分部分项工程，项目监理机构应编制监理实施细则。

4.3.2　监理实施细则应在相应工程施工开始前由专业监理工程师编制，并应报总监理工程师审批。

4.3.3　监理实施细则的编制应依据下列资料：

1　监理规划。

2　工程建设标准、工程设计文件。

3　施工组织设计、（专项）施工方案。

4.3.4　监理实施细则应包括下列主要内容：

1　专业工程特点。

2　监理工作流程。

3　监理工作要点。

4　监理工作方法及措施。

4.3.5　在实施建设工程监理过程中，监理实施细则可根据实际情况进行补充、修改，并应经总监理工程师批准后实施。

5　工程质量、造价、进度控制及安全生产管理的监理工作

5.1　一般规定

5.1.1　项目监理机构应根据建设工程监理合同约定，遵循动态控制原理，坚持预防为主的原则，制定和实施相应的监理措施，采用旁站、巡视和平行检验等方式对建设工程实施监理。

5.1.2　监理人员应熟悉工程设计文件，并应参加建设单位主持的图纸会审和设计交底会议，会议纪要应由总监理工程师签认。

5.1.3　工程开工前，监理人员应参加由建设单位主持召开的第一次工地会议，会议纪要应由项目监理机构负责整理，与会各方代表应会签。

5.1.4　项目监理机构应定期召开监理例会，并组织有关单位研究解决与监理相关的问题。项目监理机构可根据工程需要，主持或参加专题会议，解决监理工作范围内工程专项问题。

监理例会以及由项目监理机构主持召开的专题会议的会议纪要，应由项目监理机构负责整理，与会各方代表应会签。

5.1.5　项目监理机构应协调工程建设相关方的关系。项目监理机构与工程建设相关方之间的工作联系，除另有规定外宜采用工作联系单形式进行。

工作联系单应按本规范表C.0.1的要求填写。

5.1.6　项目监理机构应审查施工单位报审的施工组织设计，符合要求时，应由总监理工程师签认后报建设单位。项目监理机构应要求施工单位按已批准的施工组织设计组织施工。施工组织设计需要调整时，项目监理机构应按程序重新审查。

施工组织设计审查应包括下列基本内容：

1　编审程序应符合相关规定。

2　施工进度、施工方案及工程质量保证措施应符合施工合同要求。

3　资金、劳动力、材料、设备等资源供应计划应满足工程施工需要。

4　安全技术措施应符合工程建设强制性标准。

5　施工总平面布置应科学合理。

5.1.7　施工组织设计或（专项）施工方案报审表，应按本规范表B.0.1的要求填写。

5.1.8　总监理工程师应组织专业监理工程师审查施工单位报送的开工报审

表及相关资料；同时具备下列条件时，应由总监理工程师签署审查意见，并应报建设单位批准后，总监理工程师签发工程开工令：

1 设计交底和图纸会审已完成。

2 施工组织设计已由总监理工程师签认。

3 施工单位现场质量、安全生产管理体系已建立，管理及施工人员已到位，施工机械具备使用条件，主要工程材料已落实。

4 进场道路及水、电、通信等已满足开工要求。

5.1.9 开工报审表应按本规范表B.0.2的要求填写。工程开工令应按本规范表A.0.2的要求填写。

5.1.10 分包工程开工前，项目监理机构应审核施工单位报送的分包单位资格报审表，专业监理工程师提出审查意见后，应由总监理工程师审核签认。

分包单位资格审核应包括下列基本内容：

1 营业执照、企业资质等级证书。

2 安全生产许可文件。

3 类似工程业绩。

4 专职管理人员和特种作业人员的资格。

5.1.11 分包单位资格报审表应按本规范表B.0.4的要求填写。

5.1.12 项目监理机构宜根据工程特点、施工合同、工程设计文件及经过批准的施工组织设计对工程进行风险分析，并应制定工程质量、造价、进度目标控制及安全生产管理的方案，同时应提出防范性对策。

5.2 工程质量控制

5.2.1 工程开工前，项目监理机构应审查施工单位现场的质量管理组织机构、管理制度及专职管理人员和特种作业人员的资格。

5.2.2 总监理工程师应组织专业监理工程师审查施工单位报审的施工方案，并应符合要求后予以签认。

施工方案审查应包括下列基本内容：

1 编审程序应符合相关规定。

2 工程质量保证措施应符合有关标准。

5.2.3 施工方案报审表应按本规范表B.0.1的要求填写。

5.2.4 专业监理工程师应审查施工单位报送的新材料、新工艺、新技术、新设备的质量认证材料和相关验收标准的适用性，必要时，应要求施工单位组织专题论证，审查合格后报总监理工程师签认。

5.2.5　专业监理工程师应检查、复核施工单位报送的施工控制测量成果及保护措施，签署意见。专业监理工程师应对施工单位在施工过程中报送的施工测量放线成果进行查验。

施工控制测量成果及保护措施的检查、复核，应包括下列内容：

1　施工单位测量人员的资格证书及测量设备检定证书。

2　施工平面控制网、高程控制网和临时水准点的测量成果及控制桩的保护措施。

5.2.6　施工控制测量成果报验表应按本规范表B.0.5的要求填写。

5.2.7　专业监理工程师应检查施工单位为本工程提供服务的试验室。

试验室的检查应包括下列内容：

1　试验室的资质等级及试验范围。

2　法定计量部门对试验设备出具的计量检定证明。

3　试验室管理制度。

4　试验人员资格证书。

5.2.8　施工单位的试验室报审表应按本规范表B.0.7的要求填写。

5.2.9　项目监理机构应审查施工单位报送的用于工程的材料、构配件、设备的质量证明文件，并应按有关规定、建设工程监理合同约定，对用于工程的材料进行见证取样，平行检验。

项目监理机构对已进场经检验不合格的工程材料、构配件、设备，应要求施工单位限期将其撤出施工现场。

工程材料、构配件或设备报审表应按本规范表B.0.6的要求填写。

5.2.10　专业监理工程师应审查施工单位定期提交影响工程质量的计量设备的检查和检定报告。

5.2.11　项目监理机构应根据工程特点和施工单位报送的施工组织设计，确定旁站的关键部位；关键工序，安排监理人员进行旁站，并应及时记录旁站情况。

旁站记录应按本规范表A.0.6的要求填写。

5.2.12　项目监理机构应安排监理人员对工程施工质量进行巡视。巡视应包括下列主要内容：

1　施工单位是否按工程设计文件、工程建设标准和批准的施工组织设计、（专项）施工方案施工。

2　使用的工程材料、构配件和设备是否合格。

3　施工现场管理人员，特别是施工质量管理人员是否到位。

4　特种作业人员是否持证上岗。

5.2.13　项目监理机构应根据工程特点、专业要求，以及建设工程监理合同约定，对工程材料、施工质量进行平行检验。

5.2.14　项目监理机构应对施工单位报验的隐蔽工程、检验批；分项工程和分部工程进行验收，对验收合格的应给予签认，对验收不合格的应拒绝签认，同时应要求施工单位在指定的时间内整改并重新报验。

对已同意覆盖的工程隐蔽部位质量有疑问的，或发现施工单位私自覆盖工程隐蔽部位的，项目监理机构应要求施工单位对该隐蔽部位进行钻孔探测或揭开或其他方法进行重新检验。

隐蔽工程、检验批、分项工程报验表应按本规范表B.0.7的要求填写。分部工程报验表应按本规范表B.0.8的要求填写。

5.2.15　项目监理机构发现施工存在质量问题的，或施工单位采用不适当的施工工艺，或施工不当，造成工程质量不合格的，应及时签发监理通知单，要求施工单位整改。整改完毕后，项目监理机构应根据施工单位报送的监理通知回复对整改情况进行复查，提出复查意见。

监理通知单应按本规范表A.0.3的要求填写，监理通知回复单应按本规范表B.0.9的要求填写。

5.2.16　对需要返工处理加固补强的质量缺陷，项目监理机构应要求施工单位报送经设计等相关单位认可的处理方案，并应对质量缺陷的处理过程进行跟踪检查，同时应对处理结果进行验收。

5.2.17　对需要返工处理或加固补强的质量事故，项目监理机构应要求施工单位报送质量事故调查报告和经设计等相关单位认可的处理方案，并应对质量事故的处理过程进行跟踪检查，同时应对处理结果进行验收。

项目监理机构应及时向建设单位提交质量事故书面报告，并应将完整的质量事故处理记录整理归档。

5.2.18　项目监理机构应审查施工单位提交的单位工程竣工验收报审表及竣工资料，组织工程竣工预验收。存在问题的，应要求施工单位及时整改；合格的，总监理工程师应签认单位工程竣工验收报审表。

单位工程竣工验收报审表应按本规范表B.0.10的要求填写。

5.2.19　工程竣工预验收合格后，项目监理机构应编写工程质量评估报告，并应经总监理工程师和工程监理单位技术负责人审核签字后报建设单位。

5.2.20　项目监理机构应参加由建设单位组织的竣工验收，对验收中提出的整改问题，应督促施工单位及时整改。工程质量符合要求的，总监理工程师应在工程竣工验收报告中签署意见。

5.3 工程造价控制

5.3.1 项目监理机构应按下列程序进行工程计量和付款签证：

1 专业监理工程师对施工单位在工程款支付报审表中提交的工程量和支付金额进行复核，确定实际完成的工程量，提出到期应支付给施工单位的金额，并提出相应的支持性材料。

2 总监对专业监理工程师的审查意见进行审核，签认后报建设单位审批。

3 总监理工程师根据建设单位的审批意见，向施工单位签发工程款支付证书。

5.3.2 工程款支付报审表应按本规范表B.0.11的要求填写，工程款支付证书应按本规范表A.0.8的要求填写。

5.3.3 项目监理机构应建立月完成工程量统计表，对实际完成量与计划完成量进行比较分析，发现偏差的，应提出调整建议，并应在监理月报中向建设单位报告。

5.3.4 目监理机构应按下列程序进行竣工结算款审核：

1 专业监理工程师审查施工单位提交的工结算款支付申请，提出审查意见。

2 总监理工程师对专业监理工程师的审查意见进行审核，签认后报建设单位审批，同时抄送施工单位，并就工程竣工结算事宜与建设单位、施工单位协商；达成一致意见的，根据建设单位审批意见向施工单位签发竣工结算款支付证书；不能达成一致意见的，应按施工合同约定处理。

5.3.5 工程竣工结算款支付报审表应按本规范表B.0.11的要求填写，竣工结算款支付证书应按本规范表A.0.8的要求填写。

5.4 工程进度控制

5.4.1 项目监理机构应审查施工单位报审的施工总进度计划和阶段性施工进度计划，提出审查意见，并应由总监理工程师审核后报建设单位。

施工进度计划审查应包括下列基本内容：

1 施工进度计划应符合施工合同中工期的约定。

2 施工进度计划中主要工程项目无遗漏，应满足分批投入试运、分批动用的需要，阶段性施工进度计划应满足总进度控制目标的要求。

3 施工顺序的安排应符合施工工艺要求。

4 施工人员、工程材料、施工机械等资源供应计划应满足施工进度计划的需要。

5 施工进度计划应符合建设单位提供的资金、施工图纸、施工场地、物资等施工条件。

5.4.2 施工进度计划报审表应按本规范表B.0.12的要求填写。

5.4.3 项目监理机构应检查施工进度计划的实施情况，发现实际进度严重滞后于计划进度且影响合同工期时，应签发监理通知单，要求施工单位采取调整措施加快施工进度。总监理工程师应向建设单位报告工期延误风险。

5.4.4 项目监理机构应比较分析工程施工实际进度与计划进度，预测实际进度对工程总工期的影响，并应在监理月报中向建设单位报告工程实际进展情况。

5.5 安全生产管理的监理工作

5.5.1 项目监理机构应根据法律法规、工程建设强制性标准，履行建设工程安全生产管理的监理职责；并应将安全生产管理的监理工作内容、方法和措施纳入监理规划及监理实施细则。

5.5.2 项目监理机构应审查施工单位现场安全生产规章制度的建立和实施情况，并应审查施工单位安全生产许可证及施工单位项目经理、专职安全生产管理人员和特种作业人员的资格，同时应核查施工机械和设施的安全许可验收手续。

5.5.3 项目监理机构应审查施工单位报审的专项施工方案，符合要求的，应由总监理工程师签认后报建设单位。超过一定规模的危险性较大的分部分项工程的专项施工方案，应检查施工单位组织专家进行论证、审查的情况，以及是否附具安全验算结果。项目监理机构应要求施工单位按已批准的专项施工方案组织施工。专项施工方案需要调整时，施工单位应按程序重新提交项目监理机构审查。

专项施工方案审查应包括下列基本内容：

1 编审程序应符合相关规定。

2 安全技术措施应符合工程建设强制性标准。

5.5.4 专项施工方案报审表应按本规范表B.0.1的要求填写。

5.5.5 项目监理机构应巡视检查危险性较大的分部分项工程专项施工方案实施情况。发现未按专项施工方案实施时，应签发监理通知单，要求施工单位按专项施工方案实施。

5.5.6 项目监理机构在实施监理过程中，发现工程存在安全事故隐患时，应签发监理通知单，要求施工单位整改；情况严重时，应签发工程暂停令，并应及时报告建设单位。施工单位拒不整改或不停止施工时，项目监理机构应及时向有关主管部门报送监理报告。

监理报告应按本规范表A.0.4的要求填写

6　工程变更、索赔及施工合同争议处理

6.1　一般规定

6.1.1　项目监理机构应依据建设工程监理合同约定进行施工合同管理，处理工程暂停及复工、工程变更、索赔及施工合同争议、解除等事宜。

6.1.2　施工合同终止时，项目监理机构应协助建设单位按施工合同约定处理施工合同终止的有关事宜。

6.2　工程暂停及复工

6.2.1　总监理工程师在签发工程暂停令时，可根据停工原因的影响范围和影响程度，确定停工范围，并应按施工合同和建设工程监理合同的约定签发工程暂停令。

6.2.2　项目监理机构发现下列情况之一时，总监理工程师应及时签发工程暂停令：

1　建设单位要求暂停施工且工程需要暂停施工的。

2　施工单位未经批准擅自施工或拒绝项目监理机构管理的。

3　施工单位未按审查通过的工程设计文件施工的。

4　施工单位未按批准的施工组织设计、（专项）施工方案施工或违反工程建设强制性标准的。

5　施工存在重大质量、安全事故隐患或发生质量、安全事故的。

6.2.3　总监理工程师签发工程暂停令应征得建设单位同意，在紧急情况下未能事先报告的，应在事后及时向建设单位作出书面报告。

工程暂停令应按本规范附录A.0.5的要求填写。

6.2.4　暂停施工事件发生时，项目监理机构应如实记录所发生的情况。

6.2.5　总监理工程师应会同有关各方按施工合同约定，处理因工程暂停引起的与工期、费用有关的问题。

6.2.6　因施工单位原因暂停施工时，项目监理机构应检查、验收施工单位的停工整改过程、结果。

6.2.7　当暂停施工原因消失、具备复工条件时，施工单位提出复工申请的，项目监理机构应审查施工单位报送的复工报审表及有关材料，符合要求后，总监理工程师应及时签署审查意见，并应报建设单位批准后签发工程复工令；施工单位未提出复工申请的，总监理工程师应根据工程实际情况指令施工单位恢

复施工。

复工报审表应按本规范表B.0.3的要求填写，工程复工令应按本规范表A.0.7的要求填写。

6.3 工程变更

6.3.1 项目监理机构可按下列程序处理施工单位提出的工程变更

1 总监理工程师组织专业监理工程师审查施工单位提出的工程变更申请，提出审查意见。对涉及工程设计文件修改的工程变更，应由建设单位转交原设计单位修改工程设计文件。必要时，项目监理机构应建议建设单位组织设计、施工等单位召开论证工程设计文件的修改方案的专题会议。

2 总监理工程师组织专业监理工程师对工程变更费用及工期影响作出评估。

3 总监理工程师组织建设单位、施工单位等共同协商确定工程变更费用及工期变化，会签工程变更单。

4 项目监理机构根据批准的工程变更文件监督施工单位实施工程变更。

6.3.2 工程变更单应按本规范表C.0.2的要求填写。

6.3.3 项目监理机构可在工程变更实施前与建设单位、施工单位等协商确定工程变更的计价原则、计价方法或价款。

6.3.4 建设单位与施工单位未能就工程变更费用达成协议时，项目监理机构可提出一个暂定价格并经建设单位同意，作为临时支付工程款的依据。工程变更款项最终结算时，应以建设单位与施工单位达成的协议为依据。

6.3.5 项目监理机构可对建设单位要求的工程变更提出评估意见，并应督促施工单位按会签后的工程变更单组织施工。

6.4 费用索赔

6.4.1 项目监理机构应及时收集、整理有关工程费用的原始资料，为处理费用索赔提供证据。

6.4.2 项目监理机构处理费用索赔的主要依据应包括下列内容：

1 法律法规。

2 勘察设计文件、施工合同文件。

3 工程建设标准。

4 索赔事件的证据。

6.4.3 项目监理机构可按下列程序处理施工单位提出的费用索赔：

1 受理施工单位在施工合同约定的期限内提交的费用索赔意向通知书。

2 收集与索赔有关的资料。

3　受理施工单位在施工合同约定的期限内提交的费用索赔报审表。

4　审查费用索赔报审表。需要施工单位进一步提交详细资料时，应在施工合同约定的期限内发出通知。

5　与建设单位和施工单位协商一致后，在施工合同约定的期限内签发费用索赔报审表，并报建设单位。

6.4.4　费用索赔意向通知书应按本规范表C.0.3的要求填写；费用索赔报审表应按本规范表B.0.13的要求填写。

6.4.5　项目监理机构批准施工单位费用索赔应同时满足下列条件：

1　施工单位在施工合同约定的期限内提出费用索赔。

2　索赔事件是因非施工单位原因造成，且符合施工合同约定。

3　索赔事件造成施工单位直接经济损失。

6.4.6　当施工单位的费用索赔要求与工程延期要求相关联时，项目监理机构可提出费用索赔和工程延期的综合处理意见，并应与建设单位和施工单位协商。

6.4.7　因施工单位原因造成建设单位损失，建设单位提出索赔时，项目监理机构应与建设单位和施工单位协商处理。

6.5　工程延期及工期延误

6.5.1　施工单位提出工程延期要求符合施工合同约定时，项目监理机构应予以受理。

6.5.2　当影响工期事件具有持续性时，项目监理机构应对施工单位提交的阶段性工程临时延期报审表进行审查，并应签署工程临时延期审核意见后报建设单位。

当影响工期事件结束后，项目监理机构应对施工单位提交的工程最终延期报审表进行审查，并应签署工程最终延期审核意见后报建设单位。

工程临时延期报审表和工程最终延期报审表应按本规范表B.0.14的要求填写。

6.5.3　项目监理机构在作出工程临时延期批准和工程最终延期批准前，均应与建设单位和施工单位协商。

6.5.4　项目监理机构批准工程延期应同时满足下列条件：

1　施工单位在施工合同约定的期限内提出工程延期。

2　因非施工单位原因造成施工进度滞后。

3　施工进度滞后影响到施工合同约定的工期。

6.5.5　施工单位因工程延期提出费用索赔时，项目监理机构可按施工合同约定进行处理。

6.5.6　发生工期延误时，项目监理机构应按施工合同约定进行处理。

6.6　施工合同争议

6.6.1　项目监理机构处理施工合同争议时应进行下列工作：

1　了解合同争议情况。

2　及时与合同争议双方进行磋商。

3　提出处理方案后，由总监理工程师进行协调。

4　当双方未能达成一致时，总监理工程师应提出处理合同争议的意见。

6.6.2　项目监理机构在施工合同争议处理过程中，对未达到施工合同约定的暂停履行合同条件的，应要求施工合同双方继续履行合同。

6.6.3　在施工合同争议的仲裁或诉讼过程中，项目监理机构应按仲裁机关或法院要求提供与争议有关的证据。

6.7　施工合同解除

6.7.1　因建设单位原因导致施工合同解除时，项目监理机构应按施工合同约定与建设单位和施工单位从下列款项中协商确定施工单位应得款项，并签认工程款支付证书：

1　施工单位按施工合同约定已完成的工作应得款项。

2　施工单位按批准的采购计划订购工程材料、构配件、设备的款项。

3　施工单位撤离施工设备至原基地或其他目的地的合理费用。

4　施工单位人员的合理遣返费用。

5　施工单位合理的利润补偿。

6　施工合同约定的建设单位应支付的违约金。

6.7.2　因施工单位原因导致施工合同解除时，项目监理机构应按施工合同约定，从下列款项中确定施工单位应得款项或偿还建设单位的款项，并应与建设单位和施工单位协商后，书面提交施工单位应得款项或偿还建设单位款项的证明：

1　施工单位已按施工合同约定实际完成的工作应得款项和已给付的款项。

2　施工单位已提供的材料、构配件、设备和临时工程等的价值。

3　对已完工程进行检查和验收、移交工程资料、修复已完工程质量缺陷等所需的费用。

4　施工合同约定的施工单位应支付的违约金。

6.7.3　因非建设单位、施工单位原因导致施工合同解除时，项目监理机构应按施工合同约定处理合同解除后的有关事宜。

7 监理文件资料管理

7.1 一般规定

7.1.1 项目监理机构应建立完善监理文件资料管理制度，宜设专人管理监理文件资料。

7.1.2 项目监理机构应及时、准确、完整地收集、整理、编制、传递监理文件资料。

7.1.3 项目监理机构宜采用信息技术进行监理文件资料管理。

7.2 监理文件资料内容

7.2.1 监理文件资料应包括下列主要内容：

1 勘察设计文件、建设工程监理合同及其他合同文件。

2 监理规划、监理实施细则。

3 设计交底和图纸会审会议纪要。

4 施工组织设计、(专项)施工方案、施工进度计划报审文件资料。

5 分包单位资格报审文件资料。

6 施工控制测量成果报验文件资料。

7 总监理工程师任命书，工程开工令、暂停令、复工令，开工或复工报审文件资料。

8 工程材料、构配件、设备报验文件资料。

9 见证取样和平行检验文件资料。

10 工程质量检查报验资料及工程有关验收资料。

11 工程变更、费用索赔及工程延期文件资料。

12 工程计量、工程款支付文件资料。

13 监理通知单、工作联系单与监理报告。

14 第一次工地会议、监理例会、专题会议等会议纪要。

15 监理月报、监理日志、旁站记录。

16 工程质量或生产安全事故处理文件资料。

17 工程质量评估报告及竣工验收监理文件资料。

18 监理工作总结。

7.2.2 监理日志应包括下列主要内容：

1 天气和施工环境情况。

2 当日施工进展情况。

3　当日监理工作情况，包括旁站、巡视、见证取样、平行检验等情况。

4　当日存在的问题及协调解决情况。

5　其他有关事项。

7.2.3　监理月报应包括下列主要内容：

1　本月工程实施情况。

2　本月监理工作情况。

3　本月施工中存在的问题及处理情况。

4　下月监理工作重点。

7.2.4　监理工作总结应包括下列主要内容：

1　工程概况。

2　项目监理机构。

3　建设工程监理合同履行情况。

4　监理工作成效。

5　监理工作中发现的问题及其处理情况。

6　说明和建议。

7.3　监理文件资料归档

7.3.1　项目监理机构应及时整理、分类汇总监理文件资料，并应按规定组卷，形成监理档案。

7.3.2　工程监理单位应根据工程特点和有关规定，保存监理档案，并应向有关单位、部门移交需要存档的监理文件资料。

8　设备采购与设备监造

本章明确了设备采购与设备监造的工作依据，明确了项目监理机构在设备采购、设备监造等方面的工作职责、原则、程序、方法和措施。

8.1　一般规定

8.1.1　项目监理机构应根据建设工程监理合同约定的设备采购与设备监造工作内容、配备监理人员，以及明确岗位职责。

8.1.2　项目监理机构应编制设备采购与设备监造工作计划，并应协助建设单位编制设备采购与设备监造方案。

8.2　设备采购

8.2.1　采用招标方式进行设备采购时，项目监理机构应协助建设单位按有关规定组织设备采购招标。采用其他方式进行设备采购时，项目监理机构应协助建设单位进行询价。

8.2.2 项目监理机构应协助建设单位进行设备采购合同谈判，并应协助签订设备采购合同。

8.2.3 设备采购文件资料应包括下列主要内容：

1 建设工程监理合同及设备采购合同。

2 设备采购招投标文件。

3 工程设计文件和图纸。

4 市场调查、考察报告。

5 设备采购方案。

6 设备采购工作总结。

8.3 设备监造

8.3.1 项目监理机构应检查设备制造单位的质量管理体系，并应审查设备制造单位报送的设备制造生产计划和工艺方案。

8.3.2 项目监理机构应审查设备制造的检验计划和检验要求，并应确认各阶段的检验时间、内容、方法、标准，以及检测手段、检测设备和仪器。

8.3.3 专业监理工程师应审查设备制造的原材料、外购配套件、元器件、标准件以及坯料的质量证明文件及检验报告，并应审查设备制造单位提交的报验资料，符合规定时应予以签认。

8.3.4 项目监理机构应对设备制造过程进行监督和检查，对主要及关键零部件的制造工序应进行抽检。

8.3.5 项目监理机构应要求设备制造单位按批准的检验计划和检验要求进行设备制造过程的检验工作，并应做好检验记录。项目监理机构应对检验结果进行审核，认为不符合质量要求时，应要求设备制造单位进行整改、返修或返工。当发生质量失控或重大质量事故时，应由总监理工程师签发暂停令，提出处理意见，并应及时报告建设单位。

8.3.6 项目监理机构应检查和监督设备的装配过程。

8.3.7 在设备制造过程中如需要对设备的原设计进行变更时，项目监理机构应审查设计变更，并应协调处理因变更引起的费用和工期调整，同时应报建设单位批准。

8.3.8 项目监理机构应参加设备整机性能检测、调试和出厂验收，符合要求后应予以签认。

8.3.9 在设备运往现场前，项目监理机构应检查设备制造单位对待运设备采取的防护和包装措施，并应检查是否符合运输、装卸、储存、安装的要求，以及随机文件、装箱单和附件是否齐全。

8.3.10　设备运到现场后，项目监理机构应参加由设备制造单位按合同约定与接收单位的交接工作。

8.3.11　专业监理工程师应按设备制造合同的约定审查设备制造单位提交的付款申请，提出审查意见，并应由总监理工程师审核后签发支付证书。

8.3.12　专业监理工程师应审查设备制造单位提出的索赔文件，提出意见后报总监理工程师，并应由总监理工程师与建设单位、设备制造单位协商一致后签署意见。

8.3.13　专业监理工程师应审查设备制造单位报送的设备制造结算文件，提出审查意见，并应由总监理工程师签署意见后报建设单位。

8.3.14　设备监造文件资料应包括下列主要内容：

1　建设工程监理合同及设备采购合同。

2　设备监造工作计划。

3　设备制造工艺方案报审资料。

4　设备制造的检验计划和检验要求。

5　分包单位资格报审资料。

6　原材料、零配件的检验报告。

7　工程暂停令、开工或复工报审资料。

8　检验记录及试验报告。

9　变更资料。

10　会议纪要。

11　来往函件。

12　监理通知单与工作联系单。

13　监理日志。

14　监理月报。

15　质量事故处理文件。

16　索赔文件。

17　设备验收文件

18　设备交接文件。

19　支付证书和设备制造结算审核文件。

20　设备监造工作总结。

9 相关服务

9.1 一般规定

9.1.1 工程监理单位应根据建设工程监理合同约定的相关服务范围，开展相关服务工作，以及编制相关服务工作计划。

9.1.2 工程监理单位应按规定汇总整理、分类归档相关服务工作的文件资料。

9.2 工程勘察设计阶段服务

9.2.1 工程监理单位应协助建设单位编制工程勘察设计任务书和选择工程勘察设计单位，并应协助签订工程勘察设计合同。

9.2.2 工程监理单位应审查勘察单位提交的勘察方案，提出审查意见，并应报建设单位。

变更勘察方案时，应按原程序重新审查。

勘察方案报审表可按本规范表B.0.1的要求填写。

9.2.3 工程监理单位应检查勘察现场及室内试验主要岗位操作人员的资格、所使用设备、仪器计量的检定情况。

9.2.4 工程监理单位应检查勘察进度计划执行情况、督促勘察单位完成勘察合同约定的工作内容、审核勘察单位提交的勘察费用支付申请表，以及签发勘察费用支付证书，并应报建设单位。

工程勘察阶段的监理通知单可按本规范表A.0.3的要求填写；监理通知回复单可应按本规范表B.0.9的要求填写；勘察费用支付申请表可按本规范表B.0.11的要求填写；勘察费用支付证书可按本规范表A.0.8的要求填写。

9.2.5 工程监理单位应检查勘察单位执行勘察方案的情况，对重要点位的勘探与测试应进行现场检查。

9.2.6 工程监理单位应审查勘察单位提交的勘察成果报告，并应向建设单位提交勘察成果评估报告，同时应参与勘察成果验收。

勘察成果评估报告应包括下列内容：

1 勘察工作概况。

2 勘察报告编制深度、与勘察标准的符合情况。

3 勘察任务书的完成情况。

4 存在问题及建议。

5 评估结论。

9.2.7 勘察成果报审表可按本规范表B.0.7的要求填写。

9.2.8　工程监理单位应依据设计合同及项目总体计划要求审查各专业、各阶段设计进度计划。

9.2.9　工程监理单位应检查设计进度计划执行情况、督促设计单位完成设计合同约定的工作内容、审核设计单位提交的设计费用支付申请表，以及签认设计费用支付证书，并应报建设单位。

工程设计阶段的监理通知单可按本规范表A.0.3的要求填写；监理通知回复单可按本规范表B.0.9的要求填写；设计费用支付报审表可按本规范表B.0.11的要求填写；设计费用支付证书可按本规范表A.0.8的要求填写。

9.2.10　工程监理单位应审查设计单位提交的设计成果，并应提出评估报告。评估报告应包括下列主要内容：

1　设计工作概况。

2　设计深度、与设计标准的符合情况。

3　设计任务书的完成情况。

4　有关部门审查意见的落实情况。

5　存在的问题及建议。

9.2.11　设计阶段成果报审表可按本规范表B.0.7的要求填写。

9.2.12　工程监理单位应审查设计单位提出的新材料、新工艺、新技术、新设备在相关部门的备案情况。必要时应协助建设单位组织专家评审。

9.2.13　工程监理单位应审查设计单位提出的设计概算、施工图预算，提出审查意见，并应报建设单位。

9.2.14　工程监理单位应分析可能发生索赔的原因，并应制定防范对策。

9.2.15　工程监理单位应协助建设单位组织专家对设计成果进行评审。

9.2.16　工程监理单位可协助建设单位向政府有关部门报审有关工程设计文件，并应根据审批意见，督促设计单位予以完善。

9.2.17　工程监理单位应根据勘察设计合同，协调处理勘察设计延期、费用索赔等事宜。

勘察设计延期报审表可按本规范表B.0.14的要求填写；勘察设计费用索赔报审表可按本规范表B.0.13的要求填写。

9.3　工程保修阶段服务

9.3.1　承担工程保修阶段的服务工作时，工程监理单位应定期回访。

9.3.2　对建设单位或使用单位提出的工程质量缺陷，工程监理单位应安排监理人员进行检查和记录，并应要求施工单位予以修复，同时应监督实施，合格后应予以签认。

9.3.3　工程监理单位应对工程质量缺陷原因进行调查，并应与建设单位、施工单位协商确定责任归属。对非施工单位原因造成的工程质量缺陷，应核实施工单位申报的修复工程费用，并应签认工程款支付证书，同时应报建设单位。

附录（略）

条文说明（略）

建筑施工升降机安装、使用、拆卸安全技术规程JGJ 215—2010（节选）

第3.0.8条和3.0.9条规定：

3.0.8　施工升降机安装、拆卸工程专项施工方案应根据使用说明书的要求、作业场地及周边环境的实际情况、施工升降机使用要求等编制。当安装、拆卸过程中专项施工方案发生变更时，应按程序更新对方案进行审批，未经审批不得继续进行安装、拆卸作业。

3.0.9　施工升降机安装、拆卸工程专项施工方案应包括下列主要内容：

1　工程概况；

2　编制依据；

3　作业人员组织和职责；

4　施工升降机安装位置平面、立画图和安装作业范围平面图；

5　施工升降机技术参数、主要零部件外形尺寸和重量；

6　辅助起重设备的种类、型号、性能及位置安排；

7　吊索具的配置、安装与拆卸工具及仪器；

8　安装、拆卸步骤与方法；

9　安全技术措施；

10　安全应急预案。

建筑施工高处作业安全技术规范JGJ 80—2016

目次

1　总　则

1.0.1　为规范建筑施工高处作业及其管理，做到防护安全、技术先进、经济合理，制定本规范。

1.0.2　本规范适用于建筑工程施工高处作业中的临边、洞口、攀登、悬空、操作平台、交叉作业及安全网搭设等项作业。

本规范亦适用于其他高处作业的各类洞、坑、沟、槽等部位的施工。

1.0.3　建筑施工高处作业时，除应符合本规范外，尚应符合国家现行有关标准的规定。

2　术语和符号

2.1　术语

2.1.1　高处作业 working at height

在坠落高度基准面2m及以上有可能坠落的高处进行的作业。

2.1.2　临边作业 edge-near operation

在工作面边沿无围护或围护设施高度低于800mm的高处作业，包括楼板边、楼梯段边、屋面边、阳台边、各类坑、沟、槽等边沿的高处作业。

2.1.3　洞口作业 opening operation

在地面、楼面、屋面和墙面等有可能使人和物料坠落，其坠落高度大于或等于2m的洞口处的高处作业。

2.1.4　攀登作业 climbing operation

借助登高用具或登高设施进行的高处作业。

2.1.5　悬空作业 hanging operation

在周边无任何防护设施或防护设施不能满足防护要求的临空状态下进行的高处作业。

2.1.6　操作平台 operating platform

由钢管、型钢及其他等效性能材料等组装搭设制作的供施工现场高处作业和载物的平台，包括移动式、落地式、悬挑式等平台。

2.1.7　移动式操作平台 movable operating platform

带脚轮或导轨，可移动的脚手架操作平台。

2.1.8　落地式操作平台 floor type operating platform

从地面或楼面搭起、不能移动的操作平台，单纯进行施工作业的施工平台和可进行施工作业与承载物料的接料平台。

2.1.9　悬挑式操作平台 cantilevered operating platform

以悬挑形式搁置或固定在建筑物结构边沿的操作平台，斜拉式悬挑操作平台和支承式悬挑操作平台。

2.1.10　交叉作业 cross operation

垂直空间贯通状态下，可能造成人员或物体坠落，并处于坠落半径范围内、上下左右不同层面的立体作业。

2.1.11　安全防护设施 safety protecting facilities

在施工高处作业中，为将危险、有害因素控制在安全范围内，以及减少、预防和消除危害所配置的设备和采取的措施。

2.1.12　安全防护棚 safety protecting shed

高处作业在立体交叉作业时，为防止物体坠落造成坠落半径内人员伤害或材料、设备损坏而搭设的防护棚架。

2.2　符　号

2.2.1　作用和作用效应

F_{bk}——上横杆承受的集中荷载标准值；

F_{ck}——次梁上的集中荷载标准值；

F_{zk}——立杆承受的集中荷载标准值；

M——上横杆最大弯矩设计值；

M_c——次梁最大弯矩设计值；

M_y——主梁最大弯矩设计值；

M_z——立杆承受的最大弯矩设计值；

N——斜撑的轴心压力设计值；

N_z——立杆的轴心压力设计值；

q——梁上的等效均布荷载设计值；

q_{c_k}——次梁上的等效均布可变荷载标准值；

q_{c_h}——次梁上均布恒荷载标准值；

R——次梁搁置于外侧主梁上的支座反力；

S_s——钢丝绳的破断拉力；

T——钢丝绳所受拉力标准值；

σ_1——杆件的受弯应力；

σ_2——立杆的受压应力。

2.2.2 计算指标

E——杆件的弹性模量；

f_1——杆件的抗弯强度设计值；

f_2——立杆的抗压强度设计值；

f_3——斜撑的抗压强度设计值。

2.2.3 计算系数

$[K]$——作吊索用钢丝绳的允许安全系数；

ϕ—轴心受压构件的稳定系数。

2.2.4 几何系数

A——立杆毛截面面积；

A_n——立杆净截面面积；

A_c——斜撑毛截面面积；

a——悬臂长度；

h——立杆高度；

I——杆件截面惯性矩；

L_0——上横杆计算长度；

L_{0C}——次梁的计算跨度；

L_x——次梁两端搁支点间的跨度；

L_{0y}——主梁的计算跨度；

W_n——上杆的净截面抵抗矩；

W_{zn}——立杆的净截面抵抗矩；

α——钢丝绳与平台面的夹角；

η——悬臂长度比值；

v——受弯构件挠度计算值；

$[v]$——受弯构件挠度容许值。

3 基本规定

3.0.1 建筑施工中凡涉及临边与洞口作业、攀登与悬空作业、操作平台、交叉作业及安全网搭设的，应在施工组织设计或施工方案中制定高处作业安全技术措施。

3.0.2 高处作业施工前，应按类别对安全防护设施进行检查、验收，验收合格后方可进行作业，并应做验收记录。验收可分层或分阶段进行。

3.0.3 高处作业施工前，应对作业人员进行安全技术交底，并应记录。应对初次作业人员进行培训。

3.0.4 应根据要求将各类安全警示标志悬挂于施工现场各相应部位，夜间应设红灯警示。高处作业施工前，应检查高处作业的安全标志、工具、仪表、电气设施和设备，确认其完好后，方可进行施工。

3.0.5 高处作业人员应根据作业的实际情况配备相应的高处作业安全防护用品，并应按规定正确佩戴和使用相应的安全防护用品、用具。

3.0.6 对施工作业现场可能坠落的物料，应及时拆除或采取固定措施。高处作业所用的物料应堆放平稳，不得妨碍通行和装卸。工具应随手放入工具袋；作业中的走道、通道板和登高用具，应随时清理干净；拆卸下的物料及余料和废料应及时清理运走，不得随意放置或向下丢弃。传递物料时不得抛掷。

3.0.7 高处作业应按现行国家标准《建设工程施工现场消防安全技术规范》GB 50720的规定，采取防火措施。

3.0.8 在雨、霜、雾、雪等天气进行高处作业时，应采取防滑、防冻和防雷措施，并应及时清除作业面上的水、冰、雪、霜。

当遇有6级及以上强风、浓雾、沙尘暴等恶劣气候，不得进行露天攀登与悬空高处作业。雨雪天气后，应对高处作业安全设施进行检查，当发现有松动、变形、损坏或脱落等现象时，应立即修理完善，维修合格后方可使用。

3.0.9 对需临时拆除或变动的安全防护设施，应采取可靠措施，作业后应立即恢复。

3.0.10 安全防护设施验收应包括下列主要内容：

1 防护栏杆的设置与搭设；

2 攀登与悬空作业的用具与设施搭设；

3 操作平台及平台防护设施的搭设；

4　防护棚的搭设；

5　安全网的设置；

6　安全防护设施、设备的性能与质量、所用的材料、配件的规格；

7　设施的节点构造，材料配件的规格、材质及其与建筑物的固定、连接状况。

3.0.11　安全防护设施验收资料应包括下列主要内容：

1　施工组织设计中的安全技术措施或施工方案；

2　安全防护用品用具、材料和设备产品合格证明；

3　安全防护设施验收记录；

4　预埋件隐蔽验收记录；

5　安全防护设施变更记录。

3.0.12　应有专人对各类安全防护设施进行检查和维修保养，发现隐患应及时采取整改措施。

3.0.13　安全防护设施宜采用定型化、工具化设施，防护栏应为黑黄或红白相间的条纹标示，盖件应为黄或红色标示。

4　临边与洞口作业

4.1　临边作业

4.1.1　坠落高度基准面2m及以上进行临边作业时，应在临空一侧设置防护栏杆，并应采用密目式安全立网或工具式栏板封闭。

4.1.2　施工的楼梯口、楼梯平台和梯段边，应安装防护栏杆；外设楼梯口、楼梯平台和梯段边还应采用密目式安全立网封闭。

4.1.3　建筑物外围边沿处，对没有设置外脚手架的工程，应设置防护栏杆；对有外脚手架的工程，应采用密目式安全立网全封闭。密目式安全立网应设置在脚手架外侧立杆上，并应与脚手杆紧密连接。

4.1.4　施工升降机、龙门架和井架物料提升机等在建筑物间设置的停层平台两侧边，应设置防护栏杆、挡脚板，并应采用密目式安全立网或工具式栏板封闭。

4.1.5　停层平台口应设置高度不低于1.80m的楼层防护门，并应设置防外开装置。井架物料提升机通道中间，应分别设置隔离设施。

4.2 洞口作业

4.2.1 洞口作业时，应采取防坠落措施，并应符合下列规定：

1 当竖向洞口短边边长小于500mm时，应采取封堵措施；当垂直洞口短边边长大于或等于500mm时，应在临空一侧设置高度不小于1.2m的防护栏杆，并应采用密目式安全立网或工具式栏板封闭，设置挡脚板；

2 当非竖向洞口短边边长为25mm～500mm时，应采用承载力满足使用要求的盖板覆盖，盖板四周搁置应均衡，且应防止盖板移位；

3 当非竖向洞口短边边长为500mm～1500mm时，应采用盖板覆盖或防护栏杆等措施，并应固定牢固；

4 当非竖向洞口短边边长大于或等于1500mm时，应在洞口作业侧设置高度不小于1.2m的防护栏杆，洞口应采用安全平网封闭。

4.2.2 电梯井口应设置防护门，其高度不应小于1.5m，防护门底端距地面高度不应大于50mm，并应设置挡脚板。

4.2.3 在电梯施工前，电梯井道内应每隔2层且不大于10m加设一道安全平网。电梯井内的施工层上部，应设置隔离防护设施。

4.2.4 洞口盖板应能承受不小于1kN的集中荷载和不小于2kN/m^{2}的均布荷载，有特殊要求的盖板应另行设计。

4.2.5 墙面等处落地的竖向洞口、窗台高度低于800mm的竖向洞口及框架结构在浇筑完混凝土未砌筑墙体时的洞口，应按临边防护要求设置防护栏杆。

4.3 防护栏杆

4.3.1 临边作业的防护栏杆应由横杆、立杆及挡脚板组成，防护栏杆应符合下列规定：

1 防护栏杆应为两道横杆，上杆距地面高度应为1.2m，下杆应在上杆和挡脚板中间设置；

2 当防护栏杆高度大于1.2m时，应增设横杆，横杆间距不应大于600mm；

3 防护栏杆立杆间距不应大于2m；

4 挡脚板高度不应小于180mm。

4.3.2 防护栏杆立杆底端应固定牢固，并应符合下列规定：

1 当在土体上固定时，应采用预埋或打入方式固定；

2 当在混凝土楼面、地面、屋面或墙面固定时，应将预埋件与立杆连接牢固；

3　当在砌体上固定时，应预先砌入相应规格含有预埋件的混凝土块，预埋件应与立杆连接牢固。

4.3.3　防护栏杆杆件的规格及连接，应符合下列规定：

1　当采用钢管作为防护栏杆杆件时，横杆及栏杆立杆应采用脚手钢管，并应采用扣件、焊接、定型套管等方式进行连接固定；

2　当采用其他材料作防护栏杆杆件时，应选用与钢管材质强度相当的材料，并应采用螺栓、销轴或焊接等方式进行连接固定。

4.3.4　防护栏杆的立杆和横杆的设置、固定及连接，应确保防护栏杆在上下横杆和立杆任何部位处，均能承受任何方向1kN的外力作用。当栏杆所处位置有发生人群拥挤、物件碰撞等可能时，应加大横杆截面或加密立杆间距。

4.3.5　防护栏杆应张挂密目式安全立网或其他材料封闭。

4.3.6　防护栏杆的设计计算应符合本规范附录A的规定。

5　攀登与悬空作业

5.1　攀登作业

5.1.1　登高作业应借助施工通道、梯子及其他攀登设施和用具。

5.1.2　攀登作业设施和用具应牢固可靠；当采用梯子攀爬作用时，踏面荷载不应大于1.1kN；当梯面上有特殊作业时，应按实际情况进行专项设计。

5.1.3　同一梯子上不得两人同时作业。在通道处使用梯子作业时，应有专人监护或设置围栏。脚手架操作层上严禁架设梯子作业。

5.1.4　便携式梯子宜采用金属材料或木材制作，并应符合现行国家标准《便携式金属梯安全要求》GB 12142和《便携式木梯安全要求》GB 7059的规定。

5.1.5　使用单梯时梯面应与水平面成75°夹角，踏步不得缺失，梯格间距宜为300mm，不得垫高使用。

5.1.6　折梯张开到工作位置的倾角应符合现行国家标准《便携式金属梯安全要求》GB 12142和《便携式木梯安全要求》GB 7059的规定，并应有整体的金属撑杆或可靠的锁定装置。

5.1.7　固定式直梯应采用金属材料制成，并应符合现行国家标准《固定式钢梯及平台安全要求　第1部分：钢直梯》GB 4053.1的规定；梯子净宽应为400mm～600mm，固定直梯的支撑应采用不小于∟70×6的角钢，埋设与焊接应牢固。直梯顶端的踏步应与攀登顶面齐平，并应加设1.1m～1.5m高的扶手。

5.1.8　使用固定式直梯攀登作业时，当攀登高度超过3m时，宜加设护笼；当攀登高度超过8m时，应设置梯间平台。

5.1.9　钢结构安装时，应使用梯子或其他登高设施攀登作业。坠落高度超过2m时，应设置操作平台。

5.1.10　当安装屋架时，应在屋脊处设置扶梯。扶梯踏步间距不应大于400mm。屋架杆件安装时搭设的操作平台，应设置防护栏杆或使用作业人员拴挂安全带的安全绳。

5.1.11　深基坑施工应设置扶梯、入坑踏步及专用载人设备或斜道等设施。采用斜道时，应加设间距不大于400mm的防滑条等防滑措施。作业人员严禁沿坑壁、支撑或乘运土工具上下。

5.2　悬空作业

5.2.1　悬空作业的立足处的设置应牢固，并应配置登高和防坠落装置和设施。

5.2.2　构件吊装和管道安装时的悬空作业应符合下列规定：

1　钢结构吊装，构件宜在地面组装，安全设施应一并设置；

2　吊装钢筋混凝土屋架、梁、柱等大型构件前，应在构件上预先设置登高通道、操作立足点等安全设施；

3　在高空安装大模板、吊装第一块预制构件或单独的大中型预制构件时，应站在作业平台上操作；

4　钢结构安装施工宜在施工层搭设水平通道，水平通道两侧应设置防护栏杆；当利用钢梁作为水平通道时，应在钢梁一侧设置连续的安全绳，安全绳宜采用钢丝绳；

5　钢结构、管道等安装施工的安全防护宜采用工具化、定型化设施。

5.2.3　严禁在未固定、无防护设施的构件及管道上进行作业或通行。

5.2.4　当利用吊车梁等构件作为水平通道时，临空面的一侧应设置连续的栏杆等防护措施。当安全绳为钢索时，钢索的一端应采用花篮螺栓收紧；当安全绳为钢丝绳时，钢丝绳的自然下垂度不应大于绳长的1/20，并不应大于100mm。

5.2.5　模板支撑体系搭设和拆卸的悬空作业，应符合下列规定：

1　模板支撑的搭设和拆卸应按规定程序进行，不得在上下同一垂直面上同时装拆模板；

2　在坠落基准面2m及以上高处搭设与拆除柱模板及悬挑结构的模板时，应设置操作平台；

3　在进行高处拆模作业时应配置登高用具或搭设支架。

5.2.6　绑扎钢筋和预应力张拉的悬空作业应符合下列规定：

1　绑扎立柱和墙体钢筋，不得沿钢筋骨架攀登或站在骨架上作业；

2　在坠落基准面2m及以上高处绑扎柱钢筋和进行预应力张拉时，应搭设操作平台。

5.2.7　混凝土浇筑与结构施工的悬空作业应符合下列规定：

1　浇筑高度2m及以上的混凝土结构构件时，应设置脚手架或操作平台；

2　悬挑的混凝土梁和檐、外墙和边柱等结构施工时，应搭设脚手架或操作平台。

5.2.8　屋面作业时应符合下列规定：

1　在坡度大于25°的屋面上作业，当无外脚手架时，应在屋檐边设置不低于1.5m高的防护栏杆，并应采用密目式安全立网全封闭；

2　在轻质型材等屋面上作业，应搭设临时走道板，不得在轻质型材上行走；安装轻质型材板前，应采取在梁下支设安全平网或搭设脚手架等安全防护措施。

5.2.9　外墙作业时应符合下列规定：

1　门窗作业时，应有防坠落措施，操作人员在无安全防护措施时，不得站立在樘子、阳台栏板上作业；

2　高处作业不得使用座板式单人吊具，不得使用自制吊篮。

6　操作平台

6.1　一般规定

6.1.1　操作平台应通过设计计算，并应编制专项方案，架体构造与材质应满足国家现行相关标准的规定。

6.1.2　操作平台的架体结构应采用钢管、型钢及其他等效性能材料组装，并应符合现行国家标准《钢结构设计规范》GB 50017及国家现行有关脚手架标准的规定。平台面铺设的钢、木或竹胶合板等材质的脚手板，应符合材质和承载力要求，并应平整满铺及可靠固定。

6.1.3　操作平台的临边应设置防护栏杆，单独设置的操作平台应设置供人上下、踏步间距不大于400mm的扶梯。

6.1.4　应在操作平台明显位置设置标明允许负载值的限载牌及限定允许的作业人数，物料应及时转运，不得超重、超高堆放。

6.1.5 操作平台使用中应每月不少于1次定期检查，应由专人进行日常维护工作，及时消除安全隐患。

6.2 移动式操作平台

6.2.1 移动式操作平台面积不宜大于$10m^2$，高度不宜大于5m，高宽比不应大于2:1，施工荷载不应大于$1.5kN/m^2$。

6.2.2 移动式操作平台的轮子与平台架体连接应牢固，立柱底端离地面不得大于80mm，行走轮和导向轮应配有制动器或刹车闸等制动措施。

6.2.3 移动式行走轮承载力不应小于5kN，制动力矩不应小于2.5N·m，移动式操作平台架体应保持垂直，不得弯曲变形，制动器除在移动情况外，均应保持制动状态。

6.2.4 移动式操作平台移动时，操作平台上不得站人。

6.2.5 移动式升降工作平台应符合现行国家标准《移动式升降工作平台 设计计算、安全要求和测试方法》GB 25849和《移动式升降工作平台 安全规则、检查、维护和操作》GB/T 27548的要求。

6.2.6 移动式操作平台的结构设计计算应符合本规范附录B的规定。

6.3 落地式操作平台

6.3.1 落地式操作平台架体构造应符合下列规定：

1 操作平台高度不应大于15m，高宽比不应大于3:1；

2 施工平台的施工荷载不应大于$2.0kN/m^2$；当接料平台的施工荷载大于$2.0kN/m^2$时，应进行专项设计；

3 操作平台应与建筑物进行刚性连接或加设防倾措施，不得与脚手架连接；

4 用脚手架搭设操作平台时，其立杆间距和步距等结构要求应符合国家现行相关脚手架规范的规定；应在立杆下部设置底座或垫板、纵向与横向扫地杆，并应在外立面设置剪刀撑或斜撑；

5 操作平台应从底层第一步水平杆起逐层设置连墙件，且连墙件间隔不应大于4m，并应设置水平剪刀撑。连墙件应为可承受拉力和压力的构件，并应与建筑结构可靠连接。

6.3.2 落地式操作平台搭设材料及搭设技术要求、允许偏差应符合国家现行相关脚手架标准的规定。

6.3.3 落地式操作平台应按国家现行相关脚手架标准的规定计算受弯构件

强度、连接扣件抗滑承载力、立杆稳定性、连墙杆件强度与稳定性及连接强度、立杆地基承载力等。

6.3.4 落地式操作平台一次搭设高度不应超过相邻连墙件以上两步。

6.3.5 落地式操作平台拆除应由上而下逐层进行，严禁上下同时作业，连墙件应随施工进度逐层拆除。

6.3.6 落地式操作平台检查验收应符合下列规定：

1 操作平台的钢管和扣件应有产品合格证；

2 搭设前应对基础进行检查验收，搭设中应随施工进度按结构层对操作平台进行检查验收；

3 遇6级以上大风、雷雨、大雪等恶劣天气及停用超过1个月，恢复使用前，应进行检查。

6.4 悬挑式操作平台

6.4.1 悬挑式操作平台设置应符合下列规定：

1 操作平台的搁置点、拉结点、支撑点应设置在稳定的主体结构上，且应可靠连接；

2 严禁将操作平台设置在临时设施上；

3 操作平台的结构应稳定可靠，承载力应符合设计要求。

6.4.2 悬挑式操作平台的悬挑长度不宜大于5m，均布荷载不应大于5.5kN/m^2，集中荷载不应大于15kN，悬挑梁应锚固固定。

6.4.3 采用斜拉方式的悬挑式操作平台，平台两侧的连接吊环应与前后两道斜拉钢丝绳连接，每一道钢丝绳应能承载该侧所有荷载。

6.4.4 采用支承方式的悬挑式操作平台，应在钢平台下方设置不少于两道斜撑，斜撑的一端应支承在钢平台主结构钢梁下，另一端应支承在建筑物主体结构。

6.4.5 采用悬臂梁式的操作平台，应采用型钢制作悬挑梁或悬挑桁架，不得使用钢管，其节点应采用螺栓或焊接的刚性节点。当平台板上的主梁采用与主体结构预埋件焊接时，预埋件、焊缝均应经设计计算，建筑主体结构应同时满足强度要求。

6.4.6 悬挑式操作平台应设置4个吊环，吊运时应使用卡环，不得使吊钩直接钩挂吊环。吊环应按通用吊环或起重吊环设计，并应满足强度要求。

6.4.7 悬挑式操作平台安装时，钢丝绳应采用专用的钢丝绳夹连接，钢丝绳夹数量应与钢丝绳直径相匹配，且不得少于4个。建筑物锐角、利口周围系钢丝绳处应加衬软垫物。

6.4.8 悬挑式操作平台的外侧应略高于内侧；外侧应安装防护栏杆并应设置防护挡板全封闭。

6.4.9 人员不得在悬挑式操作平台吊运、安装时上下。

6.4.10 悬挑式操作平台的结构设计计算应符合本规范附录C的规定。

7 交叉作业

7.1 一般规定

7.1.1 交叉作业时，下层作业位置应处于上层作业的坠落半径之外，高空作业坠落半径应按表7.1.1确定。安全防护棚和警戒隔离区范围的设置应视上层作业高度确定，并应大于坠落半径。

坠落半径　　表7.1.1

序号	上层作业高度（h_b）	坠落半径（m）
1	$2 \leqslant h_b \leqslant 5$	3
2	$5 < h_b \leqslant 15$	4
3	$15 < h_b \leqslant 30$	5
4	$h_b > 30$	6

7.1.2 交叉作业时，坠落半径内应设置安全防护棚或安全防护网等安全隔离措施。当尚未设置安全隔离措施时，应设置警戒隔离区，人员严禁进入隔离区。

7.1.3 处于起重机臂架回转范围内的通道，应搭设安全防护棚。

7.1.4 施工现场人员进出的通道口，应搭设安全防护棚。

7.1.5 不得在安全防护棚棚顶堆放物料。

7.1.6 当采用脚手架搭设安全防护棚架构时，应符合国家现行相关脚手架标准的规定。

7.1.7 对不搭设脚手架和设置安全防护棚时的交叉作业，应设置安全防护网，当在多层、高层建筑外立面施工时，应在二层及每隔四层设一道固定的安全防护网，同时设一道随施工高度提升的安全防护网。

7.2 安全措施

7.2.1 安全防护棚搭设应符合下列规定：

1 当安全防护棚为非机动车辆通行时，棚底至地面高度不应小于3m；当安全防护棚为机动车辆通行时，棚底至地面高度不应小于4m。

2 当建筑物高度大于24m并采用木质板搭设时，应搭设双层安全防护棚。两层防护的间距不应小于700mm，安全防护棚的高度不应小于4m。

3 当安全防护棚的顶棚采用竹笆或木质板搭设时，应采用双层搭设，间距不应小于700mm；当采用木质板或与其等强度的其他材料搭设时，可采用单层搭设，木板厚度不应小于50mm。防护棚的长度应根据建筑物高度与可能坠落半径确定。

7.2.2 安全防护网搭设应符合下列规定：

1 安全防护网搭设时，应每隔3m设一根支撑杆，支撑杆水平夹角不宜小于45°；

2 当在楼层设支撑杆时，应预埋钢筋环或在结构内外侧各设一道横杆；

3 安全防护网应外高里低，网与网之间应拼接严密。

8 建筑施工安全网

8.1 一般规定

8.1.1 建筑施工安全网的选用应符合下列规定：

1 安全网材质、规格、物理性能、耐火性、阻燃性应满足现行国家标准《安全网》GB 5725的规定；

2 密目式安全立网的网目密度应为10cm×10cm面积上大于或等于2000目。

8.1.2 采用平网防护时，严禁使用密目式安全立网代替平网使用。

8.1.3 密目式安全立网使用前，应检查产品分类标记、产品合格证、网目数及网体重量，确认合格方可使用。

8.2 安全网搭设

8.2.1 安全网搭设应绑扎牢固、网间严密。安全网的支撑架应具有足够的强度和稳定性。

8.2.2 密目式安全立网搭设时，每个开眼环扣应穿入系绳，系绳应绑扎在支撑架上，间距不得大于450mm。相邻密目网间应紧密结合或重叠。

8.2.3 当立网用于龙门架、物料提升架及井架的封闭防护时，四周边绳应与支撑架贴紧，边绳的断裂张力不得小于3kN，系绳应绑在支撑架上，间距不得大于750mm。

8.2.4 用于电梯井、钢结构和框架结构及构筑物封闭防护的平网，应符合下列规定：

1 平网每个系结点上的边绳应与支撑架靠紧，边绳的断裂张力不得小于7kN，系绳沿网边应均匀分布，间距不得大于750mm；

2 电梯井内平网网体与井壁的空隙不得大于25mm，安全网拉结应牢固。

附录A 防护栏杆的设计计算

A.0.1 防护栏杆荷载设计值的取用，应符合现行国家标准《建筑结构荷载规范》GB 50009的有关规定。

A.0.2 防护栏杆上横杆的计算，应采用外力为垂直荷载，集中作用于立杆间距最大处的上横杆的中点处，并应符合下列规定：

1 弯矩标准值应按下式计算：

$$M_k = \frac{F_{bk}L_0}{4} + \frac{q_k L_0^2}{8} \tag{A.0.2-1}$$

式中：M_k——上横杆的最大弯矩标准值（N·mm）

F_{bk}——上横杆承受的集中荷载标准值（N）；

L_0——上横杆计算长度（mm）；

q_k——上横杆承受的均布荷载标准值（N/mm）。

2 抗弯强度应按下列公式计算：

$$\sigma_1 = \frac{\gamma_0 M}{W_n} \leqslant f_1 \tag{A.0.2-2}$$

$$M = \Sigma \gamma_{Q_i} M_{k_i} \tag{A.0.2-3}$$

式中：σ_1——杆件的受弯应力（N/mm²）；

γ_0——结构重要性系数；

M——上横杆的最大弯矩设计值（N·mm）；

W_n——上横杆的净截面抵抗矩（mm³）；

f_1——杆件的抗弯强度设计值（N/mm²）；

M_{k_i}——第i个可变荷载标准值计算的上横杆弯矩效应值（N·mm）；

γ_{Q_i}——按基本组合计算弯矩设计值，第i个可变荷载分项系数。

3 挠度应按下式计算：

$$v = \frac{F_{bk} l^3}{48EI} + \frac{5q_k l^4}{384EI} \leqslant [v] \quad \text{(A.0.2-4)}$$

式中：v——受弯构件挠度计算值（mm）；

$[v]$——受弯构件挠度容许值（mm）；

E——杆件的弹性模量（N/mm^2）；

I——杆件截面惯性矩（mm^4）。

A.0.3 防护栏杆立杆的计算，应采用外力为水平荷载，作用于杆件顶点，并应符合下列规定：

1 弯矩标准值应按下式计算：

$$M_{zk} = F_{zk} h + \frac{q_k h^2}{2} \quad \text{(A.0.3-1)}$$

式中：M_{zk}——立杆承受的最大弯矩标准值（N·mm）；

F_{zk}——立杆承受的集中荷载标准值（N）；

h——立杆高度（mm）。

2 抗弯强度应按下列公式计算：

$$\sigma_1 = \frac{\lambda_0 M_z}{W_{zn}} \leqslant f_1 \quad \text{(A.0.3-2)}$$

$$M_z = \Sigma \gamma_{Q_i} M_{zk_i} \quad \text{(A.0.3-3)}$$

式中：M_z——立杆承受的最大弯矩设计值，即弯矩基本组合值（N·mm）；

W_{zn}——立杆的净截面抵抗矩（mm^3）；

M_{zk_i}——按第i个可变荷载标准值计算的立杆弯矩效应值（N·mm）。

3 挠度应按下式计算：

$$v = \frac{F_{zk} h^3}{3EI} + \frac{q_k h^4}{8EI} \leqslant [v] \quad \text{(A.0.3-4)}$$

附录B 移动式操作平台的设计计算

B.0.1 移动式操作平台（图B.0.1）的次梁的恒荷载（永久荷载）中的自重，钢管应以0.04kN/m计，铺板应以0.22kN/m^2计；施工荷载（可变荷载）应以1kN/m^2

计算，并应符合下列规定：

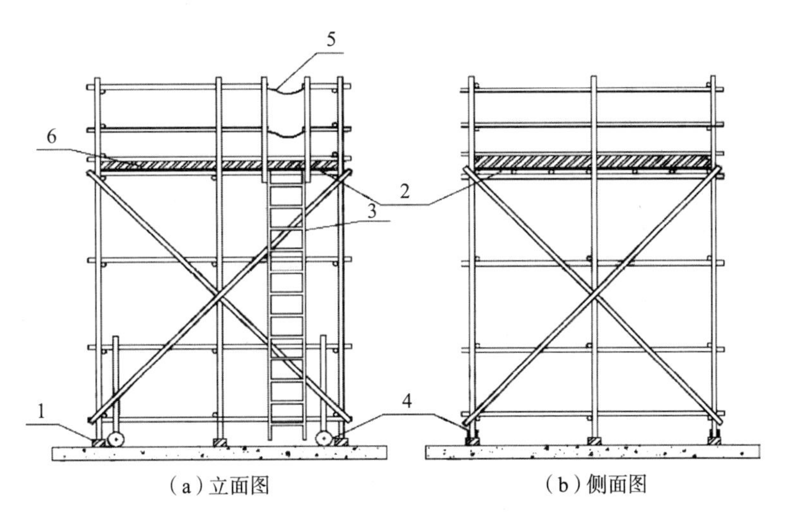

图B.0.1 移动式操作平台示意（单位：mm）

1—木楔；2—竹笆或木板；3—梯子；4—带锁脚轮；5—活动防护绳；6—挡脚板

1 次梁承受的可变荷载为均布荷载时，应按下式计算最大弯矩设计值：

$$M_{c}=\gamma_{G}\frac{1}{8}q_{c_{h}}L_{0c}^{2}+\gamma_{Q}\frac{1}{8}q_{c_{k}}L_{0c}^{2} \quad (B.0.1\text{-}1)$$

式中：M_c——次梁最大弯矩设计值（N·mm）；

q_{c_h}——次梁上等效均布恒荷载标准值（N/mm）；

q_{c_k}——次梁上等效均布可变荷载标准值（N/mm）；

γ_G——恒荷载分项系数；

γ_Q——可变荷载分项系数；

L_{0c}——次梁的计算跨度（mm）。

2 次梁承受的可变荷载为集中荷载时，应按下式计算最大弯矩设计值：

$$M_{c}=\gamma_{G}\frac{1}{8}q_{c_{h}}L_{0c}^{2}+\gamma_{Q}\frac{1}{4}F_{ck}L_{0c} \quad (B.0.1\text{-}2)$$

式中：F_{ck}——次梁上的集中可变荷载标准值（N），可按1kN计。

3 取以上两项弯矩设计值中的较大值按本规范附录A公式（A.0.2-2）计算次梁抗弯强度。

B.0.2 移动式操作平台主梁的最大弯矩应以立杆为支撑点按等效均布荷载来计算，等效均布荷载包括次梁传递的恒荷载和施工可变荷载、主梁自重恒荷载，并应符合下列规定：

1　当立杆为3根时，可按下式计算位于中间立杆上部的主梁最大负弯矩设计值：

$$M_y = -\frac{1}{8}qL_{0y}^2 \tag{B.0.2}$$

式中：M_y——主梁最大弯矩设计值（N·mm）；

q——主梁上的等效均布荷载设计值（N/mm）；

L_{0y}——主梁计算跨度（mm）。

2　以上项弯矩设计值按本规范附录A公式（A.0.2-2）计算主梁抗弯强度。

B.0.3　立杆计算应符合下列规定：

1　中间立杆应按轴心受压构件计算抗压强度，并应符合下式要求：

$$\sigma_2 = \frac{N_z}{A_n} \leqslant f_2 \tag{B.0.3-1}$$

式中：σ_2——立杆的受压应力（N/mm^2）；

N_z——立杆的轴心压力设计值（N）；

A_n——立杆净截面面积（mm^2）；

f_2——立杆的抗压强度设计值（N/mm^2）。

2　立杆尚应按下式计算其稳定性：

$$\frac{N_z}{\phi A} \leqslant f_2 \tag{B.0.3-2}$$

式中：ϕ——轴心受压构件的稳定系数；

A——立杆毛截面面积（mm^2）。

附录C　悬挑式操作平台的设计计算

C.0.1　悬挑式操作平台（图C.0.1-1、图C.0.1-2）应采用型钢作主梁与次梁，满铺厚度不应小于50mm的木板或同等强度的其他材料，并应采用螺栓与型钢梁固定。

C.0.2　悬挑式操作平台的平台板下次梁应符合下列规定：

1　恒荷载（永久荷载）中的自重，当采用槽钢[10时应以0.1kN/m计，铺板应以$0.4kN/m^2$计；施工可变荷载应采用15kN集中荷载或$2.0kN/m^2$均布荷载，并应按依本规范附录B公式（B.0.1-1）、（B.0.1-2）计算弯矩。当次梁带悬臂且为均布荷载时，应按下列公式计算弯矩设计值：

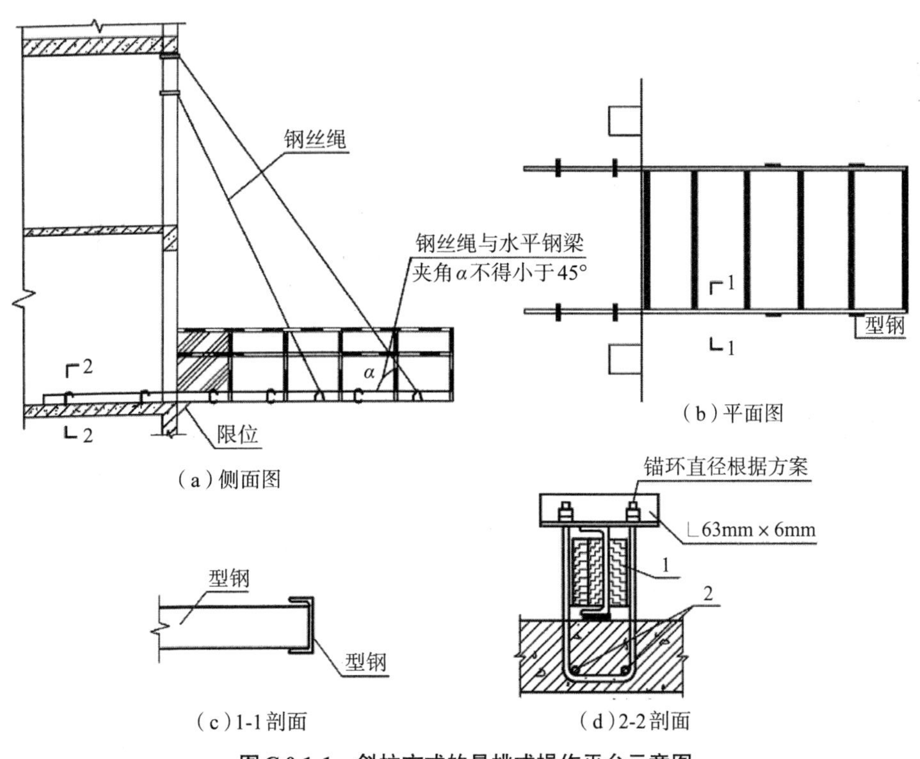

（a）侧面图

（b）平面图

（c）1-1剖面

（d）2-2剖面

图 C.0.1-1　斜拉方式的悬挑式操作平台示意图

1—木楔侧向揳紧；2—两根1.5m长直径18mm的HRB400钢筋

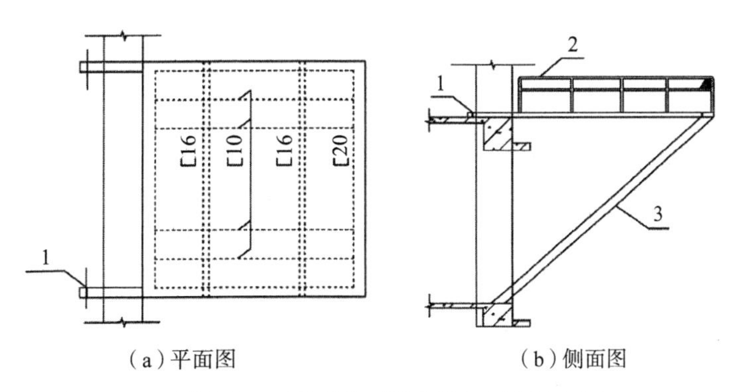

（a）平面图

（b）侧面图

图 C.0.1-2　下支承方式的悬挑式操作平台示意图（单位：mm）

1—梁面预埋件；2—栏杆与[16焊接；3—斜撑杆

$$M_c=\left(\gamma_G\frac{1}{8}q_{c_h}L_{0c}^2+\gamma_Q\frac{1}{8}q_{c_k}L_{0c}^2\right)\cdot(1-\eta^2)^2 \tag{C.0.2-1}$$

$$\eta=\frac{a}{L_{0c}} \tag{C.0.2-2}$$

式中：M_c——次梁最大弯矩设计值（N·mm）；

γ_G——恒荷载分项系数；

q_{c_h}——次梁上等效均布恒荷载标准值（N/mm）；

L_{0c}——次梁的计算跨度（mm）；

γ_Q——可变荷载分项系数；

q_{c_k}——次梁上等效均布可变荷载标准值（N/mm）；

a——悬臂长度（m）；

η——悬臂长度比值。

2 次梁抗弯强度应按附录A公式（A.0.2-2）计算。

C.0.3 次梁下主梁计算应符合下列规定：

1 外侧主梁和钢丝绳吊点应作承载计算，并应按本规范附录B公式（B.0.2）计算外侧主梁弯矩值。当主梁采用[20槽钢时，自重应以0.26kN/m计。当次梁带悬臂时，应按下列公式计算次梁传递于主梁的荷载：

$$R=\frac{1}{2}qL_{0c}(1+\eta)^2 \tag{C.0.3}$$

式中：R——次梁搁置于外侧主梁上的支座反力设计值，即传递于主梁的荷载（N）；

q——次梁上的等效均布荷载设计值（N/mm）。

2 主梁弯矩计算荷载应包括次梁所传递集中荷载和主梁自重荷载；主梁抗弯强度应按附录A公式（A.0.2-2）计算。

C.0.4 钢丝绳验算应符合下列规定：

1 钢丝绳应按下式计算所受拉力标准值：

$$T=\frac{QL_{0y}}{2\sin\alpha} \tag{C.0.4-1}$$

式中：T——钢丝绳所受拉力标准值（N）；

Q——主梁上的均布荷载标准值（N/mm）；

L_{0y}——主梁计算跨度（mm）；

α——钢丝绳与平台面的夹角。

2 钢丝绳的拉力应按下式验算钢丝绳的安全系数K：

$$K=\frac{S_s}{T}\leqslant[K] \tag{C.0.4-2}$$

式中：S_s——钢丝绳的破断拉力，取钢丝绳的破断拉力总和乘以换算系数（N）；

$[K]$——吊索用钢丝绳的规范规定安全系数，取值为10。

C.0.5 下支承斜撑计算应符合下式要求：

$$\frac{N}{\phi A_c} \leqslant f_3 \tag{C.0.5}$$

式中：N——斜撑的轴心压力设计值（N）；

ϕ——轴心受压构件的稳定系数；

A_c——斜撑毛截面面积（mm^2）；

f_3——斜撑抗压强度设计值（N/mm^2）。

本规范用词说明

1　为便于在执行本规范条文时区别对待，对于要求严格程度不同的用词说明如下：

1）表示很严格，非这样做不可的：

正面词采用“必须”，反面词采用“严禁”；

2）表示严格，在正常情况下均应这样做的：

正面词采用“应”，反面词采用“不应”或“不得”；

3）表示允许稍有选择，在条件许可时首先应这样做的：

正面词采用“宜”，反面词采用“不宜”；

4）表示有选择，在一定条件下可以这样做的，采用“可”。

2　条文中指明应按其他标准执行的写法为：“应符合……的规定”或“应按……执行”。

引用标准名录

1 《建筑结构荷载规范》GB 50009

2 《钢结构设计规范》GB 50017

3 《建设工程施工现场消防安全技术规范》GB 50720

4 《固定式钢梯及平台安全要求　第1部分：钢直梯》GB 4053.1

5 《安全网》GB 5725

6 《便携式木梯安全要求》GB 7059

7 《便携式金属梯安全要求》GB 12142

8 《移动式升降工作平台　设计计算、安全要求和测试方法》GB 25849

9 《移动式升降工作平台　安全规则、检查、维护和操作》GB/T 27548

建筑施工工具式脚手架安全技术规范 JGJ 202—2010（节选）

有关高处作业吊篮中相关内容如下：

5.5.7　不得将吊篮作为垂直运输设备，不得采用吊篮运输物料。

5.5.8　吊篮内作业人员不应超过2个。

5.5.9　吊篮正常工作时，人员应从地面进入吊篮，不得从建筑物顶部、窗口等处或其他孔洞处出入吊篮。

5.5.10　在吊篮内的作业人员应佩戴安全帽，系安全带，并应将安全锁扣正确挂置在独立设置的安全绳上。

8.2　高处作业吊篮

8.2.1　高处作业吊篮在使用前必须经过施工、安装、监理等单位的验收，未经验收或验收不合格的吊篮不得使用。

8.2.2　高处作业吊篮应按表8.2.2的规定逐台逐项验收，并应经空载运行试验合格后，方可使用。

盾构法开仓及气压作业技术规范 CJJ 217—2014（节选）

3 基本规定

3.0.1 开仓作业前，应对选定的开仓位置进行地质环境风险辨识，选择开仓作业方式，编制开仓作业专项方案。

3.0.2 开仓作业时，应对开挖仓内持续通风，仓内气体条件应符合表3.0.2的规定。

开挖仓内气体条件要求 表3.0.2

序号	气体	含量（%，按体积计）
1	一氧化碳	≤0.0024
2	二氧化碳	≤0.5
3	甲烷	≤1
4	硫化氢	≤0.00066
5	氧气	19～22

4.3 气压作业动力、通信和辅助系统

4.3.1 气压作业时提供压缩空气的空气压缩机应选用无油型空气压缩机。

5.3.9 在气压作业期间，拆装刀具及更换油管时，开挖仓内作业应符合下列规定：

1 宜采用气动机具；

2 工作时应佩戴劳动保护用品；

3 启动气动机具前必须检查管接头，不得出现松动等安全隐患；

4 拆卸管线时应先泄压；

5 使用电动工具作业时，应由经过专业培训的人员配备专用设备。